21世纪高职高专系列教材

仪器分析

（第四版）

林新花◎主编　蔡明招◎主审

华南理工大学出版社
SOUTH CHINA UNIVERSITY OF TECHNOLOGY PRESS
·广州·

内 容 简 介

本书是根据高等职业教育轻化工类仪器分析教学的基本要求，并结合多年的教学实践编写的。全书主要内容包括光学分析法、电化学分析法、色谱分析法等三大类仪器分析法。本书详细介绍仪器分析所必须掌握的基础理论，同时侧重目前常用的仪器及其部件的介绍，并以较多的实例进行解题示范。

本书各章后面附有相关的实验，是仪器分析课的重要组成部分，与仪器分析理论配套使用。

本书可作为高等专科及高等职业教育化学、轻化工及其他相关专业的教材，也可供企事业单位从事分析工作的技术人员参考。

图书在版编目(CIP)数据

仪器分析/林新花主编．—4 版．—广州：华南理工大学出版社，2019．8（2026．1 重印）
ISBN 978 - 7 - 5623 - 6057 - 5

Ⅰ．①仪…　Ⅱ．①林…　Ⅲ．①仪器分析　Ⅳ．O657

中国版本图书馆 CIP 数据核字(2019)第 148000 号

Yiqi Fenxi
仪器分析(第四版)
林新花　主编

出 版 人：房俊东
出版发行：华南理工大学出版社
（广州五山华南理工大学 17 号楼，邮编 510640）
http：//hg. cb. scut. edu. cn　　E-mail：scutc13@ scut. edu. cn
营销部电话：020 - 87113487　87111048（传真）
责任编辑：吴兆强
责任校对：袁桂香
印 刷 者：广州小明数码印刷有限公司
开　　本：787mm × 1092mm　1/16　**印张**：16　**字数**：400 千
版　　次：2019 年 8 月第 4 版　2026 年 1 月第 5 次印刷
定　　价：38. 00 元

第二版前言

“分析化学”是研究物质化学组成和结构的分析方法及有关理论的一门学科，包括化学分析和仪器分析两大部分。化学分析法发展至今，已相当成熟；仪器分析法则由于电子技术、电子与计算机技术的开发以及先进测试仪器的研制成功，其应用范围更为广泛。根据高等职业教育轻化工类仪器分析教学的基本要求，编者结合多年教学和实践的心得和体会，精心选择教材内容编成此书。

本书共分九章，主要内容包括光学分析法（紫外-可见光吸收光谱法、红外吸收光谱法、原子吸收光谱法、原子发射光谱法），电化学分析法（电位分析法、伏安分析法），色谱分析法（气相色谱法、液相色谱法）三大类仪器分析法。本书详细介绍仪器分析所必须掌握的基础理论，同时侧重目前常用的仪器及其部件的介绍，并以较多的实例进行解题示范。本书在修订过程中增加了附录的大型实训，以满足不同学校对实训的要求。

本书各章后面设置了配套的实验内容，以培养学生的实验操作技能，使任课教师能教学与实践互相兼顾，相互配合。本书所提供的实验大都是经过多年实践、比较成熟的分析方法及国标规定的定量方法，注重了新试剂和新分析方法的应用。

本书考虑了近年来仪器分析的发展趋势，我国国民经济发展对高等专科、高职院校的要求及学生知识基础的情况，并力求反映出轻化工类专业仪器分析的特点。

本书可作为高等专科及高等职业教育化学、轻化工及其他相关专业的教材，也可供企事业单位从事分析工作的技术人员参考。

参加本书编写的有广东轻工职业技术学院林新花（第八、九章和附录）、顾宗珠（第二章和实验一）、陈维新（第三、六章和实验四、实验七）、张少兰（第四、五章）、杨伟柱（第一、七章和实验十一、实验十二），其他实验由朱美娟编写。本书由林新花主编并负责统稿，由华南理工大学蔡明招教授主审。

本书在编写和出版过程中得到蔡明招教授和王玫瑰老师的大力帮助和支持，在此表示衷心的感谢。

限于编者水平，书中如有缺点和错误，敬请批评、指正。

编　者

2001 年 12 月 18 日

第三版前言

2013年6月，华南理工大学出版社启动了《仪器分析》(第三版）的修订工作，以适应不断发展的学科和专业改革、实际教学的要求。

本次修订由广东轻工职业技术学院林新花负责完成，主要修订了第二章、第八章、第九章以及各章的思考题、习题，特别是对实验一至实验十九及大型实训等实验内容进行了细致修订，使其实用性更强，以适应高等专科及高等职业教育的发展。

欢迎广大读者提出批评和建议，修订者对此表示诚挚的谢意！

编　者

2013年10月

第四版前言

2019 年 5 月，华南理工大学出版社启动了《仪器分析》（第四版）的修订工作，以适应不断发展的检验技术和专业改革、实际教学的需要。

本次修订由广东轻工职业技术学院林新花负责完成，主要补充和详细修订了大型实训等实验内容，对光度法不但补充了回归方程法便捷计算组分含量内容，还补充了加标回收率内容。加标回收率是实验室内经常用以自控的一种质量控制技术。对电位分析法补充了一元线性回归方程法判断电极及仪器酸度计是否正常。新增了具有广泛影响力的全国职业院校技能竞赛工业分析与检验赛项的试题，将课程内容与职业标准对接，增强了职业教育在社会的影响力，使本书的实用性更强。

欢迎广大读者提出批评和建议，修订者对此表示诚挚的谢意！

编　者

2019 年 5 月

目　录

第一章　导言 …… (1)
第一节　概述 …… (1)
第二节　仪器分析的基本内容和分类 …… (1)
一、电化学分析法 …… (1)
二、光学分析法 …… (1)
三、色谱分析法 …… (2)
第三节　仪器分析法的特点 …… (2)
第四节　仪器分析法的发展趋势 …… (3)
第二章　紫外-可见光分光光度法 …… (5)
第一节　概述 …… (5)
第二节　吸光光度法基本原理 …… (6)
一、物质对光的选择性吸收 …… (6)
二、光的吸收基本定律——朗伯-比耳定律 …… (8)
三、偏离比耳定律的原因 …… (10)
第三节　可见光分光光度分析法 …… (10)
一、显色反应和显色剂 …… (11)
二、显色条件的选择 …… (13)
三、可见光分光光度法干扰的消除 …… (14)
四、吸光度读数范围的选择 …… (15)
第四节　紫外吸收光谱分析法 …… (16)
一、紫外吸收光谱的产生 …… (17)
二、紫外吸收光谱中常用的术语 …… (17)
第五节　紫外-可见光分光光度法的应用 …… (19)
一、定性分析 …… (19)
二、络合物组成的测定 …… (21)
三、光度法的应用 …… (22)
四、定量分析 …… (23)
五、差示分光光度法 …… (26)
第六节　分光光度计介绍 …… (27)
一、分光光度计的主要部件 …… (28)
二、单光束可见光分光光度计 …… (32)

三、单光束紫外-可见光分光光度计 …… (33)
四、双光束紫外-可见光（近红外）分光光度计 …… (35)
五、分光光度计的进展 …… (36)
思考题 …… (37)
习题 …… (38)
实验一　邻菲罗啉分光光度法测定微量铁 …… (39)
实验二　混合液中 Co^{2+} 和 Cr^{3+} 双组分的光度法测定 …… (42)
实验三　紫外分光光度法测定水中总酚浓度 …… (44)

第三章　红外吸收光谱法 …… (47)

第一节　红外吸收光谱分析法概述 …… (47)
第二节　基本原理 …… (48)
一、红外光谱产生的条件 …… (48)
二、分子的振动形式与红外吸收光谱 …… (49)
第三节　基团频率和特征吸收峰 …… (51)
一、基团频率和特征吸收峰 …… (51)
二、影响基团频率的因素 …… (53)
第四节　红外光谱仪 …… (54)
一、红外分光光度计主要部件 …… (54)
二、色散型红外分光光度计 …… (56)
三、傅立叶变换红外分光光度计 …… (56)
第五节　红外光谱法的应用 …… (57)
一、定性分析 …… (57)
二、定量分析 …… (60)
思考题 …… (61)
习题 …… (61)
实验四　用红外光谱推测化合物结构 …… (63)

第四章　原子吸收光谱法 …… (65)

第一节　概述 …… (65)
第二节　原子吸收光谱法的基础理论 …… (65)
一、原子的结构 …… (65)
二、原子的激发和原子光谱的产生 …… (65)
三、原子吸收谱线及其轮廓 …… (67)
四、试样原子化 …… (68)
五、原子吸收光谱法的定量关系 …… (69)
第三节　原子吸收分光光度计 …… (70)
一、光源 …… (70)
二、原子化系统 …… (71)

三、光学系统 ……………………………………………………（74）
四、检测系统 ……………………………………………………（75）
第四节　定量分析 ……………………………………………（76）
一、标准曲线法 …………………………………………………（76）
二、标准加入法 …………………………………………………（77）
第五节　原子吸收光谱法的实验技术 ………………………（78）
一、测定条件的选择 ……………………………………………（78）
二、干扰效应及其消除方法 ……………………………………（80）
思考题与习题 …………………………………………………（82）
实验五　原子吸收光谱法测水样中的铜 ……………………（83）
实验六　原子吸收法测蛋制品中的铅 ………………………（86）

第五章　原子发射光谱法 ……………………………………（89）

第一节　概述 …………………………………………………（89）
一、原子发射光谱法的分类 ……………………………………（89）
二、原子发射光谱法的特点 ……………………………………（90）
第二节　基本原理 ……………………………………………（90）
一、原子发射光谱的产生 ………………………………………（90）
二、原子发射光谱法的定性与定量基础 ………………………（91）
第三节　仪器及其主要部件 …………………………………（91）
一、激发光源 ……………………………………………………（91）
二、光谱仪 ………………………………………………………（94）
思考题 …………………………………………………………（96）

第六章　电位分析法 …………………………………………（97）

第一节　概述 …………………………………………………（97）
第二节　电位分析法的基本原理 ……………………………（97）
第三节　指示电极与参比电极 ………………………………（98）
一、指示电极 ……………………………………………………（98）
二、参比电极 ……………………………………………………（99）
第四节　离子选择性电极 ……………………………………（100）
一、离子选择性电极的分类 ……………………………………（100）
二、原电极 ………………………………………………………（100）
三、敏化电极 ……………………………………………………（106）
四、离子选择性电极的性能 ……………………………………（107）
第五节　直接电位法 …………………………………………（108）
一、溶液 pH 值的测定 …………………………………………（108）
二、离子活度的测定 ……………………………………………（109）
三、影响电位法测定的因素 ……………………………………（111）

第六节　电位滴定法 …… (112)
一、电位滴定法的基本原理及装置 …… (113)
二、电位滴定法的类型 …… (113)
三、自动电位滴定法 …… (114)
四、电位滴定终点的确定 …… (114)
思考题 …… (116)
习题 …… (116)
实验七　洗手液 pH 值的测定 …… (118)
实验八　离子选择电极测牙膏中氟含量 …… (120)
实验九　混合液中 I^- 和 Cl^- 的连续电位滴定 …… (122)
实验十　重铬酸钾电位滴定硫酸亚铁铵溶液 …… (125)

第七章　伏安分析法 …… (127)

第一节　概述 …… (127)
一、经典极谱分析法的优点 …… (127)
二、经典极谱分析法的缺点 …… (128)
第二节　极谱分析法的基本原理 …… (128)
一、基本概念 …… (128)
二、极谱法的装置 …… (130)
三、极谱波的形成 …… (130)
第三节　极谱分析法的定性与定量分析 …… (132)
一、极谱法定性分析基础——半波电位 …… (132)
二、极谱法定量分析 …… (133)
第四节　干扰电流及其消除方法 …… (135)
一、残余电流 …… (135)
二、迁移电流 …… (136)
三、极大（或畸峰）现象 …… (136)
四、氧波 …… (137)
五、氢波 …… (137)
第五节　近代极谱法简介 …… (138)
一、线性扫描极谱法 …… (138)
二、脉冲极谱法 …… (140)
三、溶出伏安法 …… (141)
思考题 …… (144)
习题 …… (144)
实验十一　阳极溶出伏安法 …… (145)
实验十二　单扫描极谱法 …… (148)

第八章　气相色谱法 …… (151)
第一节　色谱分析法概述 …… (151)
一、按流动相和固定相的物理状态分类 …… (151)
二、按分离所依据的物理化学原理分类 …… (151)
三、按固定相的形状分类 …… (152)
第二节　气相色谱分析 …… (153)
一、气相色谱法的特点 …… (153)
二、气相色谱法在分析方面应用的领域 …… (153)
第三节　气相色谱分析流程及分离过程 …… (154)
一、气相色谱分析流程 …… (154)
二、气相色谱分离过程 …… (156)
第四节　气相色谱法术语 …… (156)
第五节　气相色谱法的基本理论 …… (158)
一、塔板理论 …… (158)
二、速率理论 …… (160)
三、分离度 …… (161)
四、柱效能、相对保留值和分离度之间的关系 …… (161)
第六节　气相色谱固定相及其选择 …… (163)
一、气-固色谱固定相 …… (163)
二、气-液色谱固定相 …… (164)
第七节　气相色谱操作条件的选择 …… (167)
一、载气种类和流速的选择 …… (167)
二、柱温的选择 …… (168)
三、气化温度的选择 …… (169)
四、进样时间和进样量 …… (169)
第八节　气相色谱检测器 …… (169)
一、热导池检测器 …… (169)
二、氢火焰离子化检测器 …… (171)
三、检测器的性能指标 …… (172)
四、检测限 …… (172)
第九节　气相色谱定性与定量分析 …… (175)
一、气相色谱定性分析 …… (175)
二、气相色谱定量分析 …… (176)
思考题 …… (180)
习题 …… (181)
实验十三　醇系物的气相色谱分析 …… (183)
1490 型气相色谱仪的操作方法 …… (184)
实验十四　酒中杂醇油含量的测定 …… (184)

第九章　高效液相色谱法 ………………………………………………………………（187）

第一节　高效液相色谱法的特点 ……………………………………………………（187）

第二节　高效液相色谱仪 ……………………………………………………………（187）

一、高压输液系统 ……………………………………………………………………（188）

二、进样系统 …………………………………………………………………………（190）

三、分离系统 …………………………………………………………………………（191）

四、检测系统 …………………………………………………………………………（191）

五、记录仪 ……………………………………………………………………………（192）

第三节　高效液相色谱法的分类及其分离原理 ……………………………………（193）

一、液-液色谱法 ……………………………………………………………………（193）

二、液-固色谱法 ……………………………………………………………………（194）

三、凝胶渗透色谱法 …………………………………………………………………（196）

四、离子交换色谱法 …………………………………………………………………（197）

第四节　高效液相色谱法的应用实例 ………………………………………………（198）

第五节　高效液相色谱分离方法的选择 ……………………………………………（200）

思考题 …………………………………………………………………………………（201）

实验十五　植物油中抗氧化剂的测定 ………………………………………………（202）

实验十六　西瓜中多糖的测定 ………………………………………………………（203）

实验十七　高效液相色谱法测定维生素 B_1 和维生素 B_2 ……………………………（206）

实验十八　高效液相色谱法测定咖啡因 ……………………………………………（208）

实验十九　高效液相色谱法测定氯霉素残留量 ……………………………………（210）

附录　大型实训 ……………………………………………………………………（212）

参考文献 ……………………………………………………………………………（244）

第一章 导　言

第一节 概　述

分析化学是研究物质组成和结构以及有关理论的一门学科，可分为化学分析和仪器分析两大类。化学分析法是以被测物质的化学反应为基础的分析方法，如重量分析法和滴定分析法等，一般用于常量或半微量分析；仪器分析法是以被测物质的物理或物理化学性质为基础，一般用于微量或痕量组分的分析。

近30年来，科学技术的迅猛发展推动了仪器分析方法的不断创新和进步。不但许多经典的仪器分析方法呈现出新的生机和活力，而且许多新的仪器分析方法不断涌现，并逐步得到推广和应用。仪器分析法的发展，代表了分析化学的发展方向，但这并不意味着仪器分析和化学分析之间的关系是相互排斥和取代，而是相互补充和配合。因为不少仪器分析方法的原理涉及有关化学分析的基本原理；许多仪器分析方法在进行分析之前，还需与试样的处理、分离、掩蔽及富集等化学分析的手段相结合；一些仪器分析方法给出的分析结果常要与已知的标准物做对比，而该标准物则常需要以化学方法进行标定。

随着电子技术、计算机技术、激光和等离子体等新技术的发展，仪器分析方法的应用领域不断扩大，几乎遍及工农业生产和科学技术研究的各个领域。因此，有关仪器分析方法的基本原理和实验技术，已成为现代化学工作者所必须掌握的基础知识和基本技能。

第二节 仪器分析的基本内容和分类

由于物质的物理或物理化学性质很多，因此相应的仪器分析方法也很多。习惯上，将仪器分析分成三大类，即电化学分析法、光学分析法和色谱分析法。

一、电化学分析法

电化学分析法是以物质的电学或电化学性质作为分析依据来测量物质含量的一类分析方法。它通常是将分析试样溶液构成一化学电池（电解池或原电池），然后根据所组成电池的某些物理量（如两电极间的电位差、电位、电量、电阻等）与其化学量之间的内在联系进行定性或定量分析。

二、光学分析法

光学分析法基于物质吸收外界能量时，物质的原子或分子内部发生能级之间的跃迁，产生光的发射或吸收现象，根据发射光或吸收光的波长与强度，进行定性分析、定量分析、结构分析和各种数据的测定。

三、色谱分析法

色谱分析法是利用混合物中各组分与互不相溶的两相（流动相与固定相）作用力不同、相对于固定相移动的速度不同来达到分离、分析的目的。

表1－1列举了一些常用于分析物质的物理化学性质的仪器分析方法。根据目前仪器分析方法在我国的实际应用情况，本书仅对上述方法中最为常用和实用的一些方法加以讨论：

（1）电化学分析法：电位分析法、极谱分析法。

（2）光学分析法：原子发射光谱法、原子吸收光谱法、紫外-可见光吸收光谱法、红外吸收光谱法。

（3）色谱分析法：气相色谱法、高效液相色谱法。

表1－1　仪器分析方法的分类

方法分类	主要分析方法	被测物理参数
电化学分析法	电位分析法（直接电位法，电位滴定法）	电动势或电极电位
	电导分析法（直接电导法，电导滴定法）	电导或电导率
	库仑分析法（恒电位库仑分析法，恒电流库仑分析法）	电量（库仑量）
	极谱分析法（溶出伏安法，循环伏安法，脉冲极谱法，方波极谱法等）	电流-电压
光学分析法	吸收光谱分析法（紫外-可见光分光光度法，原子吸收分光光度法，红外分光光度法，核磁共振波谱法，电子自旋共振波谱法，X射线吸收化学分析法等）	辐射的吸收
	发射光谱分析法（火焰发射光度分析，原子发射光度分析，荧光分析法，磷光分析法，化学发光和电致发光分析法，放射化学法，X射线发射化学分析法，电子能谱分析法等）	辐射的发射
色谱分析法	色谱分析法（气相色谱法，液相色谱法，薄层色谱法）	两相间的分配（分配系数）
	电泳分析法	相对迁移率
	质谱法	质荷比

第三节　仪器分析法的特点

仪器分析法是近代迅速发展起来的一种分析方法，它具有下列特点：

（1）灵敏度高，可以分析含量很低（如质量分数为10^{-8}或10^{-9}的数量级）的组分。

（2）操作简便而快速。试样经预处理后，仪器分析法的分析速度是很快的，例如光电直读光谱仪可在1～2min内同时完成钢样中20多种元素的分析。

(3) 需要试样量少，或试样可以反复利用，甚至可以在不损伤样品的情况下进行分析。例如，无火焰原子吸收分光光度法、气相色谱法分析只需要几微升试样；极谱分析法基本上不消耗试样，可以在同一溶液中反复测定或同时测定多种组分。

(4) 自动化程度高。绝大多数仪器是将被测组分的浓度变化或物理性质转化成某种电信号（如电阻、电导、电量、电位、电容、电流等），这样就易于实现自动化和联接电子计算机，使部分操作可按一定程序自动完成。

(5) 用途广泛。现代仪器分析不仅用来进行定性分析、定量分析，对于结构分析（研究物质的分子结构或晶体结构）、仪器分析法（如红外吸收光谱法、核磁共振波谱法、质谱法、X 射线衍射法、电子能谱法等）也是极为重要和必不可少的工具，因此广泛应用于工农业生产和科学研究，特别是在化学、物理、生物、医学、环保、冶金、石油化工等领域。

但是还应该指出，仪器分析方法用于成分分析仍具有一定的局限性，如仪器比较复杂，价格昂贵；某些仪器对工作环境要求较高等。除各种方法本身所固有的一些原因外，还有一个共同点，就是它们的准确度不够高，相对误差通常在百分之几左右。这样的准确度对低含量组分的分析已能完全满足要求，但对常量组分的分析，就不能达到像滴定分析法和重量法所具有的那样高的准确度，因而在方法的选择上必须考虑到这一点。此外，用仪器对试样进行分析测定之前，一般都要用化学方法对试样进行预处理（如富集、除去干扰杂质等）；同时，仪器分析法一般都需要以标准物进行校准，而很多标准物需要用化学分析方法来标定。在进行复杂物质的分析时，往往不是用一种而是综合应用几种方法，因此化学方法和仪器方法是相辅相成的。在实际的分析测试工作中应根据具体情况，取长补短，互相配合。

第四节　仪器分析法的发展趋势

现代科学技术发展的一个突出特点是学科之间的相互交叉、渗透，各种新技术的引入、应用等，这就促进了学科的发展，使之不断开拓新领域、新方法。例如，由于采用了等离子体、傅立叶变换、激光、微波等新技术，使各种光谱分析进入蓬勃发展时期，出现了电感耦合等离子体发射光谱、等离子体质谱、傅立叶变换红外光谱、傅立叶变换核磁共振波谱、激光拉曼光谱、激光光声光谱等。由于现代科学技术的发展，试样的复杂性、测量难度、要求信息量及响应速度不断有新要求，这就给分析化学带来十分艰巨的任务。显然，仅采用一种分析技术，往往不能满足要求。将几种方法结合起来，其中特别是将分离技术（气相色谱法、高效液相色谱法）和鉴定方法（质谱分析、红外光谱分析等）结合组成的联用分析技术，不仅有可能将它们的优点汇集起来，取长补短，起到方法间的协同作用，从而提高方法的灵敏度、准确度以及对复杂混合物的分辨能力，同时还可获得两种手段各自单独使用时所不具备的某些功能，因而联用分析技术已成为当前仪器分析方法发展的主要方向之一。应该特别指出的是，计算机技术对仪器分析法的发展影响极大，微机已成为现代分析仪器一个不可分割的部件。在分析工作者指令控制下，仪器自动处于优化的操作条件完成整个分析过程，进行数据采集、处理、计算（平均值、噪声扣除、基线校正等），直至动态 CRT 显示和最终曲线报表。前述傅里叶变换技术的应用和联用分析技术等，没有计算机是不可能实现的。现代分析化学，除了解决定性、定量分析的问题外，还包括价态、微区或薄层分析，以及分子结构分析和生物活体组织或组织液分析等；其应用范围也从宏观发展到微观，从总体到微区，从表面薄层到内部结构，从静态分析到动态分析。随着硬件和软件的平行发展，分析仪器将更为智能化、高效率和多用途。

第二章 紫外-可见光分光光度法

第一节 概 述

基于物质对光的选择性吸收而建立起来的分析方法称为吸光光度法，包括比色法、可见光分光光度法及紫外分光光度法等。本章重点讨论可见光区的吸光光度法及紫外光区的紫外分光光度法。

我们在日常分析工作中，可以看到许多物质都有一定的颜色，例如 $KMnO_4$ 水溶液呈深紫色，K_2CrO_4 溶液呈黄色，$CuSO_4$ 溶液呈蓝色……当这些有色物质溶液的浓度改变时，溶液颜色的深浅也随之改变，溶液越浓，颜色越深。因此，可以通过比较溶液颜色的深浅来测定物质的含量。这种基于比较溶液颜色的深浅进行定量分析的方法，称为目视比色法。采用分光光度计对物质吸光度进行测定，从而求出物质含量的方法，称之为分光光度法。

吸光光度法具有常量分析中的重量分析法和滴定分析法所没有的一些优点，因而在生产和科研上被广泛地应用。吸光光度法具有以下特点：

1. 具有较高的灵敏度和一定的准确度，适用于微量组分的测定

【例 2－1】铁质量分数仅为 0.001% 的试样，如果用滴定分析法来测定铁的含量，称取试样 1 g，仅含铁 0.01 mg，在溶解、还原后，用 0.01 mol/L $K_2Cr_2O_7$ 标准溶液来滴定，达到等量点时消耗标准溶液的体积仅为：

$$V = \frac{0.01}{55.85 \times 0.01} \approx 0.02(\mathrm{mL})$$

而一般滴定管的读数误差为 ±0.02 mL，如用滴定法来测定上述试样中的微量铁，将产生较大的误差，故不适宜用常量法分析微量组分。如果采用分光光度法测定则很方便。测定时，先将试样分解，再经过预处理将所有的铁都还原为 Fe^{2+}。将溶液转移到 50 mL 的容量瓶，在 pH＝4～6 时加入邻菲罗啉试剂，Fe^{2+} 与之反应，生成橙红色稳定的配合物，定容，则可用分光光度法进行测定。

吸光光度法测定物质的最低浓度可达 10^{-6}～10^{-5} mol/L。相对误差通常为 2%～5%，远高于重量法和滴定分析法，但对微量组分的测定，这样的误差已完全可以满足测定的准确度要求。

2. 适用范围广

近年来，由于分光光度法的选择性和灵敏度都有所提高，几乎所有的无机物质和许多有机物质的微量成分都能用此法进行测定，从而使这类方法已发展成工业生产、环境保护、科学研究工作中测定微量组分的常用方法之一。

3. 手续简便，分析速度快，适用于控制分析

分光光度法的操作过程，主要包括试样的溶解，待测组分的显色等内容，操作简便，完成吸光光度分析的全过程一般只需几十分钟，甚至可在几分钟内完成，适合于控制分析。

4. 仪器简单，容易掌握

吸光光度分析也有一定的局限性，对超纯物质的分析，灵敏度达不到要求，相对误差较大，不利于高含量组分的测定。

第二节　吸光光度法基本原理

一、物质对光的选择性吸收

（一）光的基本性质

光是一种电磁波，同时具有波动性和微粒性。光的传播，如光的折射、衍射、偏振和干涉等现象可用光的波动性来解释。描述波动性的重要参数是波长 λ（cm）、频率 γ（Hz），它们与光速 c 的关系是

$$\lambda\gamma = c$$

在真空介质中光速为 2.9979×10^{10} cm/s，约等于 3×10^{10} cm/s。另有一些现象，如光电效应、光的吸收和发射等，只能用光的微粒性才能说明，即把光看作是带有能量的微粒流。这种微粒称为光子或光量子。单个光子的能量 E 决定于光的频率。

$$E = h\gamma = h\frac{c}{\lambda}$$

式中　E——光子的能量，J；

　　　h——普朗克常数（6.626×10^{-34} J·s）。

理论上，将仅具有某一波长的光称为单色光，由不同波长的光组成的光称为复合光。

当人为地按照波长将电磁波划分为不同的区域时（见图2－1），人眼能产生颜色感觉的光区称为可见光区，其波长范围为400～760 nm，它是由红、橙、黄、绿、青、蓝、紫七色按一定比例混合而成的白光。各种颜色的近似波长如表2－1所示。由于受人的视觉分辨能力的限制，人们所看见的各种颜色，如黄色、红色等，实际上是可见光区中含一定波长范围的各种色光，即各种色光也是一种复合光。各种有色光之间并无严格的界限，例如绿色与黄色之间有各种不同色调的黄绿色。

实验证明，七种颜色的光能混合为白光，两种特定的单色光按一定强度比例亦可混合成为白光，我们称这两种光互为补色。各种光的互补如图2－2所示。

图2－2中处于直线关系者互为补色。如黄光与蓝光、绿光与紫光互为补色光。

表2－1　各种颜色的近似波长

可见光	紫	蓝	靛	青	绿	黄	橙	红
λ（nm）	400～435	435～480	480～500	500～560	560～580	580～595	595～650	650～760

（二）物质的颜色

颜色是物质对不同波长光的吸收特性表现在人视觉上所产生的反映。如果把不同颜色

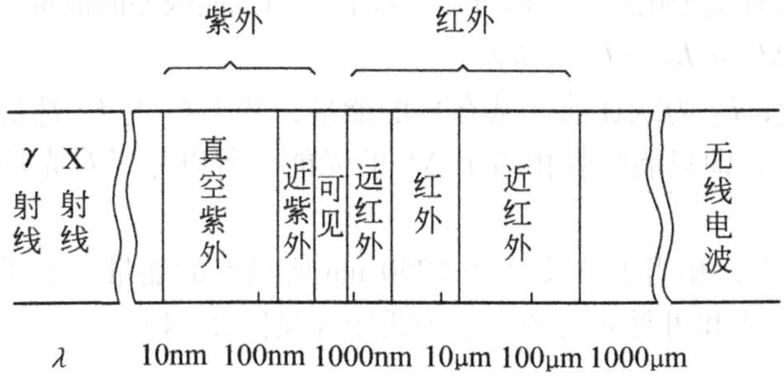

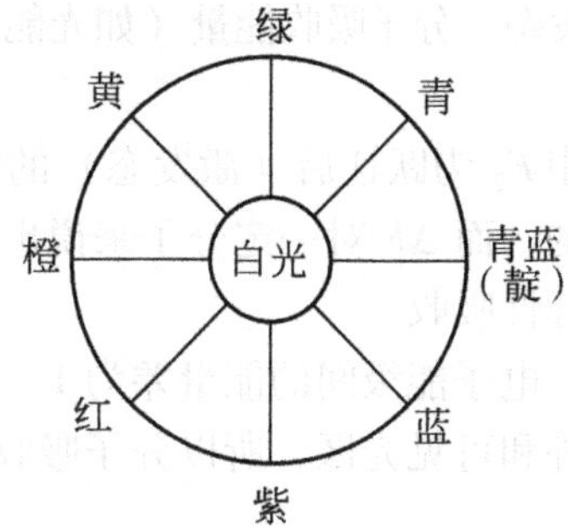

图 2－1　电磁波谱　　　　图 2－2　各种光的互补

的物体放在暗处，则什么颜色也看不到。当光束照射到物体上时，由于不同物质对于不同波长的光的吸收、透射、反射、折射的程度不同而呈现不同的颜色。溶液呈现不同的颜色是由于溶液中的质点（离子或分子）对不同波长的光具有选择性吸收而引起的。当让白光通过某一有色溶液时，该溶液会选择性地吸收某些波长的色光而让那些未被吸收的色光透射过去，即溶液呈现透射光的颜色，例如 $KMnO_4$ 水溶液能吸收绿色光而呈现紫红色。

（三）吸收光谱曲线

将不同波长的单色光透过某一固定浓度的有色溶液，测量每一波长下有色溶液对光的吸收程度（即吸光度 A），然后以波长为横坐标、吸光度为纵坐标作图，得到一条曲线，这种曲线描述了物质对不同波长光的吸收能力，称为吸收光谱曲线。图2－3是 4 种浓度 $KMnO_4$ 溶液的吸收曲线。从图可见：

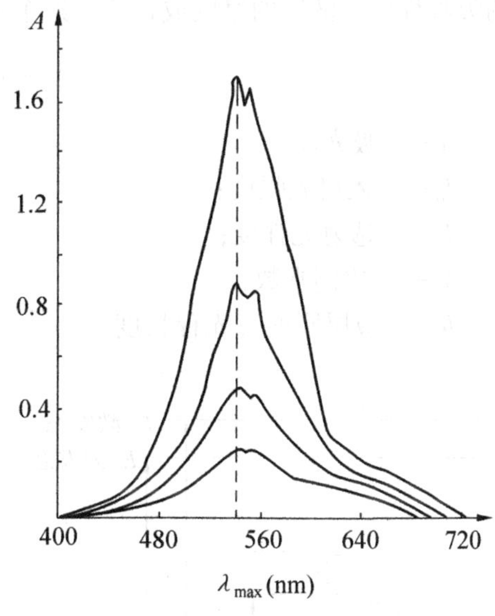

图 2－3　$KMnO_4$ 溶液的吸收曲线

（1）$KMnO_4$ 溶液对不同波长的光的吸收程度不同，对绿色光区中 525 nm 的光吸收程度最大（此波长称为最大吸收波长，以 λ_{max} 表示），所以吸收曲线上有一高峰。相反，对红色和紫色光基本不吸收，所以，$KMnO_4$ 溶液呈现紫红色。

（2）不同浓度的 $KMnO_4$ 溶液吸收曲线相似，λ_{max} 不变。

（3）同一物质不同浓度的溶液，在一定波长处吸光度随浓度增加而增大，这个特性可作为物质定量分析的依据。

（四）吸收光谱的产生

两个以上原子组成的物质分子，除了电子相对于原子核的运动外，还有原子核间的相对振动和分子作为整体绕着重心的转动。这些运动状态各自具有相应的能量，因此分子具有电子能量 E_e、振动能量 E_v 和转动能量 E_r。

当分子从外界吸收能量之后，产生电子跃迁，即分子最外层电子或价电子由基态跃迁至激发态。分子吸收能量（如光能）具有量子化特征，即分子只吸收相当二能级差的能量。

$$\Delta E = E_2 - E_1 = h\gamma$$

式中 E_2 为跃迁后（激发态）的能量，E_1 为跃迁前（基态）的能量，基于 E_2 与 E_1 都是一定的，而 ΔE 对一定分子来说也一定，即只能吸收相当于 ΔE 的光能，所以分子对光具有选择性吸收。

电子能级间的能量差为 1 ～ 20 eV，相当于波长 60 ～ 1250 nm 所具有的能量，主要在紫外和可见光区，所以分子吸收紫外光和可见光后产生电子跃迁（见图 2－4）。

二、光的吸收基本定律——朗伯－比耳定律

实践证明，溶液对光的吸收程度与该溶液中吸光物质的浓度、液层的厚度和入射光的强度有关。朗伯（Lambert）和比耳（Beer）分别研究了光的吸收与溶液液层的厚度以及溶液浓度的定量关系，奠定了分光光度法的理论基础。

（一）朗伯定律

早在 1729 年，波格（Bouguer）首先发现物质对光的吸收与吸光物质的厚度有关。之后，他的学生朗伯（Lambert）进一步研究，并于 1760 年指出，如果溶液的浓度一定，则光的吸收程度与液层的厚度成正比，这个关系称为朗伯定律，用下式表示：

$$A = \lg \frac{I_0}{I_t} = k_1 b$$

式中 A——吸光度；

I_0——入射光强度；

I_t——透射光强度；

k_1——比例常数；

b——液层厚度（光程长度）。

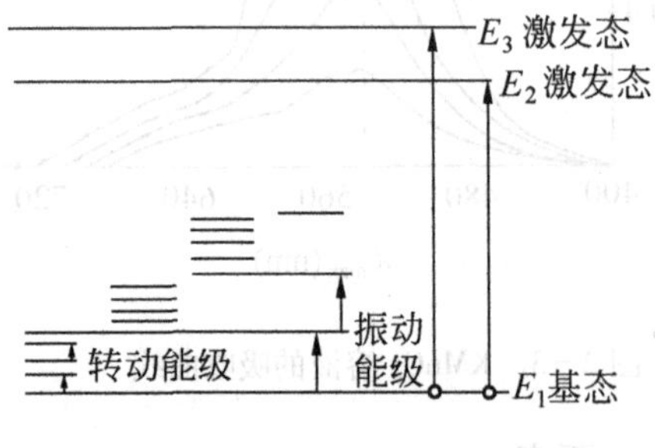

图 2－4　能级跃迁示意图

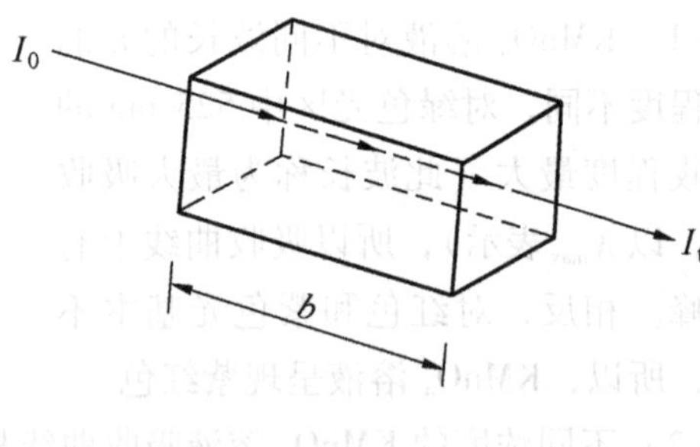

图 2－5　光通过吸光物质的情形

（二）比耳定律

1852 年，比耳（Beer）研究了各种无机盐水溶液对红光的吸收后指出：光的吸收与光所遇到的吸光物质的数量有关；如果吸光物质溶于不吸光的溶剂中，则吸光度与吸光物质的浓度成正比。也就是说，当单色光通过液层厚度一定的有色溶液时，溶液的吸光度与溶液的浓度成正比，这个关系称为比耳定律，用下式表示：

$$A = \lg \frac{I_0}{I_t} = k_2 c$$

式中　c——有色溶液的浓度；

　　k_2——比例常数。

（三）朗伯-比耳定律

将朗伯定律与比耳定律合并起来，就称为朗伯-比耳定律。如图 2-5 所示，当一束平行单色光通过液层厚度为 b 的有色溶液时，溶质吸收了光能，光的强度就要减弱。溶液的浓度愈大，光通过的液层厚度愈大，则光被吸收得愈多，光强度的减弱也愈显著。描述它们之间定量关系的定律称为朗伯-比耳定律。

$$A = \lg \frac{I_0}{I_t} = abc$$

式中比例常数 a 称为吸光系数。A 为无因次量，通常 b 以 cm 为单位，如果 c 以 g/L 为单位，则 a 的单位为 L/（g · cm）。如 c 以 mol/L 为单位，则此时的吸光系数称为摩尔吸光系数，用符号 ε 表示，单位为 L/（mol · cm）。于是上式可改写为：

$$A = \varepsilon bc$$

ε 是吸光物质在特定波长和溶剂的情况下的一个特征常数，数值上等于 1mol/L 吸光物质在 1 cm 光程中的吸光度，是物质吸光能力的量度。它可作为定性鉴定的参数，也可用以估量定量方法的灵敏度：ε 值愈大，方法的灵敏度愈高。

【例 2-2】铁（Ⅱ）浓度为 2.50×10^{-4} g/L 的溶液，与邻菲罗啉反应，生成橙红色络合物。该络合物在波长 510 nm、吸引池比色皿厚度为 2 cm 时，测得 $A = 0.150$。计算邻菲罗啉亚铁的 a 及 ε。

解：已知铁的相对原子质量为 55.85，根据朗伯-比耳定律得：

$$a = \frac{A}{bc} = \frac{0.150}{2 \times 2.50 \times 10^{-4}} = 300[\mathrm{L/(g \cdot cm)}]$$

$$\varepsilon = 55.85 \times 300 = 1.68 \times 10^4[\mathrm{L/(mol \cdot cm)}]$$

朗伯-比耳定律表明：当一束平行单色光通过单一均匀的、非散射的吸光物质溶液时，溶液的吸光度与溶液浓度和液层厚度的乘积成正比。此定律不仅适用于溶液，也适用于其他均匀非散射的吸光物质（气体或固体），是各类吸光光度法定量分析的依据。

在多组分体系中，如果各种吸光物质之间没有相互作用，这时体系的总吸光度等于各组分吸光度之和，即吸光度具有加和性。由此可得：

$$A_{总} = A_1 + A_2 + \cdots + A_n = \varepsilon_1 bc_1 + \varepsilon_2 bc_2 + \cdots + \varepsilon_n bc_n$$

式中下角标指吸收组分 1，2，…，n。这种性质对于理解吸光光度法的实验操作和应用都有着极其重要的意义。

在吸光度的测量中，有时也用透光率 T 表示物质对光的吸收程度和进行有关计算。透光率 T 是透射光强度 I_t 与入射光强度 I_0 之比，即

$$T = \frac{I_t}{I_0}$$

因此

$$A = \lg \frac{1}{T} = -\lg T$$

当 $T=100\%$ 时，$A=0$；当 $T=0$ 时，$A\to\infty$。

三、偏离比耳定律的原因

1. 引起偏离比耳定律的主要原因是目前仪器不能提供纯的单色光

朗伯-比耳定律的基本假设条件是入射光为单色光。但目前使用的入射光实际上是由波长范围较窄的光带组成的复合光。由于物质对不同波长光的吸收程度不同，因而引起了对比耳定律的偏离，如图 2-6 所示。

在实际工作中，特别是在溶液浓度较高时，常会出现标准曲线在浓度较高的范围不成直线（如图 2-7 虚线所示）的现象，这种现象称为偏离比耳定律。

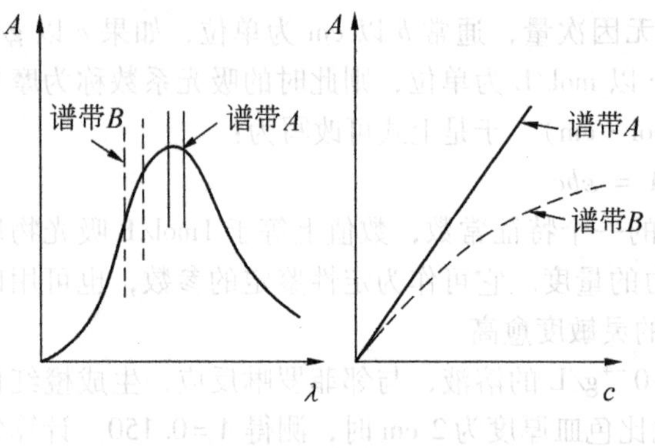

图 2-6　复合光对比耳定律的影响

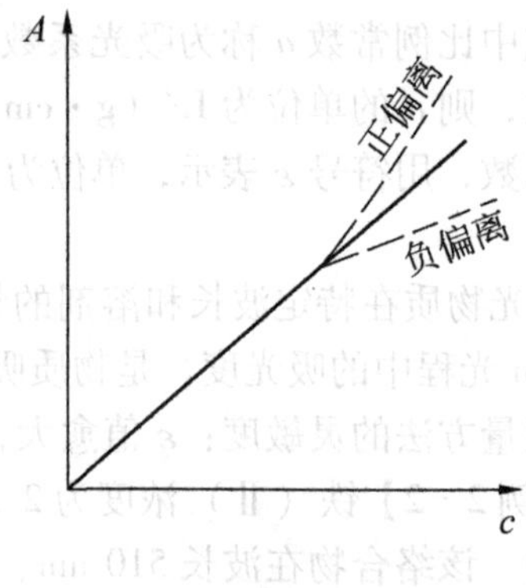

图 2-7　光度分析工作曲线

2. 朗伯-比耳定律仅适用于稀溶液

朗伯-比耳定律的基本假设除要求入射光是单色光外，还假设吸收粒子是独立的，彼此之间无相互作用，因此稀溶液能很好地服从该定律。在高浓度时（通常 >0.01 mol/L），由于吸收组分粒子间的平均距离减小，以致每个粒子都可影响其邻近粒子的电荷分布，这种相互作用可使它们的吸光能力发生改变。由于相互作用的程度与浓度有关，随浓度增大，吸光度与浓度间的关系就偏离线性关系，所以一般认为比耳定律仅适用于稀溶液。

第三节　可见光分光光度分析法

可见光分光光度法的理论基础是朗伯-比耳定律。试样溶液经显色反应并稳定后，用合适的单色光（常用 λ_{max}）照射，用分光光度计测定试样溶液对单色光的吸收程度 A，依 $A=abc$，可算出试样溶液的浓度。

在进行可见光分光光度法分析时，首先要把待测组分转变成有色化合物，然后进行比色或光度测定。将待测组分转变成有色化合物的反应叫显色反应。与待测组分形成有色化合物的试剂称为显色剂。在分析工作中选择合适的显色反应并严格控制反应条件，是十分重要的。显色反应一般有两类，一类是络合反应，另一类是氧化还原反应。络合反应是主要的显色反应。

一、显色反应和显色剂

（一）显色反应的选择

同一组分常可与多种显色剂反应，生成不同的有色物质，在分析时，究竟选用何种显色反应较适宜，应考虑以下因素。

1. 灵敏度高

可见光分光光度法一般用于微量组分的测定，因此，显色反应的灵敏度如何是首先必须考虑的主要因素。摩尔吸光系数 ε 的大小是显色反应灵敏度高低的重要标志，因此应当选择生成的有色物质 ε 较大的显色反应。一般来说，当 ε 值为 $10^4 \sim 10^5$ 时，可认为该反应灵敏度较高。如表2-2中，Cu^{2+} 与BCO、DDTC或双硫腙的反应灵敏度都是较高的。

表2-2　Cu^{2+} 的显色剂及其络合物的 ε 值

显色剂	显色条件	λ_{max}（nm）	ε
氨		620	1.2×10^2
铜试剂（DDTC）	pH 5.7～9.2，CCl_4 萃取	436	1.3×10^4
双环己酮草酰双腙（BCO）	pH 8.9～9.6	595	1.6×10^4
双硫腙	0.1mol/L HCl，CCl_4 萃取	533	5.0×10^4

2. 选择性好

选择性好指显色剂仅与一个组分或少数几个组分发生显色反应。仅与某一种离子发生反应者称为特效的（或专属的）显色剂。这种显色剂实际上是不存在的，一般显色剂都能与多种物质发生显色反应，但是干扰较少或干扰易于除去的显色反应是可以找到的。

3. 吸光化合物与显色剂之间颜色差别大

两者颜色差别鲜明，显色剂在测定波长处无明显吸收。这样，试剂空白值小，可以提高测定的准确度。通常把两种有色物质最大吸收波长之差称为“对比度”，一般要求显色剂与有色化合物的对比度 $\Delta\lambda$ 在60 nm以上。

4. 反应生成的有色化合物组成恒定，化学性质稳定

这样的选择考虑，可以保证至少在测定过程中吸光度基本上不变，否则将影响吸光度测定的准确度及再现性。

（二）显色剂

1. 无机显色剂

无机显色剂与金属离子生成的化合物不够稳定，灵敏度和选择性也不高，目前应用已经不多。尚有实用价值的仅有硫氰酸盐（测定 Fe^{3+}、Mo（Ⅵ）、W（Ⅴ）、Nb^{5+} 等）、钼酸铵（测定P、Si、W等）及过氧化氢（测定 V^{5+}、Ti^{4+} 等）等数种。

2. 有机显色剂

大多数有机显色剂与金属离子生成极其稳定的螯合物，显色反应的选择性和灵敏度都较无机显色反应高，因而它广泛应用于吸光光度分析中。正是由于有机显色剂的研制和应用，推动了吸光光度分析法的应用和发展。目前研制高灵敏度和高选择性的显色剂仍然是

吸光光度法研究中的重要课题。常用的有机显色剂如表2-3所示。

表2-3 常用有机显色剂

显色剂	测定离子	显色条件	颜色	λ_{max} (nm)	ε
双硫腙	Zn^{2+}	pH 5.0，CCl_4 萃取	红紫	535	1.12×10^5
双硫腙	Cd^{2+}	碱性，$CHCl_3$ 或 CCl_4 萃取	红	520	8.80×10^4
双硫腙	Ag^+	pH 4.5，$CHCl_3$ 或 CCl_4 萃取	黄	462	3.05×10^4
双硫腙	Hg^{2+}	微酸性，CCl_4 萃取	橙	490	7.00×10^4
双硫腙	Pb^{2+}	pH 8～11，KCN 掩蔽，CCl_4 萃取	红	520	6.86×10^4
双硫腙	Cu^{2+}	0.1 mol/L HCl，CCl_4 萃取	紫	545	4.55×10^4
铝试剂	Al^{3+}	pH 5.0～5.5，HAc	深红	525	5.25×10^4
偶氮胂Ⅲ	Ba^{2+}	pH 5.3	绿	640	6.40×10^3
邻菲罗啉	Fe^{2+}	pH 3.0～6.0	橙红	510	5.10×10^4

（三）三元络合物及其在光度法中的应用

近年来，能形成三元络合物的显色反应受到极大的重视。所谓三元络合物是指由三个组分所形成的络合物，它较二元络合物有更高的灵敏度和选择性，同时还具有较高的稳定性，从而提高了方法的准确度。三元络合物通常由一个中心离子和两种配位体或两种金属离子和一种配位体所形成。例如，铬天青S可与许多金属离子再加阳离子表面活性剂形成三元络合物。广义地说，三元络合物是普遍存在的。因为一般所说的简单离子并不简单，都是水合了的离子。当其他配位体与离子络合时，实际上是取代水的位置。所形成的络合物，往往是水与其他配位体以及金属离子所形成的三元络合物，例如淡红色的钴氨络离子实际上是 $[Co(H_2O)_3(NH_3)_3]^{3+}$ 这样一个三元络离子。

由于三元络合物具有下列分析特性，因而在分析化学中，特别是在吸光光度分析中得到广泛的研究和普遍应用。

(1) 三元络合物比较稳定，可提高分析测定的准确度和重现性。例如 Ti-EDTA-H_2O_2 三元络合物的稳定性，比 Ti-EDTA 和 Ti-H_2O_2 二元络合物的稳定性分别增强约1 000倍和100倍。

(2) 三元络合物对光有较大的吸收容量，所以进行光度测定时它比二元络合物具有更高的灵敏度和更大的对比度。如用过氧化氢测定钒，灵敏度太低（$\varepsilon_{450}=2.7\times10^2$）。而用吡啶偶氮间苯二酚（PAR）测定钒，灵敏度虽有提高，但选择性差。如果将 V^{5+}、H_2O_2、PAR 三者混合，在一定条件下则形成紫红色的三元络合物，灵敏度可大大提高（$\varepsilon=1.4\times10^4$）。

(3) 形成三元络合物的显色反应比二元体系具有更高的选择性。这是因为在二元络合物中，一种配位体常可与多种金属离子产生类似的络合反应，而当体系中两种配位体形成三元络合物时，就减少了金属离子形成类似络合物的可能性。例如，铌和钽都可与邻苯三酚生成二元络合物，但是在草酸介质中，只有钽能与邻苯三酚形成黄色的钽-邻苯三酚-草酸三元络合物，铌则不形成类似的三元络合物，因而提高了反应的选择性。

二、显色条件的选择

显色反应的类型一经选定，显色条件的选择就特别重要。可见光分光度法是测定显色反应达到平衡后溶液的吸光度，因此要想得到准确的结果，必须从研究平衡着手，了解影响显色反应的因素，控制适当的条件，使显色反应完全和稳定，通过大量试验找到最佳测定条件以满足准确测定要求。对显色的主要条件讨论如下。

1. 显色剂用量

显色反应一般可用下式表示：

$$\underset{(待测组分)}{M} + \underset{(显色剂)}{R} \rightleftharpoons \underset{(有色络合物)}{MR}$$

根据反应平衡原理，有色络合物稳定常数愈大，显色剂过量愈多，愈有利于待测组分形成有色络合物。但是过量显色剂的加入，有时会引起副反应的发生，对测定反而不利。显色剂的适宜用量常通过实验来确定。其方法是将待测组分的浓度及其他条件固定，然后加入不同量的显色剂，测定其吸光度，绘制吸光度（A）与浓度（c）的关系曲线，一般可得到如图 2－8 所示的情况。

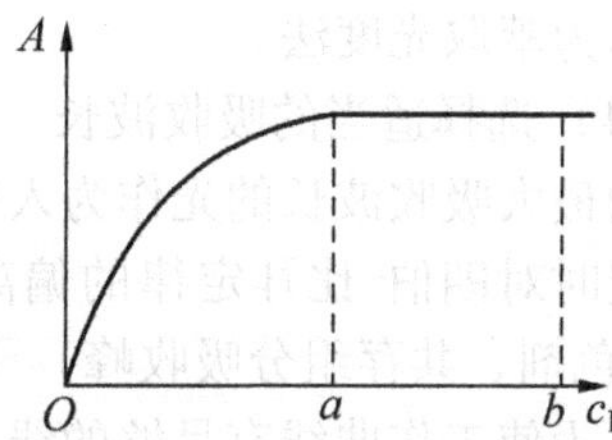

图 2－8　吸光度与显色剂浓度的关系

2. 酸度

酸度对化学反应影响很大，显色反应也不例外。由于大多数有机显色剂是有机弱酸，且带有酸碱指示剂性质，酸度改变将引起显色剂平衡浓度的改变，继而影响显色反应的完全程度。另外，pH 改变，显色剂的颜色也将改变，显色反应的颜色肯定也要改变。

显色反应大多用于测定溶液中的微量金属离子。酸度过低，除产生不同程度的羟基络合效应外，严重的甚至发生水解、产生沉淀，导致显色反应无法进行。

酸度对一些络合物的稳定性也有很大影响。有的显色反应是逐级络合反应。酸度不同，络合比往往不同，其颜色也会跟着改变。如磺基水杨酸与 Fe^{3+} 的显色反应，pH 为 2 ～3 时，生成 1∶1 的紫红色络合物；pH 为 4 ～7 时，生成 1∶2 棕褐色络合物；pH 为 8 ～11 时，生成 1∶3 黄色络合物。

因此控制溶液酸度问题，对显色反应来说是极其重要的。最佳酸度条件的确定，也是通过实验方法得到的。将 A 与 pH 的关系绘制成图（见图 2－9），将曲线平坦部分所在的 pH 值定为该测定的最适宜酸度条件。

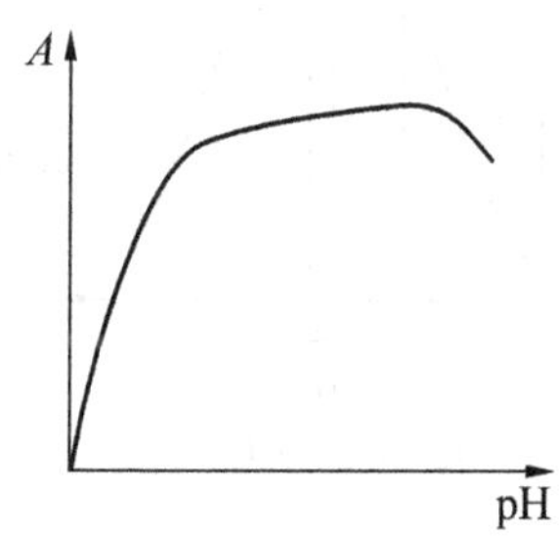

图 2－9　吸光度与 pH 的关系

3. 显色温度

显色反应一般在室温下进行，有的反应则需要加热，以加速显色反应进行完全，有的有色物质当温度偏高时又容易分解。为此，对不同的反应，应通过实验找出各自适宜的温度范围。

4. 显色时间

有的显色反应，瞬间完成且在较长时间内保持不变；有的虽瞬间完成反应，但褪色也快；有的反应完成较缓慢，颜色要经一段时间后才稳定。总之，也需通过实验，作出吸光度时间关系曲线，最后选定合适的显色时间。

三、可见光分光光度法干扰的消除

可见光分光光度分析中，共存离子如本身有颜色，或与显色剂作用生成有色化合物，都将干扰测定。要消除共存离子的干扰，可采用下列方法：

（1）加入络合掩蔽剂或氧化还原掩蔽剂，使干扰离子生成无色络合物或无色离子。如用 NH_4SCN 做显色剂测定 Co^{2+} 时，Fe^{3+} 的干扰可借加入 NaF 使之生成无色的 FeF_6^{3-} 而消除。测定 Mo（Ⅵ）时也可借加入 $SnCl_2$ 或抗坏血酸等将 Fe^{3+} 还原为 Fe^{2+} 而避免与 SCN^- 作用。

（2）选择适当的显色条件以避免干扰。如利用酸效应，控制显色剂离解平衡，降低显色剂浓度，使干扰离子不与显色剂作用。如用磺基水杨酸测定 Fe^{3+} 离子时，Cu^{2+} 与试剂形成黄色络合物，干扰测定，但如控制 pH 在 2.5 左右，Cu^{2+} 则不与试剂反应。

（3）分离干扰离子。在不能掩蔽的情况下，可采用沉淀、离子交换或溶剂萃取等分离方法除去干扰离子。其中，尤以萃取分离法使用较多，并可直接在有机相中显色，这类方法称为萃取光度法。

（4）选择适当的吸收波长。为了使测定结果有较高的灵敏度，应选择波长等于被测物质的最大吸收波长的光作为入射光。选用这种波长的光进行分析，不仅灵敏度较高，而且测定时对朗伯-比耳定律的偏离较小（见图 2－10）。当然，若在 λ_{max} 附近有其他谱峰（如显色剂、共存组分吸收峰）干扰时，只得选用其他的测量波长。有时，为测定高浓度组分，为使工作曲线有足够的线性范围，也宁可选用其他灵敏度较低的吸收峰波长作为分析测量波长。例如，用丁二酮肟比色法测定钢中的镍，丁二酮肟镍络合物的最大吸收波长为 470 nm 左右。试样中的铁用酒石酸钾掩蔽后，在同样波长下也有吸收（见图 2－11）。如在 470 nm 处测定镍，铁有干扰；如在 520 nm 处进行测定，干扰就可避免，但灵敏度有所降低，对朗伯-比耳定律的偏离有所增加。

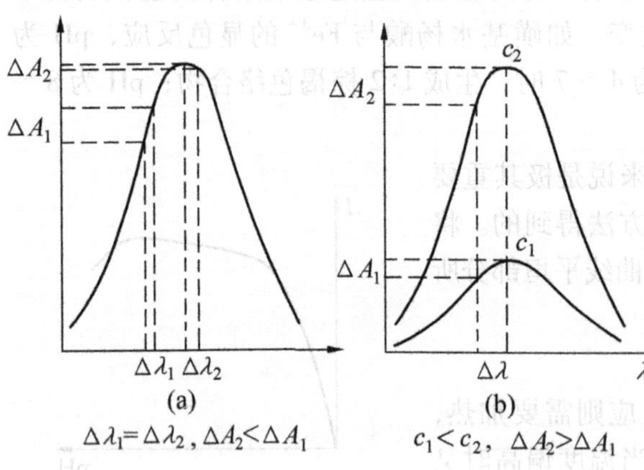

图 2－10　测量波长的选择及其影响

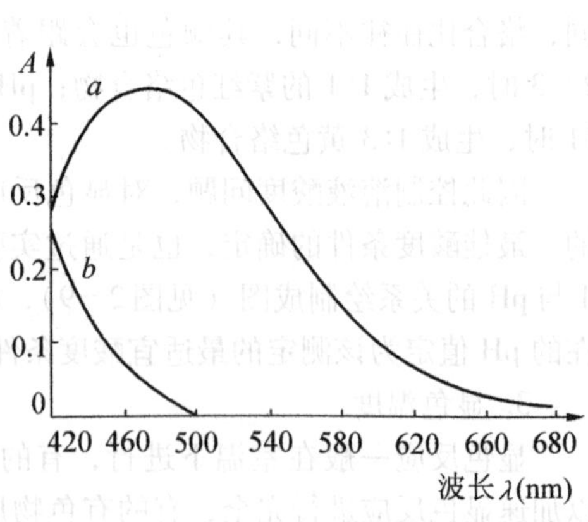

图 2－11　a—丁二酮肟镍的吸收曲线；b—酒石酸铁的吸收曲线

（5）选择适当的参比溶液。吸光度的测定，是将有色溶液盛在比色皿内，然后推入光路进行的。由于试剂和比色皿对光的吸收、反射和折射等影响，使测定产生较大误差。

为此，必须先选定一种参比溶液，即不含吸光物质而其他成分与试液或标准液大致相同的溶液。将参比液盛于相同规格的比色皿中投入光路，调节仪器使 $T=100\%$ 即 $A=0$，在此基础上，再对标准溶液和试液进行测定。这样，便可消除非吸光物质对测定的影响。因此，选择适当的参比溶液在光度分析中是很重要的。一般选择参比溶液的原则如下：

①当试液、显色剂或其他试剂无吸收时，可选纯溶剂（例如蒸馏水）做参比溶液。

②如果显色剂或其他试剂有吸收时，应用空白溶液（不加试液）做参比溶液。

③试液有吸收时，则以试液做参比。试液、显色剂分别有吸收时，选用适当掩蔽剂掩蔽待测离子后再加显色剂，用此溶液做参比溶液。

选择参比液总的原则是，使试液的吸光度真正反映与待测物浓度的关系。

四、吸光度读数范围的选择

在分光光度分析中，仪器测量的不准确也是误差的主要来源。在分光光度计中，透光率的标尺刻度是均匀的。吸光度与透光率为负对数关系，故它的标尺刻度是不均匀的。如图 2-12 所示，吸光度越大，读数波动所引起的测量误差也越大。在不同吸光度范围内，读数对测定带来不同程度的误差。设试液服从比尔定律，经推导有：

$$\frac{\Delta c}{c}=\frac{0.434}{T\lg T}\Delta T$$

式中 $\frac{\Delta c}{c}$——浓度的相对误差；

ΔT——透光率的绝对误差。

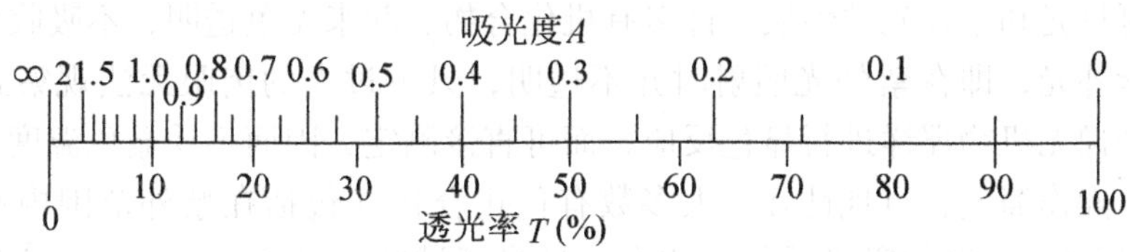

图 2-12　吸光度和透光率的关系

一般分光光度计的 ΔT 为 ±0.2%～±2%。今假定为 0.5%，代入上式，算出不同透光率值时的浓度相对误差，并列入表 2-4。将表中数据作成图，得出图 2-13 中的 a 线。

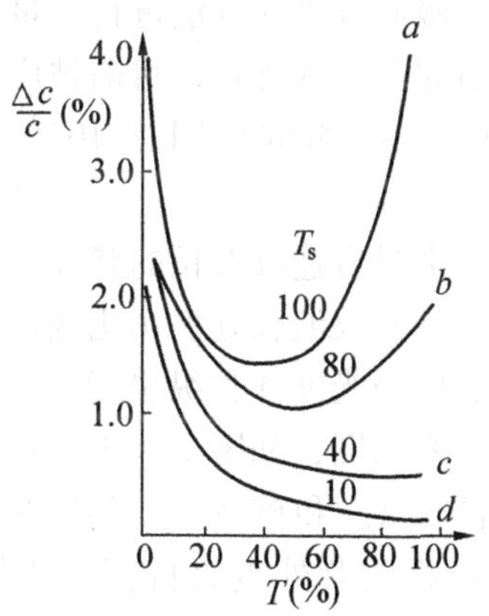

图 2-13　不同浓度的标准溶液做参比时的误差曲线

由表 2-4 和图 2-13a 线可以看出：浓度相对误差大小和透光率读数范围有关。当 $T=36.8\%$（$A=0.434$）时，浓度相对误差最小（约为 1.4%）。当所测吸光度在 0.2～0.7 或 $T=65\%$～20% 的范围内，浓度测量误差约为 3%，对于精度较高的光度计，最小误差为 1%。测量的吸光度过低或过高，误差都是非常大的，因而普通分光光度法不适用于高含量或极低含量物质的测定。为了减少相对误差，应控制被测溶液的浓度和选择合适的比色皿厚度，使测定的吸光度在0.2～0.7区间为最佳。

表2-4　不同 T（或 A）时的浓度相对误差（假定 $\Delta T = \pm 0.5\%$）

透光率 T（%）	吸光度 A	浓度相对误差 $\frac{\Delta c}{c}$（%）	透光率 T（%）	吸光度 A	浓度相对误差 $\frac{\Delta c}{c}$（%）
95	0.022	（±）10.2	40	0.399	1.36
90	0.046	5.3	30	0.523	1.38
80	0.097	2.8	20	0.699	1.56
70	0.155	2.0	10	1.000	2.17
60	0.222	1.63	3	1.523	4.75
50	0.301	1.44	2	1.699	6.38

第四节　紫外吸收光谱分析法

波长为10～400 nm的光称为紫外光。其中10～200 nm称远紫外光，200～400 nm称近紫外光。

利用物质对紫外光有选择性吸收的特性进行分析的方法，称为紫外吸收分光光度法。紫外吸收分光光度法是可见光吸收分光光度法的进一步发展。不少有色的有机化合物本身就具有吸收可见光和紫外光的性质。许多有机化合物看起来无色透明，不吸收可见光，但却强烈吸收紫外光，即在紫外光照射时并不透明，只不过人的肉眼无法观察到这一点而已。所以不必像无机物那样进行显色反应，而可直接测定，因而不受显色温度、显色时间等因素影响，操作简便，重现性好。大多数有色化合物（包括在紫外范围内有色的化合物），在紫外区的 ε（摩尔吸光系数）比在可见光区域的 ε 还要大，可达 10^5 倍，所以紫外光吸收光谱要比可见光吸收光谱更为灵敏，可以测定更低的含量。

用紫外吸收分光光度法进行定量分析，具有快速、灵敏度高及分析混合物中各组分有时不需要事先分离等优点，目前被广泛用于微量或痕量分析中，一般测试范围在 10^{-2}～10^{-7}，误差小于2%。

当用一束具有连续波长的紫外光照射某有机化合物时，在紫外吸收波长处显示出吸收峰。若以波长 λ 作横坐标、以吸光度 A 作纵坐标，就可绘出该化合物的紫外吸收光谱图，如图2-14所示。可用吸收带的最大吸收波长 λ_{max} 和该波长下的摩尔吸光系数 ε_{max} 来表示此化合物的紫外吸收特征。紫外吸收谱带的形状、λ_{max} 和 ε_{max} 的数值与有机化合物的结构密切相关。

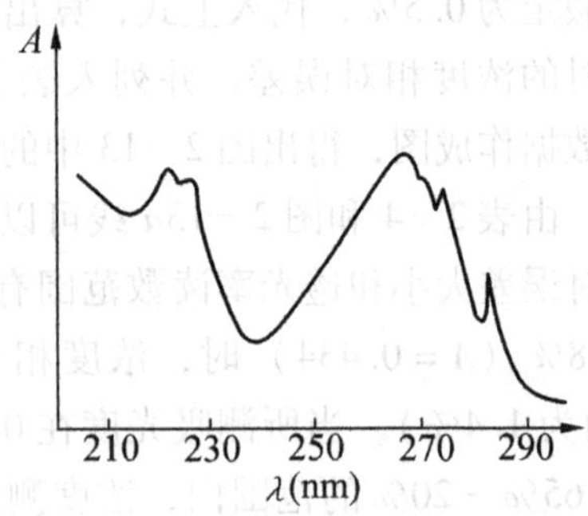

图2-14　茴香醛的紫外吸收光谱

一、紫外吸收光谱的产生

紫外吸收光谱是由于分子中价电子的跃迁而产生的。因此，这种吸收光谱决定于分子中价电子的分布和结合情况。按分子轨道理论，在有机化合物分子中有几种不同性质的价电子：形成单键的电子称为 σ 键电子；形成双键的电子称为 π 键电子；氧、氮、硫、卤素等含有未成键的孤对电子，称为 n 电子。当它们吸收一定能量 ΔE 后，这些价电子将跃迁到较高的能级（激发态），此时电子所占的轨道称为反键轨道，而这种特定的跃迁是同分子内部结构有着密切关系的，一般可将这些跃迁分成如下四类：

1. $\sigma\to\sigma^*$ 跃迁

σ^* 表示 σ 键电子的反键轨道，饱和碳氢化合物只有 σ 键电子，它吸收远紫外线（10～200 nm）后，由基态跃迁至反键轨道。

2. $n\to\sigma^*$ 跃迁

饱和碳氢化合物中，氢被氧、氮、硫、卤素等取代后（单键），其孤对电子 n 较 σ 键电子易于激发，使电子跃迁所需能量减低，吸收波长较长，一般在 150～250 nm 范围内。例如：

CH_3Cl	$\lambda_{max}=172$ nm	$\varepsilon=100$
CH_3OH	$\lambda_{max}=183$ nm	$\varepsilon=150$
CH_3Br	$\lambda_{max}=204$ nm	$\varepsilon=200$
CH_3NH_2	$\lambda_{max}=215$ nm	$\varepsilon=600$

3. $\pi\to\pi^*$

含有 π 电子的基团如烯类、炔类都能发生 $\pi\to\pi^*$ 跃迁，它比 $\sigma\to\sigma^*$ 跃迁所需能量低。非共轭的 $\pi\to\pi^*$ 跃迁所吸收的波长较短，如乙烯的 $\pi\to\pi^*$ 跃迁，λ_{max} 为 165 nm，ε 为 10^4。

具有共轭双键的化合物，相间的 π 键与 π 键形成大 π 键，由于大 π 键各能级间距离较近，电子容易激发，吸收波长向长波长方向移动。

4. $n\to\pi^*$ 跃迁

凡有机化合物中含有杂原子氮、氧、硫等同时又具有双键，吸收紫外光后产生 $n\to\pi^*$ 跃迁，所需能量比上述几种都低，吸收带在 200～400 nm 之间，为弱吸收，ε 在 10～100 之间。

上述四种类型的电子跃迁，按照所需能量的大小进行排列，其次序为：

$$\sigma\to\sigma^* > n\to\sigma^* > \pi\to\pi^* > n\to\pi^*$$

可用图 2－15 的电子能级跃迁示意图表示。

一般说来，未成键孤对电子较易激发，成键电子中 π 电子较相应的 σ 电子具有较高的能级，而反键电子却相反。因此，简单分子中 $n\to\pi^*$ 跃迁需最小的能量，吸收带出现在长波段方向，$n\to\sigma^*$ 及 $\pi\to\pi^*$ 跃迁的吸收带出现在较短波段，而 $\sigma\to\sigma^*$ 跃迁则出现在远紫外区（见图 2－16）。

二、紫外吸收光谱中常用的术语

（一）生色团

在有机化合物中，含有 π 键的不饱和基团能在紫外光区或可见光区产生光吸收，如：

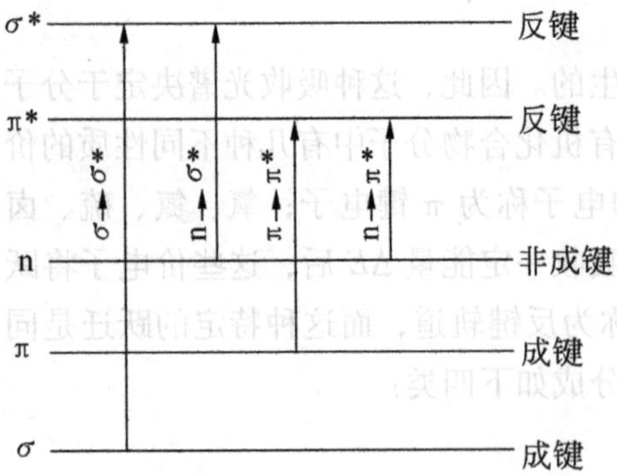

图 2-15 电子能级跃迁示意图

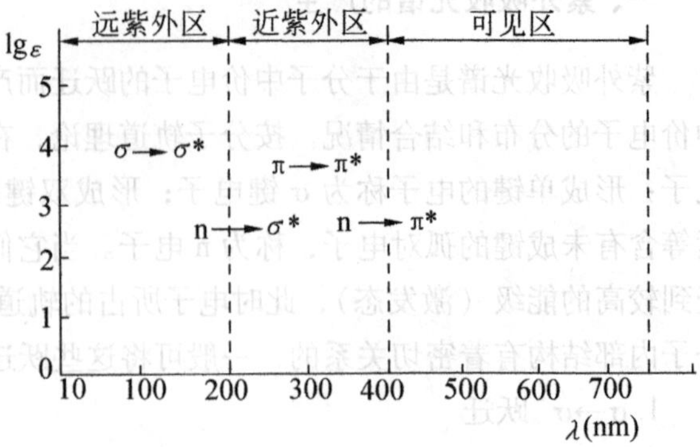

图 2-16 最常见电子跃迁所处的波长范围及强度

$>C=C<$、$-C\equiv C-$、$>C=O$、$-CHO$、$-COOH$、$-N=N-$、$-N=O$、$-NO_2$ 等称生色团。

（二）助色团

助色团指本身不会使化合物产生颜色或产生紫外光吸收的基团，但这些基团与生色基团连接时，却能使生色基团的吸收波长移向长波并使吸收强度增加。通常助色基团是由含孤对电子的元素（如氧、氮、卤素等）所构成的官能团，如$-NH_2$、$-OH$、$-OR$、$-SH$、$-SR$、$-Cl$、$-Br$、$-I$ 等。各种助色基团助色效应的强弱顺序如下：

$$-F < -Cl < -Br < -OH < -SH < -OCH_3 < -NH_2 < -NHR < -NR_2$$

（三）蓝移

当有机化合物分子由于取代基或溶剂的影响，使其紫外吸收谱带的最大吸收波长向短波方向移动，这种现象称蓝移或短移。

（四）红移

与蓝移相反，吸收谱带的最大吸收波长向长波方向移动，这种现象称红移或长移。

（五）溶剂效应

紫外吸收光谱中常用己烷、庚烷、环己烷、二氧杂己烷、水、乙醇等做溶剂。有些溶剂，特别是极性溶剂对溶质吸收峰的波长、强度及形状可能产生影响，这种现象称溶剂效应。

例如，异丙叉丙酮 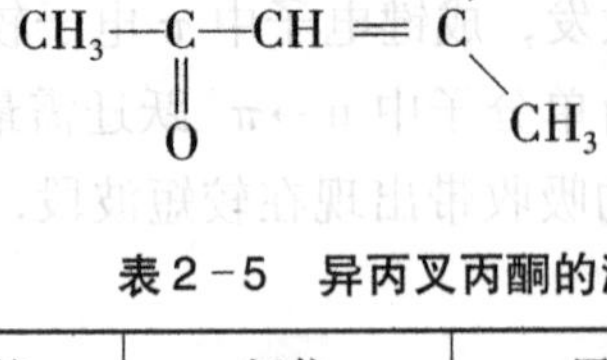 的溶剂效应如表 2-5 所示。

表 2-5 异丙叉丙酮的溶剂效应

吸收带	正己烷	氯仿	甲醇	水	迁移
$\pi\rightarrow\pi^*$	230 nm	238 nm	237 nm	243 nm	向长波移动
$n\rightarrow\pi^*$	329 nm	315 nm	309 nm	305 nm	向短波移动

溶剂除了对吸收波长有影响外，还影响吸收强度和精细结构。在 230 ～ 270 nm 波长处，苯有较弱的一系列吸收带，其中 256 nm 处 ε = 200，称为 B 带或苯带，又叫作精细结构吸收带。例如，苯酚的 B 吸收带就是这样一个例子。由图 2－17 可见，苯酚的精细结构在非极性溶剂庚烷中清晰可见，而在极性溶剂乙醇中则完全消失而呈现一宽峰。因此，在溶解度允许范围内，应选择极性较小的溶剂。另外，溶剂本身有一定的吸收带，如果和溶质的吸收带有重叠，将妨碍溶质吸收带的观察。表 2－6 是紫外吸收光谱中常用溶剂的波长限度，低于此波长时，溶剂的吸收不可忽略。

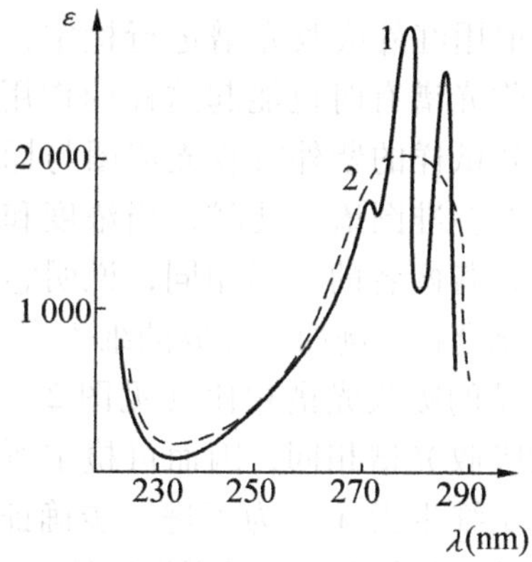

图 2－17　苯酚的 B 吸收带

1—庚烷溶液；2—乙醇溶液

表 2－6　溶剂的使用波长

溶　剂	波长极限（nm）	溶　剂	波长极限（nm）
乙醚	220	甘油	220
环己烷	210	1，2-二氯乙烷	230
正丁醇	210	二氯甲烷	233
水	210	氯仿	245
异丙醇	210	乙酸正丁酯	260
甲醇	210	乙酸乙酯	260
甲基环己烷	210	甲酸甲酯	260
96%硫酸	210	甲苯	285
乙醇	215	吡啶	305
2，2，4-三甲戊烷	215	丙酮	330
对二氧六环	220	二硫化碳	380
正乙烷	220	苯	280

第五节　紫外-可见光分光光度法的应用

紫外-可见光分光光度法可应用于定性、定量分析，络合物组成的测定，分子结构的测定等。

一、定性分析

每一种化合物都有它自己的特征吸收谱带，不同的化合物有不同的吸收光谱可作为定性分析的依据。但是紫外-可见光吸收光谱的吸收谱带一般很宽，有精细结构的不多，且只能反映分子中生色团和助色团的结构特性，而不能反映整个分子总体的特征。

（一）未知试样的检定

一般用红外吸收光谱进行检定，但用紫外吸收光谱有时也能起这样的作用。通常把未知试样的紫外吸收光谱图与标准试样（或与标准图谱）比较，当浓度和溶剂相同时，若两者的谱图相同，说明它们是同一个化合物。例如，合成的维生素 A_2 与天然产品的吸收光谱相比（见图 2－18），它们的吸收光谱相同，因而可检定所合成的试样是维生素 A_2。为了进一步确证，有时换一种溶剂分别测定后再做比较。

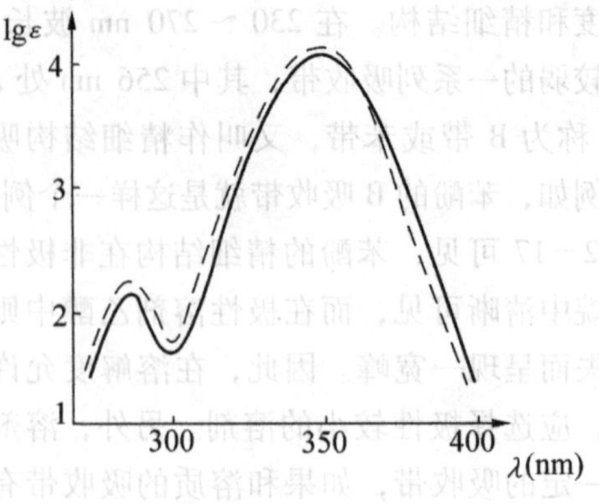

图 2－18　合成的（实线）和天然的（虚线）维生素 A_2 的紫外吸收光谱

但应注意，紫外吸收光谱相同的两种化合物有时不一定是相同的物质，因为紫外吸收光谱常只有 2～3 个较宽的吸收峰，具有相同生色团的不同分子结构，有时在较大分子中不影响生色团的紫外吸收峰，导致不同分子结构产生相同的紫外吸收光谱，但它们的吸光系数是有差别的，所以在比较 λ_{max} 的同时，还要比较它们的 ε_{max}。

（二）有机化合物的定性鉴定

有机化合物的紫外吸收光谱只有少数几个宽的吸收带，缺少精细结构，它只能反映分子中发色基团和助色基团的结构特性，而不能反映整个分子总体的特征。因此，仅依靠紫外吸收光谱来推断未知物的化学结构是困难的。

应用紫外吸收光谱来定性鉴定的有机化合物必须是纯净的。当用紫外分光光度计绘制出吸收曲线后，可根据吸收曲线的特征吸收位置，对被鉴定的化合物做出初步的判断。

若化合物在 220～400 nm 处没有吸收带，则可判断它可能是直链烷、烯、炔烃、脂肪烃、醇、醚、羧酸、氟或氯代烃、胺、腈等，而不会含有共轭双键的苯环、醛基、酮基、溴、碘取代基等。

若化合物在 270～350 nm 处有弱的吸收带，则它存在含有 n 电子的简单非共轭发色基团，如羰基、硝基。

若化合物在 210～250 nm 处有强吸收带，就可能含有共轭双键，若强吸收带在 260～300 nm，则表明含有 3～5 个共轭双键。若吸收带进入可见光区，表明其为稠环芳烃。

若化合物在 250～300 nm 处有中等强度吸收带，表示有苯环。

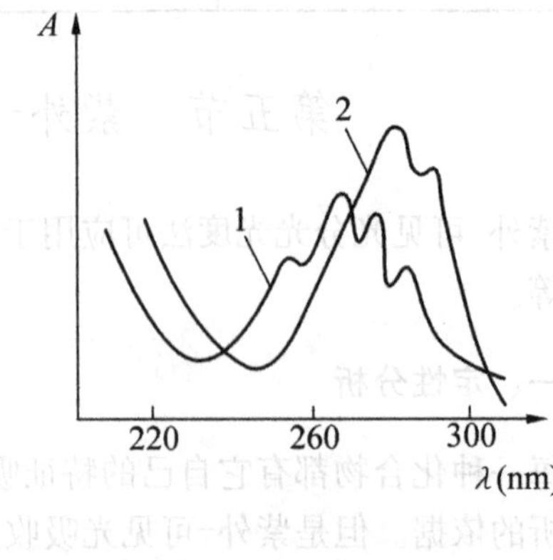

图 2－19　表面活性剂的紫外吸收光谱

1—烷基磺酸钠；2—烷基酚聚氧乙烯醚

洗涤剂中常含有如十二烷基苯磺酸钠、丁基萘磺酸钠等阴离子表面活性剂，辛基酚聚氧乙烯醚、烷基醇酰胺等非离子型表面活性剂以及烷基苄基氯化铵、烷基吡啶氯化铵等阳离子表面活性剂。它们在 220～240 nm 和 260～280 nm 范围有吸收带。如烷基磺酸钠的 $\lambda_{max}=261$ nm，烷基

酚聚氧乙烯醚 $\lambda_{max}=277$ nm，如图 2－19 所示。因此可利用这些吸收带对表面活性剂进行定性鉴定和定量分析。

用紫外吸收光谱法还可分析化妆品防晒剂中的二苯酮衍生物、肉桂酸酯等，祛臭剂中的苯磺酸锌、六氯苯、卤代水杨酰苯胺等，食品防腐剂中的苯甲酸、山梨酸，抗氧化剂中的抗坏血酸、没食子酸丙酯、多种维生素，香料工业中的各种香料（柠檬油、香茅草油、留兰香油、杏仁油等），它已在轻工和化工产品分析中获得广泛应用。

（三）纯度检查

如果一化合物在紫外区没有吸收峰，而杂质有较强吸收，就可方便地检出该化合物中的痕量杂质。例如，要检定甲醇或乙醇中的杂质苯，可利用苯在 256 nm 处的吸收，而甲醇或乙醇在此波长处几乎没有吸收（见图 2－20 及图2－21）。又如四氯化碳中有无二硫化碳杂质，只要观察在 318 nm 处有无二硫化碳的吸收峰即可。

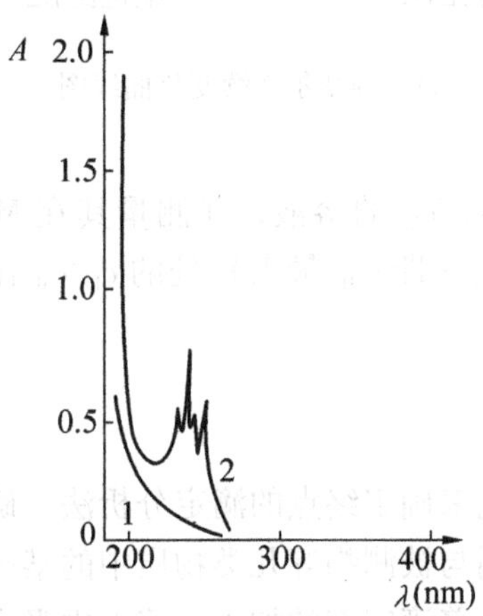

图 2－20　甲醇中杂质苯的检定

1—纯甲醇；2—被苯污染的甲醇

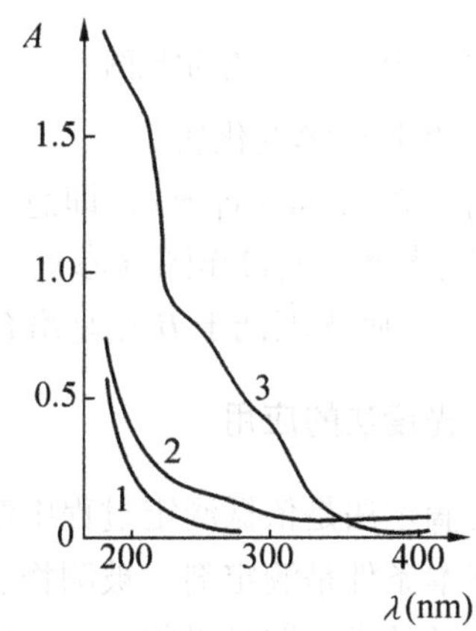

图 2－21　容器塞子对乙醇的污染

1—纯乙醇；2—乙醇被软木塞污染；

3—乙醇被橡皮塞污染

如果一化合物，在可见区或紫外区有较强的吸收带，有时可用吸光系数来检查其纯度，例如菲的氯仿溶液在 296 nm 处有强吸收（$\lg\varepsilon=4.10$）。用某法精制的菲，熔点 100℃、沸点 340℃似乎已很纯，但用紫外吸收光谱检查，测得的 $\lg\varepsilon$ 值比标准菲低 10%，实际质量分数只有 90%，其余很可能是蒽等杂质。

二、络合物组成的测定

溶液中络合物组成（配位比）的测定，具有重要意义。紫外-可见光分光光度法是研究络合物组成最常用的方法之一。下面仅介绍两种简单的光度法。

1. 摩尔比法

基于络合反应平衡：

$$M+nL\longrightarrow ML_n \qquad \text{（忽略电荷符号）}$$

若在固定 M 离子浓度 c_M 的条件下，分别加入不同量的络合剂 c_L，保持其他条件，在 ML_n 的 λ_{max} 处测定各溶液的吸光度。若络合剂 L 和 M 在此波长无显著吸收，则用测得的 A 对

c_L/c_M 作图，可得如图2－22所示的摩尔比图。图形中，在出现明显转折的两条直线延线的交点作对应的 c_L/c_M 即为 n。络合物愈稳定，转折点愈明显。所以本法仅适用于稳定性较高的络合物。

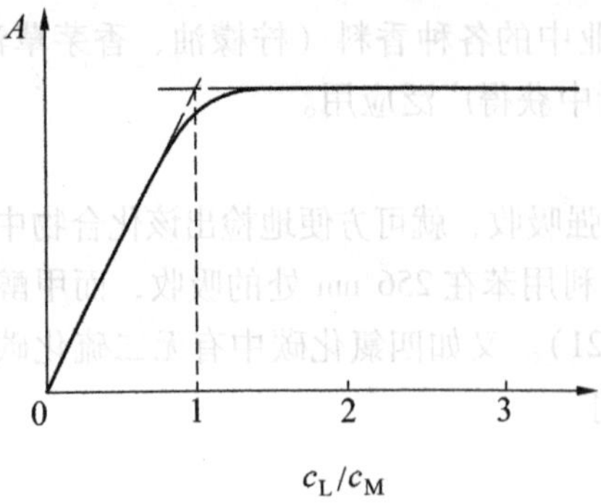

图2－22　摩尔比图

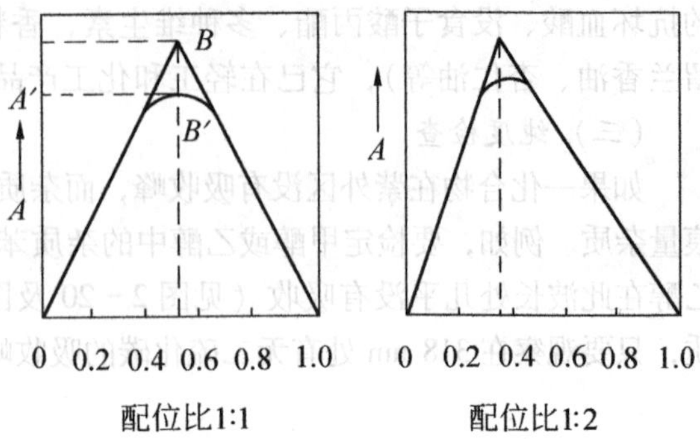

图2－23　等摩尔连续变化曲线图

2. 等摩尔连续变化法

配制一系列 $c_M + c_L = c$，即总浓度不变、仅改变 c_L/c_M 的溶液，并测量其在 ML_n 的 λ_{max}处的吸光度。通过作图（参见图2－23），在 A 最大（即 c_{ML_n}最大）处的 c_L/c_M 比值即为 n。B'点的吸光度低于 B 点是络合物部分离解之故。

三、光度法的应用

光度滴定法是依据滴定过程中溶液吸光度突然变化来确定终点的滴定分析法。确定该方法的基本条件是滴定剂、被测物、反应产物或滴定剂与被测物等几类物质中的某一类对所选定波长的光有明显吸收。将反应体系置入光路，随着滴定剂的加入，溶液中吸光物质浓度不断变化，因而吸光度也随之变化。以吸光度 A 对滴定剂加入量 V 作图，得到光度滴定曲线。曲线是一条折线，两直线延长线的交点即为滴定终点。根据吸光物质的不同，光度滴定曲线的形状也不一样。图2－24是用光度法确定 EDTA 连续滴定 Bi^{3+} 和 Cu^{2+} 的终点的例子。在745 nm 波长处，Bi^{3+} 或 EDTA 都无吸收。加入 EDTA，首先与 Bi^{3+} 络合，形成的铋络合物也无吸收，因此在第一化学计量点前，吸光度不发生变化。在第一化学计量点后，随着 EDTA 的加入，铜络合物开始形成，因铜络合物在此波长处产生吸收，故吸光度不断增加。到达铜的化学计量点后，再增加 EDTA，吸光度不再发生变化。很明显，由滴定曲线可得到两个确定的终点。

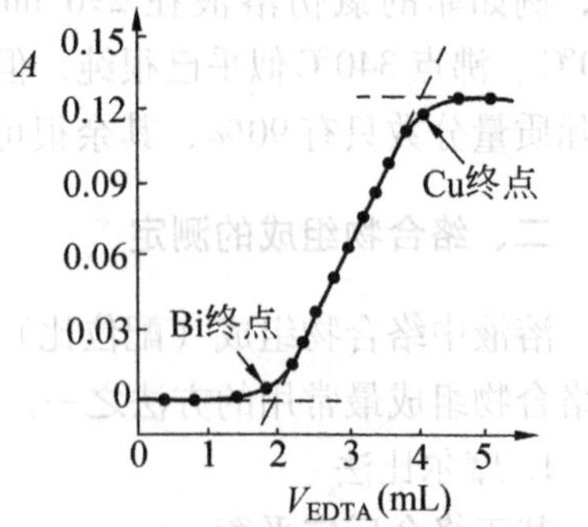

图2－24　用光度法以0.1 mol/L EDTA 溶液滴定100 mL2.0×10^{-3}mol/L Bi^{3+} 和 Cu^{2+} 溶液的滴定曲线（所用波长为745 nm）

光度滴定法确定终点较灵敏，并可克服目视滴定中的干扰；而且实验数据是在远离化学计量点的区域测得的，终点是由直线外推法得到的，所以对平衡常数较小的滴定反应，也可用光度法进行滴定。

光度法确定终点，已用于氧化还原、酸碱、络合及沉淀等各类滴定中。图 2－25 是典型的光度滴定曲线。

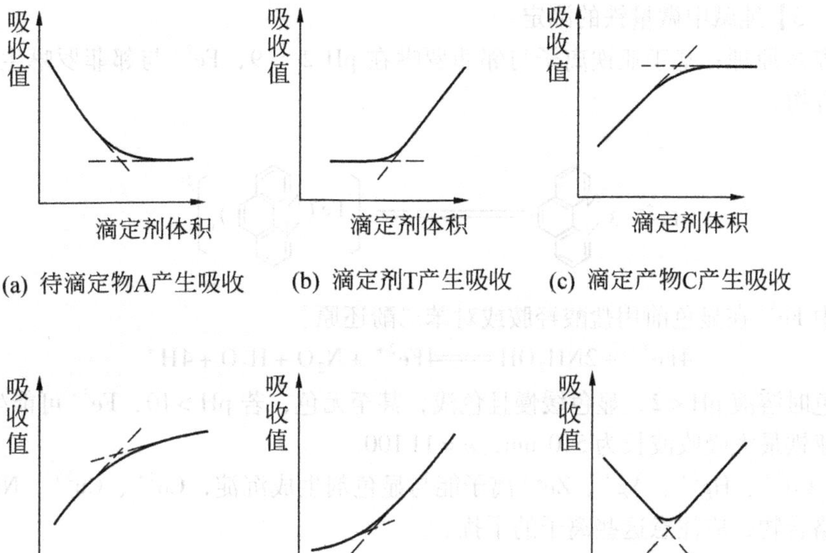

(a) 待滴定物A产生吸收　(b) 滴定剂T产生吸收　(c) 滴定产物C产生吸收

(d) A不吸收,C的摩尔吸收比T的摩尔吸收大　(e) A不吸收,T的摩尔吸收比C的摩尔吸收大　(f) C不吸收,T的摩尔吸收比A的摩尔吸收大

图 2－25　典型的光度滴定曲线

四、定量分析

（一）单组分体系

当试样中只有被测组分产生对光的吸收，且符合朗伯-比耳定律，则很容易进行吸光度的测定。只需选择 λ_{max} 为单色光，测定吸光度，用比较法或标准曲线法（也叫工作曲线法）测定试液的浓度即可。

分光光度法常用标准曲线法。即将一系列不同含量的标准溶液依次加入到一系列等体积的容量瓶中，再分别加入等量的显色剂及其他试剂，并保持其他实验条件相同，最后稀释至同样的体积。在同一波长的单色光下以适宜的参比溶液调节仪器，使透光率为 100%（即吸光度为零），再将配好的标准溶液依次加入到厚度相同的比色皿中测出吸光度值。然后以吸光度为纵坐标、浓度为横坐标，即得到一条通过原点的直线，称为标准曲线或工作曲线（见图 2－26）。对于试样溶液也如同对标准溶液一样在同样的容量瓶

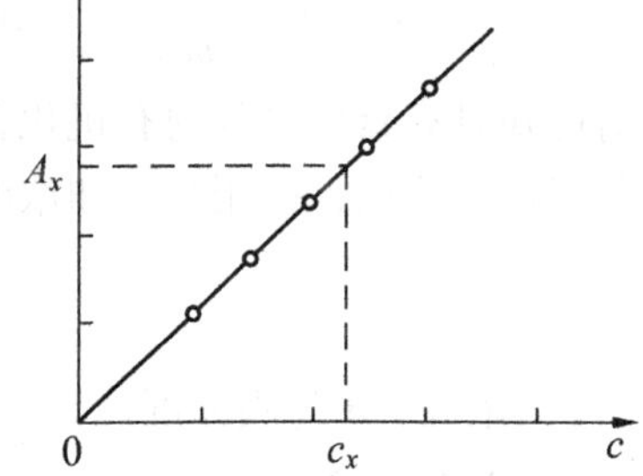

图 2－26　标准曲线

中加入等量的显色剂和其他试剂，在同样的条件下显色并测出其吸光度。然后根据所测得试样溶液的吸光度在标准曲线上找到相应的浓度，再乘以试样溶液的稀释倍数，就可算出试样溶液中等测组分的浓度。

【例2－3】纯碱中微量铁的测定。

（1）基本原理：基于亚铁离子与邻菲罗啉在 pH 2～9，Fe^{2+}与邻菲罗啉生成稳定的橙红色络合物。

试液中 Fe^{3+}在显色前用盐酸羟胺或对苯二酚还原。

$$4Fe^{3+} + 2NH_2OH \longrightarrow 4Fe^{2+} + N_2O + H_2O + 4H^+$$

若显色时溶液 pH <2，显色缓慢且色浅，甚至无色，若 pH >10，Fe^{3+}可能生成沉淀，邻菲罗啉亚铁最大吸收波长为 510 nm，$\varepsilon = 11\,100$。

Bi^{3+}、Cd^{2+}、Hg^{2+}、Ag^+、Zn^{2+}离子能与显色剂生成沉淀，Co^{2+}、Cu^{2+}、Ni^{2+}离子易形成有色络合物，应注意这些离子的干扰。

（2）吸收曲线的绘制：用吸量管吸取 5.00 mL 10μg/mL 铁标准溶液入 50 mL 容量瓶，加入 5 mL 1 mol/L NaAc 溶液，加入 5 mL 1%盐酸羟胺溶液，摇匀，再加入 5 mL 0.1%邻菲罗啉水溶液，用蒸馏水稀释至 50 mL 刻度，摇匀，放置 10 min，用 1 cm 吸收池，以试剂空白作参比，在分光光度计上从波长 420～600 nm，每隔 10 nm 测定一次吸光度。

以波长为横坐标、吸光度为纵坐标，绘制邻菲罗啉亚铁吸收曲线，并找出最大吸收波长 λ_{max}。

（3）标准曲线的绘制：吸取 10μg/mL 铁标准溶液 0.00，2.00，4.00，6.00，8.00，10.00（mL）入 50 mL 容量瓶，按上述方法显色，以 1 cm 吸收池，在 510 nm 处依次测定其吸光度，以标准溶液浓度为横坐标、吸光度为纵坐标绘制标准曲线，见图 2－26。

（4）样品的测定：称取纯碱 4.000 g 于 100 mL 烧杯中，缓慢加入 1∶1HCl 13 mL，直到 Na_2CO_3 全部溶解不冒泡为止，小心地全部转入 50 mL 容量瓶，按上述方法显色并测定吸光度 A_x，从标准曲线上找出铁含量 c_x。

（5）计算：若查得 $c_x = 80$ μg/50mL，则纯碱中铁质量分数 w_{Fe}为：

$$w_{Fe} = \frac{c_x \times 10^{-6}}{m_{样}} \times 100\% = \frac{80 \times 10^{-6}}{4.000} \times 100\% = 0.0020\%$$

对已知具有紫外吸收的有机化合物，当被测物为单一物质时，可用一般分光光度法中采用的工作曲线法；或用与已知浓度标准溶液进行比较的单点校正法，即

$$c_{样} = \frac{c_{标} \times A_{样}}{A_{标}}$$

式中，c 为浓度，A 为吸光度。

（二）双组分分析

若样品中含有两种或两种以上组分时，且其吸收光谱互不重叠，即表示在每个组分的最大吸收波长处各个组分互不干扰，此时可采用单组分测定的方法进行定量分析。

若样品中组分的吸收光谱有部分互相重叠，则可利用下式：

$$A_e = A_a + A_b + A_c + \cdots + A_n$$

即任何混合物的吸光度为其各个组分吸光度的加和。若为含 A、B 两组分的样品，可用差减法，分别求出 A、B 各自的含量。

假定溶液中同时存在两种组分 x 和 y，它们的吸收光谱一般有如下两种情况：

（1）吸收光谱不重叠，或至少可能找到某一波长时，x 有吸收而 y 不吸收，在另一波长时，y 吸收而 x 不吸收，如图 2－27 所示，则可分别在波长 λ_1 和 λ_2 时，测定组分 x 和 y 而相互不产生干扰。

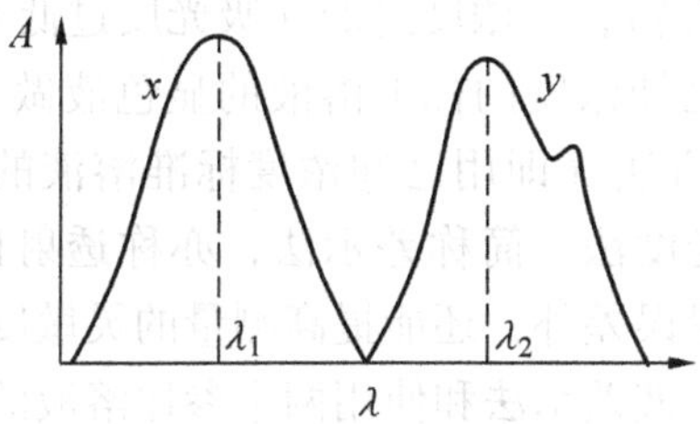

图 2－27　吸收光谱不重叠

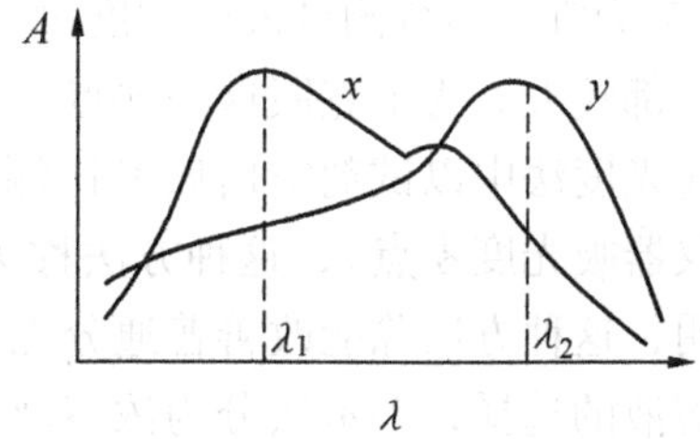

图 2－28　吸收光谱重叠

（2）吸收光谱重叠。找出两个波长，在该波长下，两组分的吸光度差值 ΔA 较大，如图 2－28 所示。在波长为 λ_1 和 λ_2 时测定吸光度 A_1 和 A_2，由吸光度值的加和性得联立方程：

$$\begin{cases} A_1 = \varepsilon_{x_1} bc_x + \varepsilon_{y_1} bc_y \\ A_2 = \varepsilon_{x_2} bc_x + \varepsilon_{y_2} bc_y \end{cases}$$

式中　c_x、c_y——分别为 x 和 y 的浓度；

ε_{x_1}、ε_{y_1}——分别为 x 和 y 在波长 λ_1 时的摩尔吸光系数；

ε_{x_2}、ε_{y_2}——分别为 x 和 y 在波长 λ_2 时的摩尔吸光系数。

摩尔吸光系数值，可用 x 和 y 的纯溶液在两种波长处测得，解联立方程可求出 c_x 和 c_y 值。

原则上对任何数目的组分都可以用此方法建立方程求解，在实际应用中通常仅限于两个或 3 个组分的体系。如能利用计算机解多元联立方程，则不会受到这种限制。

【例 2－4】混合液中 $KMnO_4$ 和 $K_2Cr_2O_7$ 含量的测定。

（1）吸收曲线的绘制：用 2 只 1 cm 吸收池分别测定 $KMnO_4$ 和 $K_2Cr_2O_7$ 标准溶液在 420～700 nm 范围的吸光度（每隔 10 nm 测一次），在同一坐标纸上绘制两者的吸收曲线。如果仪器波长准确，$KMnO_4$ 在 520 nm 和 545 nm 处有吸收峰，$K_2Cr_2O_7$ 在 440 nm 处有吸收峰。

（2）摩尔吸光系数的测定：分别吸取 3.00 mL 标准 $KMnO_4$ 和 $K_2Cr_2O_7$ 溶液加到 2 个 50 mL 容量瓶中，用 1 mol/L H_2SO_4 稀释至刻度，混匀，用 1 cm 吸收池，以 1 mol/L H_2SO_4 溶液做参比，分别在 440 nm 和 545 nm 处测定其吸光度 A_{400}^{Cr}、A_{545}^{Cr}、A_{440}^{Mn}、A_{545}^{Mn}，根据 $A=\varepsilon bc$ 公式，可算出摩尔吸光系数 ε_{440nm}^{Cr}、ε_{545nm}^{Cr}、ε_{440nm}^{Mn}、ε_{545nm}^{Mn}。

（3）混合液中 $KMnO_4$ 和 $K_2Cr_2O_7$ 浓度的测定：吸取 5.00 mL 试液加到 50 mL 容量瓶中，以 1 mol/L H_2SO_4 溶液稀释至刻度，混匀，用 1 cm 吸收池在 440 nm 和 545 nm 处测定

吸光度 A_{440}^{Cr+Mn}、A_{545}^{Cr+Mn}。

（4）计算：将测得的 A_{440}^{Cr+Mn}、A_{545}^{Cr+Mn} 和 ε_{440nm}^{Cr}、ε_{545nm}^{Cr}、ε_{440nm}^{Mn}、ε_{545nm}^{Mn} 代入下式解联立方程，即可求出 $KMnO_4$ 和 $K_2Cr_2O_7$ 的浓度。

$$A_{440}^{Cr+Mn} = \varepsilon_{440nm}^{Cr}c^{Cr} + \varepsilon_{440nm}^{Mn}c^{Mn}$$
$$A_{545}^{Cr+Mn} = \varepsilon_{545nm}^{Cr}c^{Cr} + \varepsilon_{545nm}^{Mn}c^{Mn}$$

五、差示分光光度法

在前述的普通分光光度法中已经知道，为保证测定准确度，测量的吸光度范围以 0.2～0.7 为宜。当待测试液的浓度过大（吸光度过高），或浓度过低（吸光度过低）时，测量误差都较大。为了克服这一缺点，提出了改用已知浓度的标准溶液的显色液做参比，代替普通光度法中以试剂空白做参比测量吸光度的方法（即用已知浓度标准溶液的显色液调节仪器吸光度零点），这种方法称为差示分光光度法，简称差示法，亦称透射比法。实践证明，这种方法除能改善普通分光光度法的测量误差外，还能提高测量的灵敏度。根据参比溶液的选择，差示法分为浓溶液差示法、稀溶液差示法和使用两个参比溶液的差示法（即高精度差示法）3 种。下面简单介绍其基本原理。

设有浓度为 c_1 和 c_2 的有色溶液，若分别都用无色空白溶液（c_0）做参比测定吸光度，则

$$A_1 = \lg \frac{I_0}{I_1} = abc_1$$

$$A_2 = \lg \frac{I_0}{I_2} = abc_2$$

若 $c_2 > c_1$，得

$$A = A_2 - A_1 = \lg I_1 - \lg I_2 = ab(c_2 - c_1)$$
$$A = ab\Delta c$$

此式表明，当 b 一定时，若以浓度为 c_1 的有色溶液做参比溶液测定 c_2 溶液的吸光度，则所测得的吸光度 A 与两种溶液的浓度差 Δc 呈直线关系。此直线即为差示分光光度法的工作曲线。

差示分光光度法相当于扩大了仪器读数标尺（参见图 2－29），提高了读数的准确性，所以其准确度较普通分光光度法提高了许多。

【例 2－5】差示光度法测高含量镍。

（1）基本原理：利用绿色的 $\lambda_{max}=650$ nm 的 Ni^{2+} 溶液，以稍低于样品溶液浓度的标准溶液做参比。

（2）测定步骤：分别移取 3.00，4.00，5.00，6.00，7.00，8.00（mL）镍标准溶液（200 mg/mL）及未知液 10.00 mL，分别放入 7 只 50 mL 容量瓶中，用水稀释至刻度定容，以 3.00 mL 镍标准溶液做参比，分别测定其他溶液的吸光度值，以镍标准溶液浓度为横坐标、吸光度为纵坐标作工作曲线，如图 2－30 所示。根据未知液所测得的吸光度 $\Delta A_x=0.380$，可在工作曲线上找出试液的质量浓度 $c_x=1210$ mg/50 mL，则

镍的质量浓度 = 1210 mg/10.00 mL = 121.0 g/L

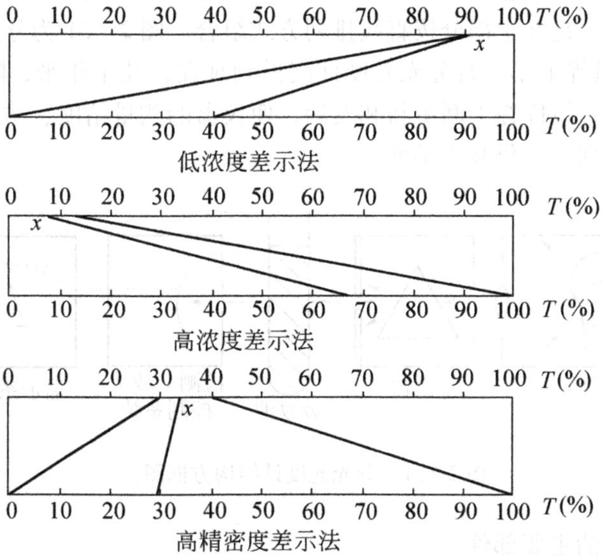

图 2－29　差示法标尺扩展原理

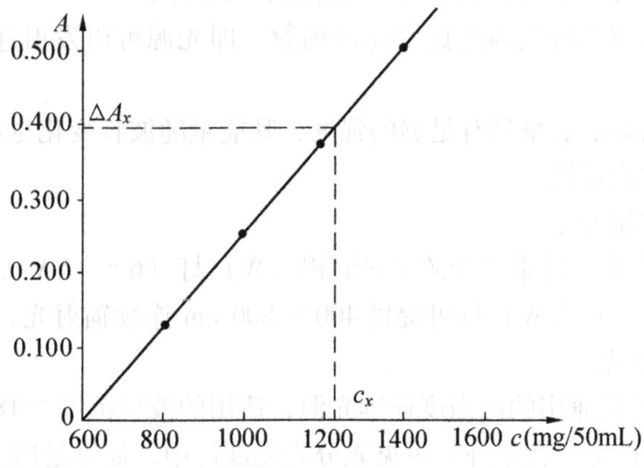

图 2－30　差示法工作曲线

第六节　分光光度计介绍

根据工作波段的不同，分光光度计可分为真空紫外分光光度计、可见光分光光度计、紫外-可见光分光光度计和紫外-可见近红外光分光光度计，其工作波段分别为 0.1 ～ 200 nm、350 ～ 700 nm、185 ～ 900 nm 和 185 ～ 2500 nm。真空紫外（远紫外）分光光度计在仪器制造上还有一些问题，目前还没有成熟的商品仪器，因此，真空紫外分光光度法还没有成为分析化学的重要工具。根据光学系统和记录系统的不同，又可分为单光束手动式分光光度计和双光束自动记录式分光光度计；根据分光光度计在测量过程中同时提供的波长数，可分为单波长分光光度计和双波长分光光度计等。最近几年，又研制成功了电子计算机控制的分光光度计。

分光光度计由光源、单色器、样品室、检测器、放大和控制系统、结果显示系统等6部分组成，其结构特征是6个部分按直线排列方式组合。图2－31为分光光度计组件排列方框图。从1941年世界上第一台分光光度计问世到现在，几十年来，随着光学和电子学技术的发展，上述6个组件在不断更新和发展，使仪器的测量精度、功能和自动化程度不断提高，但其结构排列方式仍基本不变。

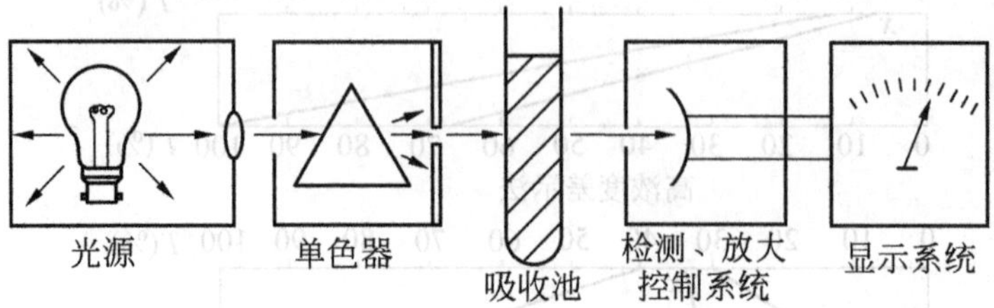

图2－31　分光光度计结构方框图

一、分光光度计的主要部件

（一）光源

用作紫外或可见光分光光度计的光源应满足下列条件：

（1）在仪器的工作波段范围内提供连续辐射，即光源可以发射连续光谱，可以记录一个完全的吸收光谱。

（2）光源发射的辐射能量具有足够的强度，其能量随波长变化尽可能小。

（3）具有较好的稳定性。

（4）有较长的使用寿命。

紫外-可见光分光光度计常用光源是热源钨（W）灯（6～12 V），紫外分光光度计用放电光源氢（氘）灯。钨（W）灯可提供400～800 nm连续辐射光，氢（氘）灯可提供小于400 nm连续辐射光。

氙灯是紫外-可见光兼用的高强度连续光源，适用的波长范围为180～1000 nm，其缺点是价格较高且不够稳定。在紫外－可见光分光光度计中，氙灯是用于研究光化学反应和快速反应动力学的激发光源。表2－7列出了紫外-可见光辐射源。

汞灯是利用电激发汞蒸汽发射紫外和可见光谱的光源，它是一种线光源。根据汞蒸汽压的不同，可分为低压汞灯（汞蒸汽压为1.33～133 Pa）、高压汞灯［汞蒸汽压为（1～5）$\times 10^5$ Pa］和超高压汞灯［（5～500）$\times 10^5$ Pa］。低压汞灯最强的谱线为253.7 nm，高压汞灯最强的谱线为365 nm、546 nm和570 nm，超高压汞灯除上述强谱线外，在40～500 μm的远红外区产生连续光谱。在紫外-可见光分光光度计中，汞灯可用于波长的精确校正。

表2－7　紫外-可见光辐射源

光　源	波长范围（nm）	光子输出强度
氢灯	185～375	弱，360 nm以上不能用
氘灯	185～400	中等强度（是氢灯的3～5倍）

续表 2-7

光　源	波长范围（nm）	光子输出强度
卤（碘，溴）钨	250～2000	用玻璃灯壳时，320 nm 以下无输出
钨灯	320～2500	最好输出为 400～1200 nm

分光光度计的光源系统一般采用光反射聚光系统，由光源及一组反射镜组成。图 2-32 表示两种常用的系统，在图 2-32 a 中，采用移动平面镜 M_2 使钨灯工作改变为氢灯工作，图 2-32 b 中则是通过转动球面镜 M_1 使不同光源产生的辐射进入光路，F 是用作消除杂散光的滤光片组。

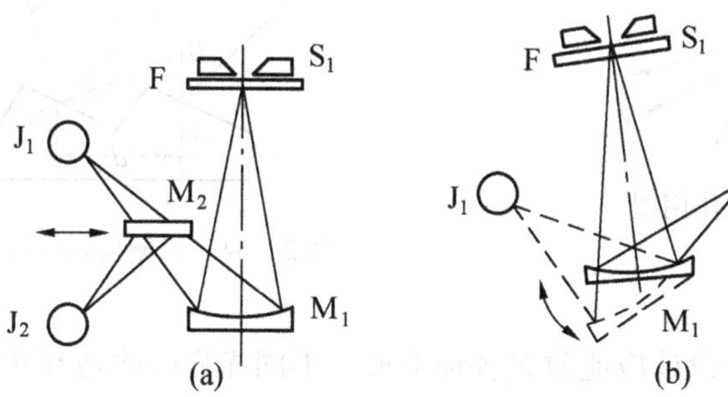

图 2-32　分光光度计的光源系统

（二）单色器

分光光度计采用的光源一般是发射宽波段范围的连续辐射，然而，在实际测量时，最好采用窄谱带或单色光，这是由于：

（1）采用窄带辐射才有可能将彼此非常接近的吸收带分开。

（2）采用窄带才可能在最大吸收波长处进行测量，从而提高测定灵敏度。

（3）在定量分析时，采用窄带才能较好地遵守朗伯-比耳定律。因此，必须采用适当的装置将宽波段复合光分解为窄带或单色光，单色器就是最常用的波长选择装置。

单色器是将光源发射的复合光分解为单色光并可从中分出任一波长单色光的光学装置；单色器由入射狭缝、准直装置（透镜或反射镜）、色散元件（棱镜或光栅）、聚焦装置（透镜或凹面反射镜）和出射狭缝等 5 部分组成一个完整的色散系统，安装在一个不透光的暗盒中。图 2-33 为棱镜色散作用图。色散元件是单色器的核心部件，其特性用色散率来描述，棱镜和光栅是应用最广的两种色散元件。

1. 棱镜的色散作用

棱镜对不同波长的光的折射率不同，复合光通过棱镜后，不同波长的光产生不同的偏向角，从而将不同波长的光分开。

2. 光栅的色散作用

光栅有多种，光谱仪器中多采用平面闪耀光栅（其原理见图 2-34）。它由高度抛光的表面（如铝）上刻画许多根平行线槽而成。一般为 600 条/mm、1200 条/mm，多的可达2400 条/mm，甚至更多。当复合光照射到光栅上时，光栅的每条刻线都产生衍射作用，而每条刻线所衍射的光又会互相干涉而产生干涉条纹。光栅正是利用不同波长的入射光产生的干涉条纹的衍射角不同，波长长的衍射角大，波长短的衍射角小，从而使复合光色散成按波长顺序排列的单色光。

近年来全息照相法以生产的全息光栅具有线槽密度高、杂散光少等优点，为多数精密分光光度计所选用。

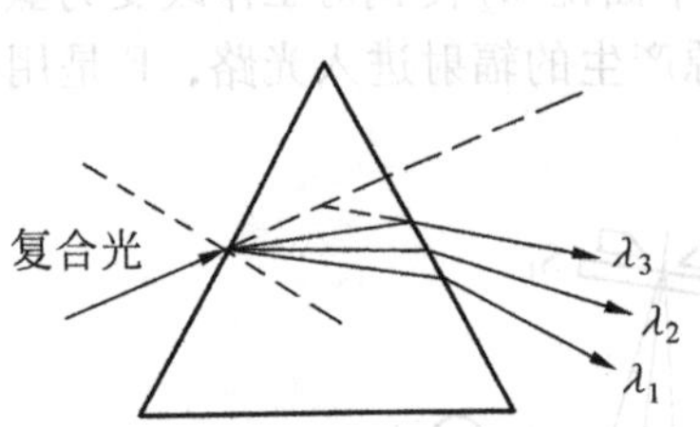

图 2－33　棱镜的色散作用图

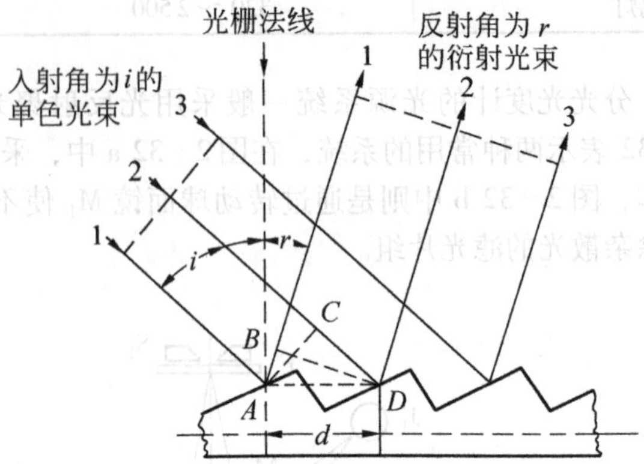

图 2－34　光栅衍射原理示意图

（三）样品室

分光光度计样品室的设计应能放置各种类型、不同光程吸收池和相应的池架附件，如恒温、低温、反射、荧光测定附件及长形池、流动池和微型池等。吸收池又叫比色皿，用于盛放待测液和决定透光液层厚度的器件（见图 2－35）。吸收池主要有石英池和玻璃池两种，在紫外区必须采用石英池，可见光和近红外区最好用玻璃池，也可用石英池，有些塑料池可在可见光区使用。吸收池应具有光学洁净的一对相互平行并垂直于光束的光学窗，理想的吸收池本身不吸收辐射。实际上，各种材料对辐射都有不同程度的吸收，因而一般只要求它们有恒定而均匀的吸收。

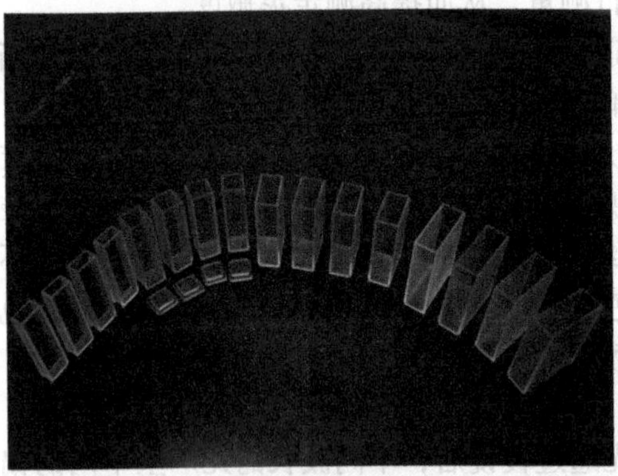

(a)玻璃比色皿

(b)石英比色皿

图 2－35　比色皿

（四）检测器

检测器是一种光电转换元件，其作用是将透过吸收池的光信号变成可测量的电信号。目前，在紫外-可见光分光光度计中多用光电管和光电倍增管。

1. 光电管

光电管由三部分构成：①真空玻璃封套，紫外区工作的封套用石英窗。②半圆柱形阴极，阴极表面镀一层碱或碱土金属氧化物。③中心金属阳极丝，两电极间外加大约 90 V 直流电压。图 2-36 为光电管电路图。

光电管的电流很小（10^{-11}A），必须放大后才能在读数装置上读出。

2. 光电倍增管

光电倍增管是在普通光电管中引入具有二次电子发射特性的倍增电极——打拿极组合而成（其结构见图 2-37）。倍增电极间的电位逐级增高，相邻两倍增电极的电位约为 90 V，当辐射照射光阴极时，产生的电子受第一级倍增电极正电位作用，加速并撞击到该电极上，产生二次电子发射，这些二次发射电子在第二级倍增电极作用下又被加速并撞击到该电极上，产生二次电子发射，这样继续下去，经多级放大的电子最后收集到阳极上，产生的电流再进行放大和测量。由于光电流逐级倍增，光电倍增管具有很高的灵敏度，特别适合于弱辐射能的检测。一般光电倍增管的倍增电极可达 11～14 级，每个光子可产生 10^6～10^7 个电子。

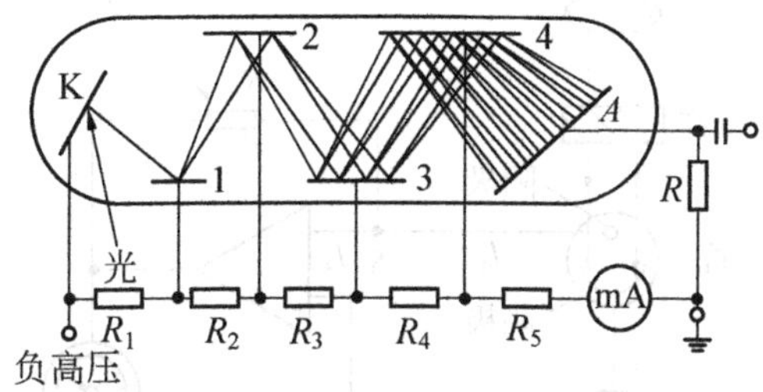

图 2-36　光电管工作电路示意图

光电倍增管有侧窗式和端窗式两种，目前大多数紫外-可见光分光光度计多采用端窗式管子，这种管子的主要优点是机械位置较好，光束容易聚焦到阴极上。阴极表面大，容易冷却（减小暗电流），并具有较高的量子效率和增益，根据光电倍增管光谱响应的不同，可分为蓝敏管和红敏管，以适用于不同的波段范围。

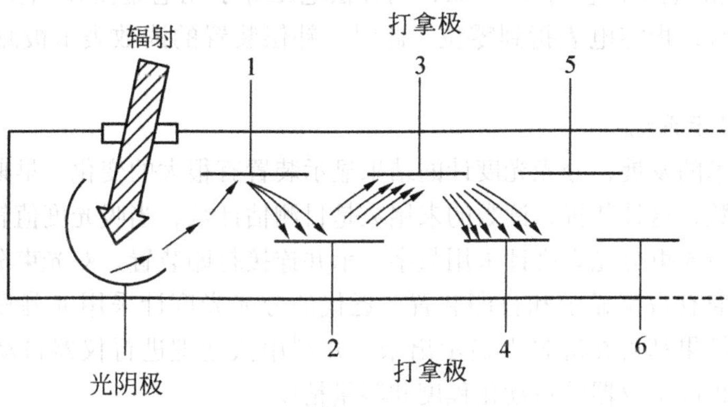

图 2-37　光电倍增管结构示意图

（五）放大和控制系统

测量检测器输出的电流或电压信号，一般采用运算放大器，这里简要介绍电流和电压测量装置。

电流测量：在电流测量中，为了减少由于测量过程对系统的扰动而导致实际测量信号与测量之前的起始信号间产生的误差，要求使扰动降低到最低限度，为此，在测量装置中须保持较低的内阻。图 2-38 是由运算放大器组成的低阻抗电流测量装置，I_x 是光电管受光照后产生的小直流信号，当光电管阴极保持在 -90V 时，阴极表面吸收辐射引起电子发射，随后被阳极丝加速，产生的电流与辐射强度成正比。运算放大器具有高增益（$10^4 \sim 10^6$）、输入阻抗高（通常高达 $10^{12}\,\Omega$ 或更大）和输出阻抗低（$1 \sim 10\ \Omega$）的特性。

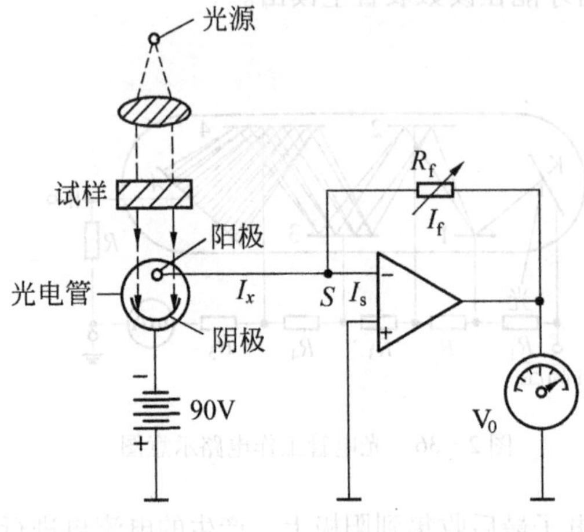

图 2－38　用运算放大器测量微小光电流

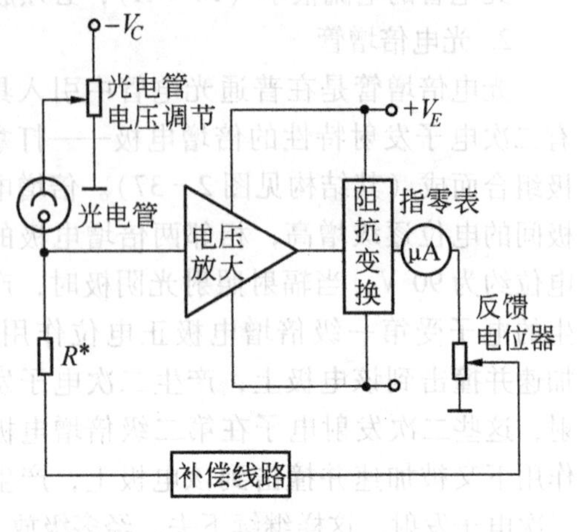

图 2－39　微电流放大器示意图

电压测量：图 2－39 表示 751 型单光束紫外-可见光分光光度计微电流放大器示意图，它采用电位差计的测量原理。光电管受光照后产生微弱光电流，在光电管串联的高阻抗 R^* 上形成光电压，由于 R^* 阻值高，尽管光电流很小，通过 R^* 后仍可输出伏特级的电位降。此光电压经电压放大器放大，再经阻抗变换后，驱动反馈网路，反馈网路由指零电表和反馈电位器组成，与高阻 R^* 串联，构成串联电压负反馈；补偿电路主要是补偿光电流在高阻 R^* 上产生的电压，它与 R^* 串联，当补偿电压等于光电流在 R^* 上产生的电压降且两者的符号相反时，指零电表指到零位，此时，补偿装置的读数表示被测光电流的一个量度。

（六）结果显示系统

随着电子技术的发展，分光光度计的结果显示装置有很大的变化。早期的单光束分光光度计用表头读数，这种装置，读数的末尾数是目测估计数，当吸光度值较大时，读数误差较大。近年来单光束分光光度计采用数字显示并连接打印装置。双光束分光光度计除采用记录器外，还兼有数字显示和打印装置。近代的分光光度计采用屏幕显示，吸收光谱图、操作条件和结果都可在屏幕上显示出来，并利用微处理进行仪器自动控制和结果处理，从而进一步提高了仪器的自动化程度和测量精度。

二、单光束可见光分光光度计

它是最简单的分光光度计。在单光束光学系统中，采用一个单色器，获得可以任意调节的一束单色光，通过改变参比池和样品池位置，使其进入光路，进行参比溶液和样品溶液的交替测量。在参比溶液进入光路时，将吸光度调零，然后移动吸收池架的拉杆，使样品溶液进入光路，就可在读数装置上读出样品溶液的吸光度。这种仪器通常由于光源强度的波动和检测系统的不稳定性而引起测量误差。因此，为使仪器工作稳定，必须配备一个很好的稳压电源。目前国内普遍应用的 7230G 型分光光度计就是属于这种类型的仪器，其工作波段为 330～800 nm，采用钨灯作光源，光栅作色散元件，以光电管作检测器，其工作原理如图 2－40 所示。

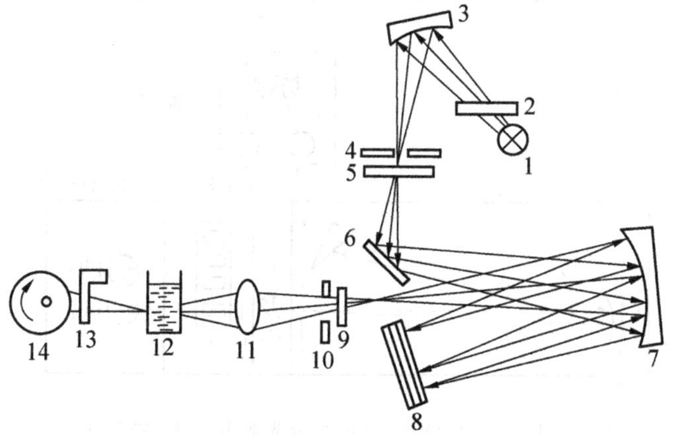

图 2－40　7230G 型分光光度计光学系统图

1—钨灯；2—滤色片；3—聚光镜；4—进口狭缝；5—保护玻璃；6—反射镜；7—准直镜；8—光栅；9—保护玻璃；10—出口狭缝；11—聚光镜；12—吸收池；13—光门；14—光电管

由 12 V、30 W 的钨卤素灯光源发出连续辐射光线，经滤光镜 2 和球面反射镜 3 至单色器的进口狭缝 4 聚焦成像，光束通过进口狭缝 4 经平面反射镜 6 至准直镜 7，产生平行光线射至光栅 8（1200 线/mm），在光栅 8 上色散后又经准直镜 7 聚焦在出口狭缝 10 上成一连续光谱，转动波长手轮可选择所需波长由出口狭缝 10 射出，通过样品溶液 12 再照射到光电管 14 上（国产端窗式多碱阴极真空管，光谱范围 300～850 nm），经微电流放大器放大，透光率 T 可以直接在数字显示器上读出，浓度和吸光度 A 也可以直接在数字显示器上读出。

单光束可见分光光度计结构简单，操作简便，价格低廉，是一种常规定量分析仪器。

三、单光束紫外-可见光分光光度计

单光束紫外-可见光分光光度计的低波段延伸到 185～210 nm，高波段延伸到 850～1000 nm，钨灯（或碘钨灯）和氢灯（或氘灯）两种光源互换使用，大多数仪器用光电倍增管作检测器，也有用光电管作检测器，用棱镜或光栅作色散元件，采用数字显示或仪表读出，上海分析仪器厂生产的 751 型、北京生产的瑞利 UV－1801 型等属于这类仪器。

图 2－41 为 751 型单光束紫外－可见光分光光度计光学系统方框图，其工作波段为 200～1 000 nm，可测定物质在紫外区、可见光区和近红外区的吸收光谱，其适用范围广泛，主要适用于试样的定量测定。在 320～1 000 nm 波段，以钨灯 W 作光源，200～320 nm 波段用氢灯 H 作光源。由光源 W 或 H 发出的连续辐射射到凹面反射镜 M_1，经聚光后再反射到平面反射镜 M_2 上，经狭缝 S 进入单色器；狭缝 S 正好位于球面准直镜 L 的焦面上，入射光束经 L 反射后以一束平行光射入棱镜 P。入射角为最小偏向角，入射光穿过 30°角石英棱镜，被棱镜镀铝面反射，又重新穿过棱镜，色散后的光束返回准直镜 L 经聚焦后射到出射狭缝 S 的焦平面上，旋转棱镜的角度，即可获得任一波长的单色光。为了消除杂散光对测量结果的影响，在出射狭缝后面装滤光片 L_1，单色光束经过滤光片 L_1 后进入试样室 C，经

样品溶液吸收后，透射光射到光电管 ph_1 或 ph_2 阴极面上产生光电流，光电流在2000 MΩ高阻上产生电位降，经微电流放大器放大后用电位差计测量吸光度或透光率。

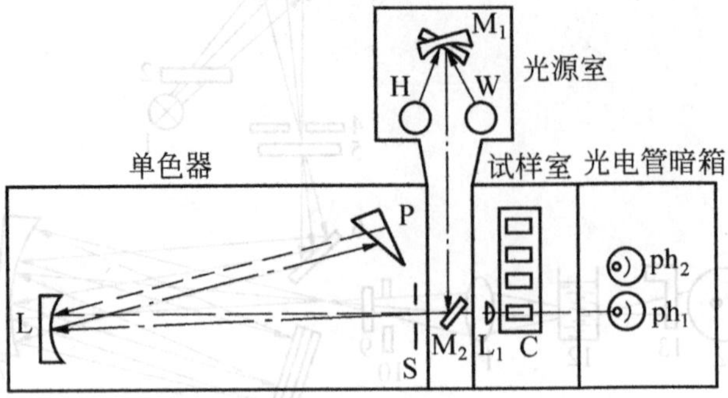

图 2－41　751 型紫外-可见光分光光度计光路方框图

UV－1801 型紫外-可见光分光光度计由光源、单色器、样品室、检测系统、液晶显示、键盘输入、打印接口等部分组成。其光学系统如图 2－42 所示。UV－1801 型紫外-可见光分光光度计由钨灯 W、氘灯 D、聚光镜 M_1 组成仪器的光源系统，其作用是把钨灯（可见光源）或氘灯（紫外光源）发出的光能量聚合在单色器的进光狭缝上。由入射狭缝 S_1、光栅 G、出射狭缝 S_2、滤色片组 F 等组成了仪器的单色器系统。UV－1801 型光度计属于单光束紫外－可见光分光光度计，功能较多，可进行波长扫描、光度测定、定量分析、动力学分析、实时测量等，还可扣除比色皿误差。

单光束紫外－可见光分光光度计的优点是具有较高的信噪比，光学、机械及电子线路结构都比较简单，广泛应用于医药卫生、环境监测、商品检测、食品检测、农业、冶金、地质、机械制造、石油化工等领域。

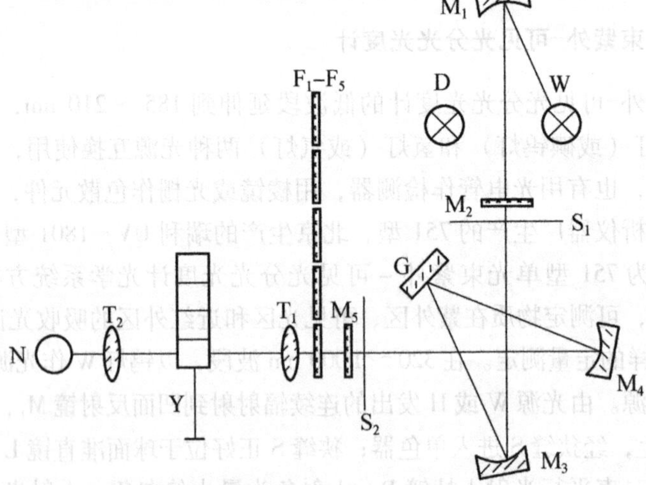

图 2－42　UV－1801 型单光束紫外-可见光分光光度计光路图

D—氘灯；W—钨灯；M_1—聚光镜；M_2、M_5—保护片；M_3、M_4—准直镜；G—光栅；F_1～F_5 滤色片；T_1、T_2—透镜；S_1、S_2—狭缝；Y—样品池；N—接收器

四、双光束紫外-可见光（近红外）分光光度计

该分光光度计适用于混浊样品、多组分样品的分析。双光束分光光度计是将单色器色散后的单色光分成两束，一束通过参比池，一束通过样品池，一次测量即可得到样品溶液的吸光度。

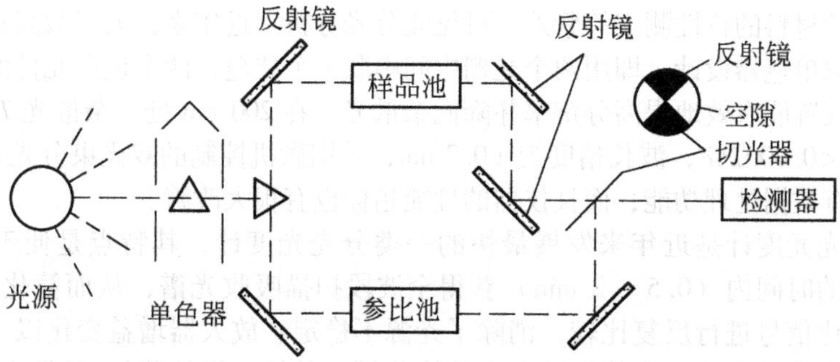

(a)时间分隔式构型

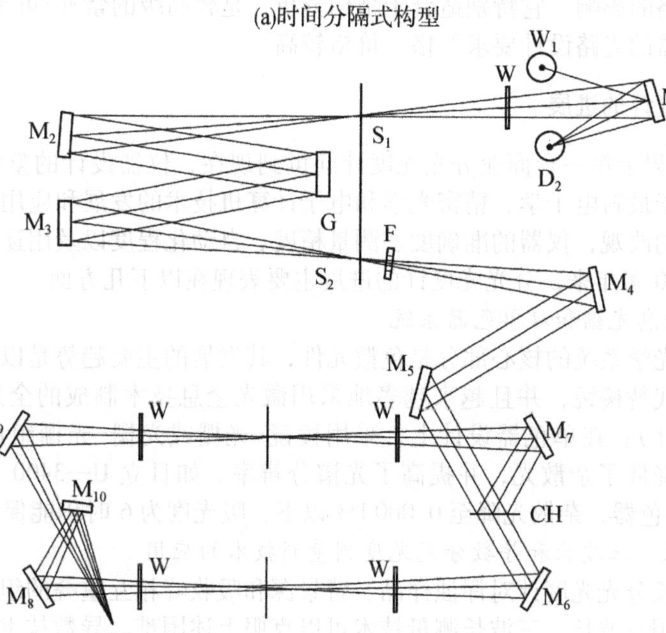

（b）UV－2450 型双光束紫外-可见光分光光度计光路图

D_2—氘灯；G—衍射狭缝；W_1—卤素灯；S_2—出口狭缝；S_1—入口狭缝；F—滤光片；W—石英窗；CH—切光器（斩波器）；M_1－M_{10}—反射镜；PM—光电倍增管

图 2－43　双光束紫外-可见光分光光度计光路图

在时间分隔式双光束结构（图 2－43 a）中，单色器和样品室之间装置一个切光器（斩波器），使单色器射出的单色光转变为交替的两条光束，分别通过参比池和样品池，然后将两透射光束聚焦到同一检测器。它交替接收两光路的光信号，检测器输出信号的大小决定于两光束强度之差。用切光器将光辐射转变为连续脉冲有如下优点：①可用一快速响应的检测器将两光路的光信号分别转变为电信号；②交流信号便于排除非脉冲（未切割的）的杂散光和噪声信号；③放大器只对交流信号响应。

双光束分光光度计多采用狭缝宽度固定，使光电倍增管接受器的电压随波长扫描而改变，这样不仅使参比光束在不同波长处有恒定的光电流信号，同时也有利于差示光度法的测定。UV－2450 型光度计属于双光束紫外－可见光分光光度计，性能卓越。其主要特点是：光源为卤素灯和氘灯；低杂散光，仅为 0.015%；双光束方式；使用高性能闪耀全息光栅，衍射光栅刻线数达 1 600 条/mm；高分辨率，可达 0.1 nm；谱带宽度：0.1/0.2/0.5/1/2/5（nm），6 段转换；检测器：光电倍增管。可用于有机、无机化合物的分析；DNA、酶等生物化学样品、光学材料的特性测定等紫外－可见光分光分析。近年来，大多数高精度双光束分光光度计采用双单色器设计，即用两个光栅中间串联一个狭缝，两个色散元件的色散特性非常接近，这种装置能有效地提高分辨率并降低杂散光。在 200 nm 处，杂散光 $T<0.0005\%$，在 340 nm 处 $T<0.0002\%$，波长精度为 ±0.2 nm，采用微机控制的双光束分光光度计，不仅操作简便，具有数据处理功能，而且仪器的性能指标也有很大改善。

双光束分光光度计是近年来发展最快的一类分光光度计，其特点是便于进行自动记录，可在较短的时间内（0.5～2 min）获得全波段扫描吸收光谱，从而简化了操作手续。由于样品和参比信号进行反复比较，消除了光源不稳定、放大器增益变化以及光学和电子学元件对两条光路的影响。它特别适合于结构分析，是较高级的紫外-可见光分光光度计。其缺点是由于仪器的光路设计要求严格，价格较高。

五、分光光度计的进展

从 1941 年世界上第一台商业分光光度计问世到现在，仪器设计的整体概念仍然没有变化。然而，由于最新电子学、精密光学和电子计算机技术的发展和应用，使分光光度计的面貌有了重大的改观，仪器的准确度、测量精度、自动化程度以及用途的扩展等方面都有很大的变化。20 多年来，分光光度计的进展主要表现在以下几方面。

（一）应用全息光栅和双单色器系统

分光光度计光学系统的核心部分是色散元件，其发展的主要趋势是以价格低廉、色散均匀的光栅逐渐代替棱镜，并且越来越多地采用激光全息技术制成的全息光栅（特别是中高档分光光度计）；在单色器设计上，采用棱镜-光栅或光栅-光栅组成的双单色器系统，从而进一步降低了杂散光，并提高了光谱分辨率。如日立 U—3400 分光光度计，采用棱镜-光栅双单色器，杂散光降至 0.0001% 以下，吸光度为 6 时仍能保持良好的线性。

（二）双波长、三波长和导数分光光度测量新技术的应用

传统的单波长分光光度计对浑浊样品、背景深和吸收峰相互重叠的组分分析难以得到准确的结果，采用双波长、三波长测量技术可以克服上述困难。导数技术可分辨重叠的吸收谱带，在化学性质相似的多组分体系和浑浊样品分析、消除背景干扰和增强吸收光谱的精细结构以及复杂光谱的辨析等方面，导数分光光度法在一定程度上能解决传统分光光度法难以解决的问题。目前大多数中高档仪器都附有双波长、三波长、导数吸收测量的附件，可进行 1～4 阶导数光谱测定，从而使定量测定的方法多样化，扩展了分光光度法的应用范围。

（三）由单光束向双光束和单光束加电子计算机方向发展

在分光光度计发展过程中，20 世纪 40—50 年代是单光束手动式；20 世纪 60—70 年代发展为双光束自动记录式，可进行全波段吸收光谱扫描；20 世纪 80 年代，由于电子计算机的应用，又使单光束分光光度计获得新的生命，单光束仪器与电子计算机相结合，借助于电子计算机储存信息的功能，实现全波段扫描，进行数据处理和操作控制。而且有可能降低成本，避免双光束仪器中光、电不平衡引起的误差。

（四）工作波段的扩展和附件的增加

早期的紫外-可见光分光光度计工作波段为 190 ～ 800 nm，目前，不少厂家生产的仪器已把工作波段延伸到近红外区，如岛津 UV—2550 型，工作光谱区为 185 ～ 1 100 nm，美国凯利 17D 为 186 ～ 2 650 nm，FUVDK—2 型为 160 ～ 3 500 nm，从而填补了紫外-可见光仪器与红外仪器之间的空段。

仪器附件的增加，如反射光谱测量、荧光测量、薄层扫描、凝胶扫描等混合组分分析附件，尽可能朝一机多用方向发展，既方便了用户，又扩大了仪器的使用范围。

（五）微处理机成为分光光度计的一个重要组成部分

微处理机是一种超小型计算机，在仪器设计上，微处理机作为分光光度计不可分割的部分组装在整机中，从而大大提高了仪器的工作性能和自动化程度。

（六）电视型光电二极管阵列检测器的应用和快速扫描分光光度计的出现

紫外-可见光分光光度计发展的初期，采用光电池或光电管作检测器；20 世纪 60—70 年代发展起来的自动记录式分光光度计，多采用光电信增管作检测器，灵敏度有了显著提高，特别是对低吸收测量极为有效。20 世纪 70 年代问世的电视型硅光电二极管阵列，近几年来应用于分光光度作多波长检测，得到的信息由计算机储存。一种由光栅单色器、光二极管阵列检测器和电子计算机组成的所谓光学多道分析器，最重要的特点是可进行快速扫描，全波段扫描可在 2s 内完成，成为追踪化学反应和快速反应动力学研究的重要工具。

（七）电子系统和显示系统的革新

随着近代电子技术的迅速发展，分光光度计的电子系统经历了从电子管电路、晶体管电路，发展到现阶段的集成电路和电子计算机控制的电路系统，从而使仪器具有小型、紧凑、坚固、自动化和性能稳定的特点。在结果显示方面，从早期的微电表读数和记录器记录，发展到数字显示和打印，现阶段，有些中高档分光光度计采用屏幕显示和打印相结合，数据处理结果、操作参数和图表都显示在屏幕上并可用打印机打印出来。

思考题

1. 试简述产生吸收光谱的原因。

2. 朗伯-比耳定律的物理意义是什么？什么是透光率？什么是吸光度？两者之间的关系是什么？

3. 摩尔吸光系数的物理意义是什么？其大小和哪些因素有关？

4. 符合比耳定律的有色溶液，当其浓度增大后，λ_{max}、T、A 和 ε 有无变化？有什么变化？

5. 什么是吸收曲线？什么是标准曲线？它们有何实际意义？利用标准曲线进行定量分析时可否使用透光率 T 和浓度 c 为坐标？

6. 分光光度法为什么必须采用单色光？

7. 分光光度计有哪些主要部件？它们各起什么作用？分光光度计是如何获得所需单色光的？

8. 吸光度的测量条件如何选择？为什么？普通光度法与差示法有何异同？

9. 光度分析法误差的主要来源有哪些？如何减免这些误差？试根据误差分类分别加以讨论。

10. 两种蓝色溶液，已知每种溶液仅含一种吸光物质，同样条件下用 1.00 cm 吸收池得到如下吸光度值。问这两种溶液是否含的是同一种吸光物质？解释之。

溶液	A（770 nm）	A（820 nm）
1	0.622	0.417
2	0.391	0.240

11. 什么是最佳的吸光度读数范围？此范围的大小取决于什么？测定时如何才能获得适当的吸光度

读数？

12. 显色剂的选择原则是什么？显色条件指的是哪些条件？如何确定适宜的显色条件？

13. 什么是三元配合物？涉及它们的显色反应有哪些特点？

14. 电子跃迁有哪几种类型？哪些类型的跃迁能在紫外及可见光区吸收光谱中反映出来？

15. 何谓助色团及生色团？试举例说明。

16. 紫外－可见光分光光度计与可见光分光光度计比较，有什么不同之处？为什么？

习　题

1. 某试液用2.00 cm 比色皿测量时，透光率 $T=60.0\%$。若改用1.00 cm 的比色皿测量时，T 及 A 各是多少？

2. 浓度为0.510 μg/mL 的 Cu^{2+} 溶液，用双环己酮草酸二腙显色后测定。在 $\lambda=600$ nm 处用 2 cm 比色皿测得 $A=0.300$，求透光率 T、吸光系数 α、摩尔吸光系数 ε。

3. 以 MnO_4^- 形式测定某合金中的锰。溶解0.500 g 合金试样并将锰全部氧化为 MnO_4^- 后，溶液稀释至500 mL，用1.00 比色皿在525 nm 处测得该溶液的吸光度为0.400；而另一 1.00×10^{-4} mol/L $KMnO_4$ 标准溶液在相同条件下测得的吸光度为0.585。设 $KMnO_4$ 溶液在此浓度范围服从朗伯－比耳定律，求合金中Mn 的质量分数。

4. 苯胺（$C_6H_5NH_2$）与苦味酸（三硝基苯酚）能生成1∶1 的盐－苦味酸苯胺，其 $\lambda_{max}=359$ nm，$\varepsilon_{359nm}=1.25\times10^4$ L/（mol·cm）。将0.2000 g 苯胺试样溶解后定容为500 mL。取25.00 mL 该溶液，与足量苦味酸反应后，转入250 mL 容量瓶，并稀释至刻度，再取此反应液10.00 mL 稀释到100.0 mL 后用1.00 cm 比色皿在359 nm 处测得吸光度 $A=0.425$，求此苯胺试样的纯度。

5. 用紫外光谱法测定无水乙醇中杂质苯的含量，在254 nm 处测得0.05% 的苯标准溶液的吸光度为0.540，测出无水乙醇样品的吸光度为0.230，求该无水乙醇中杂质苯的含量。

6. 用差示法测定不锈钢中镍的含量。称取0.1000 g 试样用王水溶解后稀释至100.0 mL，取3 个100 mL 容量瓶，分别移取此溶液5.00 mL（A）、10.00 mL（B）、10.00mL（C），在第3 份溶液中再加入镍标准溶液（浓度为1 μg Ni/mL）1.00 mL。然后均加入有关显色剂及络合缓冲剂（40 mL 水，5% 柠檬酸铵10 mL，0.1mol/ L 碘5 mL，摇匀后加0.1% 丁二酮肟20 mL），稀释至刻度。以溶液 A 作参比溶液，在波长530 nm 处测量并读取溶液B、C 的吸光度值分别为0.500 和0.600。求不锈钢中镍的含量。

7. 苯胺硝化得到邻位和对位的混合物，将1.7500 g 产物溶于100.0 mL 乙醇中，比色皿的厚度为1.00 cm。测得数据如下表：

	吸光度 A		摩尔吸光系数 ε	
波长	285 nm	374 nm	285 nm	374 nm
邻硝基苯胺			5260	128
对硝基苯胺			1400	9200
混合物	0.321	0.866		

求产物中邻-硝基苯胺和对-硝基苯胺的质量分数。

8. 设有混合物含 X 和 Y 两种组分。已知 X 在波长 λ_1 和 λ_2 处的 $\varepsilon_X^{\lambda_1}=6.10$ L/（mol·cm）和 $\varepsilon_X^{\lambda_2}=0.82$ L/（mol·cm），Y 在这两个波长处的 $\varepsilon_Y^{\lambda_1}=5.12$ L/（mol·cm）和 $\varepsilon_Y^{\lambda_2}=14.38$ L/（mol·cm）。相同液层厚度（$b=1.00$ cm）的混合物溶液在 λ_1 处测得的吸光度为0.224，在 λ_2 处测得的吸光度为0.304。求混合物溶液中 X 和 Y 的浓度。

实验一　邻菲罗啉分光光度法测定微量铁

一、实验要求

1. 了解邻菲罗啉测定铁的基本原理及基本条件，学习显色溶液的制备操作技术；
2. 掌握吸收曲线的测绘和测量波长的选择；
3. 掌握标准曲线法和回归方程定量的实验技术；
4. 掌握可见光分光光度计的使用方法。

二、基本原理

铁以 Fe^{3+} 的形式存在时，可预先加入还原剂盐酸羟胺还原成 Fe^{2+}，反应式如下：

$$4Fe^{3+} + 2NH_2OH \longrightarrow 4Fe^{2+} + N_2O + H_2O + 4H^+$$

邻菲罗啉（又称邻二氮菲）是测定微量铁的一种较好的显色剂。在 pH 4 ～ 6 的溶液中，邻菲罗啉与 Fe^{2+} 生成稳定的橙红色络合物，反应式如下：

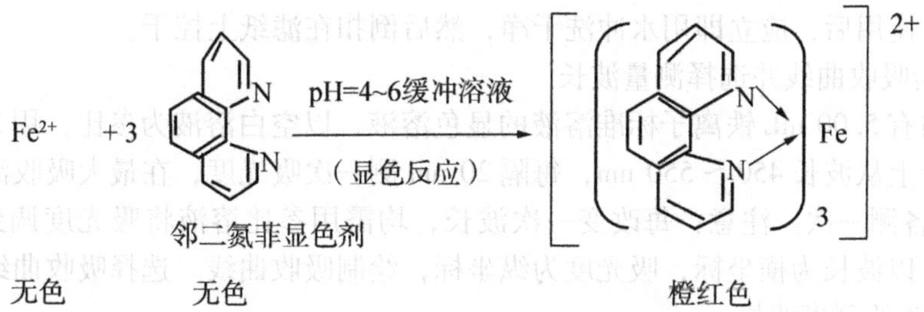

橙红色络合物的最大吸收波长在 510 nm 处，摩尔吸光系数 $\varepsilon_{510} = 1.1 \times 10^4$，反应的灵敏度、稳定性、选择性均较好。橙红色溶液的吸光度与溶液浓度的关系符合朗伯 - 比耳定律：

$$A = abc$$

三、仪器与试剂

1. 仪器

7230G 型可见光分光光度计；3cm 玻璃比色皿；50 mL 容量瓶；5 mL 吸量管；10 mL 吸量管。

2. 试剂

10.00 μg/mL 铁离子标准溶液：准确称取 0.863 4 g $NH_4Fe(SO_4)_2 \cdot 12H_2O$，置于烧杯中，加 50 mL 1mol/L HCl 溶解后转入 1L 容量瓶中，用水稀释到刻度，摇匀。从中吸取 50.00 mL 入 500 mL 容量瓶，加 50 mL 1mol/L HCl 溶液，用水稀释到刻度，摇匀。

10 g/L 盐酸羟胺溶液（临用时配制）。

1 g/L 邻菲罗啉溶液（临用时配制）：应先用少许酒精溶解，再用水稀释。

HAc－NaAc 缓冲溶液（pH ＝ 4.6）：将 30 mL 冰醋酸和 30 g 无水醋酸钠溶于 100 mL 水中，稀释至 500 mL。

铁离子试样溶液（质量浓度）：2～6 μg /mL。

四、实验步骤

1. 显色溶液的配制

取 7 个 50 mL 容量瓶，分别准确加入 10.00 μg/mL 的铁离子标准溶液 0.00，1.00，2.00，3.00，4.00，5.00（mL）及试样溶液 10.00 mL，再分别加入 10 g/L 盐酸羟胺 2.5 mL，摇匀，稍停 2 分钟，再各加入 5 mL HAc－NaAc 缓冲溶液及 5 mL 1g/L 邻菲罗啉溶液，每加一种试剂后均摇匀后再加另一种试剂，最后用水稀释到刻度，摇匀。

2. 比色皿的正确使用

比色皿透光面是由能透过所使用波长范围光的材料制成。拿取比色皿时，只能用手指接触两侧的毛玻璃，避免接触光学面。

在使用比色皿时，先用 1/3 用量的蒸馏水清洗三次，然后用 1/3 用量的待测溶液润洗三次，接着装取待测溶液，高度为比色皿的 2/3 处即可。比色皿外壁如有残液可先用滤纸轻轻吸附，然后再用镜头纸单方向擦干。

将比色皿垂直置于比色皿架中，以保证测量时的入射光垂直于透光面，避免光的反射损失，保证光程固定。

比色皿使用后，应立即用水冲洗干净，然后倒扣在滤纸上控干。

3. 测绘吸收曲线并选择测量波长

选用加有 5.00 mL 铁离子标准溶液的显色溶液，以空白溶液为参比，用 3 cm 比色皿，分光光度计上从波长 450～550 nm，每隔 20 nm 测一次吸光度，在最大吸收波长左右，再每隔 5 nm 各测一次。注意：每改变一次波长，均需用参比溶液将吸光度调到 0，然后才测吸光度。以波长为横坐标，吸光度为纵坐标，绘制吸收曲线。选择吸收曲线的峰值波长 λ_{max} 为本实验的测量波长。

4. 比色皿皿差的测定

在选定波长 λ_{max} 下，将所用 3 cm 比色皿编号，装入蒸馏水，调节仪器使第一个比色皿的吸光度为 0，然后测量其余比色皿的吸光度，即为皿差。

5. 吸光度的测定

在选定波长下，用 3 cm 比色皿，以空白溶液作参比溶液，测量各个显色溶液的吸光度。

五、数据记录和处理

1. 数据记录

日期＿＿＿＿＿＿＿；　温度＿＿＿＿＿℃；

仪器名称及型号＿＿＿＿＿＿＿＿；比色皿厚度＿＿＿＿＿cm。

λ（nm）	450	470	490	505	510	515	530	550
A								

λ_{max} = ___________nm。

项　目	铁离子标准溶液						试液
10.00 μg/mL 铁溶液吸取量（mL）	0.00	1.00	2.00	3.00	4.00	5.00	10.00
总铁量（μg/mL）							c_x
比色皿编号							
皿差							
测得吸光度 *A*							
校正的溶液吸光度 *A*							

2. 数据处理

① 绘制吸收曲线并确定最大吸收波长 λ_{max}。

② 以吸光度 *A* 为纵坐标，总铁量（μg/mL）为横坐标，作标准曲线。

③ 通过标准曲线求 50 mL 容量瓶中未知样的总含铁量 c_x。

④ 计算试样溶液中总铁量（μg/mL）。

六、7230G 型可见光分光光度计的基本使用方法

1. 开机，仪器显示“F7230”。
2. 按“CLEAR”键，仪器显示“YEA”。
3. 按“0%τ”键，仪器显示“00－00”。
4. 按“MODE”键，仪器显示 τ（*T*）状态。
5. 调节波长旋钮使波长移到所需之处。
6. 四个比色皿，其中一个放入参比试样，其余放入待测试样。将比色皿放入样品池内的比色皿架中，夹子夹紧，盖上样品池盖。
7. 将参比试样推入光路，按“MODE”键，使其显示 τ（*T*）状态或 *A* 状态。
8. 按“100%τ”键，至显示“T100.0”或“A0.000”。
9. 打开样品池盖，按“0%τ”键，显示“T0.0”或“A E1”。
10. 盖上样品池盖，按“100%τ”键，至显示“T100.0”。
11. 将待测试样推入光路，显示试样的 *A* 值或 τ（*T*）值。

七、思考题

1. 参比溶液的作用是什么？
2. 本实验中哪些溶液的量取需要非常准确？哪些不必很准确？为什么？
3. 实验所得的标准曲线中，各点是否完全在直线上？若不是，可能是什么原因产生的？

实验二　混合液中Co^{2+}和Cr^{3+}双组分的光度法测定

一、实验要求

掌握用分光光度法测定双组分的原理和方法。

二、基本原理

当试样溶液中含有多种吸光物质，一定条件下分光光度法不经分离即可对混合物进行多组分分析，这是因为吸光度具有加和性，在某一波长下总吸光度等于各个组分吸光度的总和。如测定Co^{2+}和Cr^{3+}的二元组分混合物时，若使用1 cm比色皿，从下列方程组可求得二元组分中的Co^{2+}和Cr^{3+}的浓度。

$$A_{总}^{\lambda_1} = A_{Co^{2+}}^{\lambda_1} + A_{Cr^{3+}}^{\lambda_1} = \varepsilon_{Co^{2+}}^{\lambda_1} C_{Co^{2+}} + \varepsilon_{Cr^{3+}}^{\lambda_1} C_{Cr^{3+}}$$

$$A_{总}^{\lambda_2} = A_{Co^{2+}}^{\lambda_2} + A_{Cr^{3+}}^{\lambda_2} = \varepsilon_{Co^{2+}}^{\lambda_2} C_{Co^{2+}} + \varepsilon_{Cr^{3+}}^{\lambda_1} C_{Cr^{3+}}$$

式中，$A_{总}^{\lambda_1}$，$A_{总}^{\lambda_2}$为所选两个波长下的测定值；λ_1、λ_2选组分Co^{2+}和Cr^{3+}的最大吸收波长。$\varepsilon_{Co^{2+}}^{\lambda_1}$、$\varepsilon_{Cr^{3+}}^{\lambda_1}$、$\varepsilon_{Co^{2+}}^{\lambda_2}$、$\varepsilon_{Cr^{3+}}^{\lambda_2}$依次代表组分$Co^{2+}$和$Cr^{3+}$分别在$\lambda_1$及$\lambda_2$处的摩尔吸光系数，可用$Co^{2+}$、$Cr^{3+}$的标准溶液分别测定，测定各$\varepsilon$值时最好采用标准曲线法或回归方程，以标准曲线的斜率或回归方程斜率作为ε值较准确。Co^{2+}和Cr^{3+}的吸收曲线见图2－44。

三、仪器及试剂

1. 仪器

7230G型可见光分光光度计；1 cm玻璃比色皿；

25 mL容量瓶；5 mL吸量管；10 mL吸量管。

2. 试剂

0.400 mol/L Co（NO_3）$_2$标准溶液；

0.100 mol/L Cr（NO_3）$_3$标准溶液。

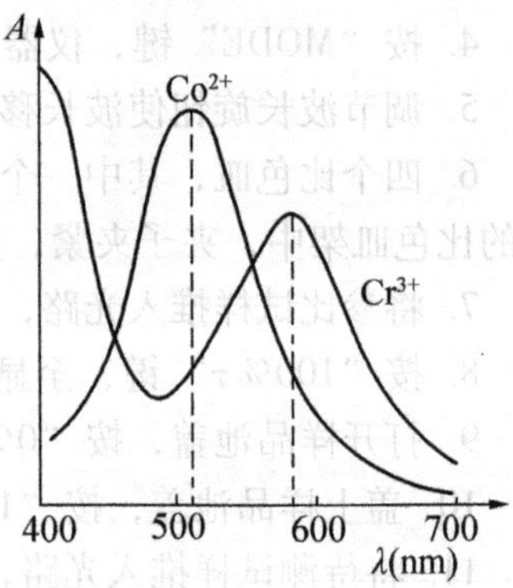

图2－44　Co^{2+}及Cr^{3+}的吸收曲线

四、实验步骤

1. 溶液的配制

取4个25 mL容量瓶，分别加入0.400 mol/L的Co（NO_3）$_2$溶液2.00，4.00，6.00，8.00（mL）。另取4个25 mL容量瓶，分别加入0.100mol/L的Cr（NO_3）$_3$溶液2.00，4.00，6.00，8.00（mL）。用水稀释至刻度，摇匀。另取1个25 mL容量瓶，加入未知试样溶液5.00 mL，用水稀释至刻度，摇匀。

2. 波长的选择

分别取含6.00 mL Co（NO_3）$_2$标准溶液及6.00 mL Cr（NO_3）$_3$标准溶液的两个容量瓶溶液测绘吸收曲线。用1 cm玻璃比色皿，以蒸馏水为参比溶液，从420 nm到700 nm，每隔20 nm测一次吸光度，吸收峰附近应多测几个点。将两种溶液的吸收曲线绘在同一坐标系内，根据吸收曲线选择最大吸收峰的波长 λ_1 和 λ_2。

3. 比色皿皿差的测定

将所用 1 cm 玻璃比色皿编号，装入蒸馏水，先选定波长 λ_1，调节仪器使第一个比色皿的吸光度为 0，然后测量其余比色皿的吸光度，即为 λ_1 时的皿差。然后选定波长 λ_2，调节仪器使第一个比色皿的吸光度为 0，然后测量其余比色皿的吸光度，即为 λ_2 时的皿差。

4. 吸光度的测量

以蒸馏水作参比溶液，使用 1 cm 比色皿，在波长 λ_1 和 λ_2 处，分别测量上述 9 个溶液的吸光度。

五、数据记录及处理

1. 数据记录

日期____________；　温度__________℃；

仪器名称及型号____________________；比色皿厚度________cm。

① 不同波长下 Co^{2+} 溶液吸光度：

λ（nm）	420	440	460	480	500	505	510	515	520
A									
λ（nm）	540	560	580	600	620	640	660	680	700
A									

λ_1 = __________nm。

② 不同波长下 Cr^{3+} 溶液吸光度：

λ（nm）	420	440	460	480	500	520	540	560	565
A									
λ（nm）	570	575	580	600	620	640	660	680	700
A									

λ_2 = __________nm。

③ 摩尔吸光系数的测定：

项　目	0.400 mol/L Co（NO_3）$_2$				0.100 mol/L Cr（NO_3）$_3$			
取样量（mL）								
稀释后浓度（mol/L）								
比色皿编号								
λ_1 皿差								

续上表

项　　目	$0.400\ mol/L\ Co(NO_3)_2$				$0.100\ mol/L\ Cr(NO_3)_3$			
λ_1 测得吸光度								
λ_1 校正吸光度								
λ_2 皿差								
λ_2 测得吸光度								
λ_2 校正吸光度								

④ 试样溶液中 Co^{2+} 和 Cr^{3+} 的测定：

测定波长	λ_1	λ_2
比色皿编号		
皿差		
测得混合溶液吸光度 A_{Co+Cr}		
校正的混合溶液吸光度 A_{Co+Cr}		

2. 数据处理

① 绘制 Co^{2+} 和 Cr^{3+} 溶液的吸收曲线，选择测定波长 λ_1 及 λ_2。

② 以吸光度为纵坐标，标准溶液浓度（mol/L）为横坐标，求 $Co(NO_3)_2$ 标准溶液在 λ_1 和 λ_2 处的 2 条标准曲线和 $Cr(NO_3)_3$ 标准溶液在 λ_1 和 λ_2 处的 2 条标准曲线。直线的斜率即为摩尔吸光系数 ε。

③ 通过解方程组，计算 25 mL 容量瓶样品溶液的 Co^{2+} 和 Cr^{3+} 的浓度（mol/L）。

④ 计算试液中 Co^{2+} 和 Cr^{3+} 的原始浓度（mol/L）。

六、思考题

1. 同时测定两组分时，一般应如何选择波长？
2. 吸光系数和哪些因素有关？如何求得？

实验三　紫外分光光度法测定水中总酚浓度

一、实验要求

1. 学习紫外分光光度法测定有机物的方法；
2. 掌握紫外分光光度计的使用方法。

二、基本原理

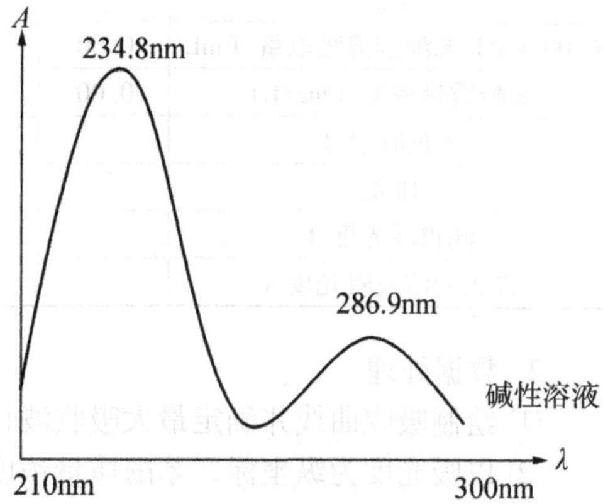

图 2－45　苯酚的吸收曲线

酚类化合物在 210 ～300 nm 处有较强的紫外吸收，加入 NaOH 溶液后产生红移现象，吸光度增加。苯酚在 234. 8 nm 和 286. 9 nm 附近有两个吸收峰出现。而 234. 8 nm 处的吸收值比 286. 9 nm 处的吸收值大 3 倍左右（见图 2－45）。

溶液的吸光度与溶液浓度的关系符合朗伯－比耳定律：

$$A = abc$$

三、仪器与试剂

1. UV－1801 型紫外-可见光分光光度计；1 cm 石英比色皿；50 mL 容量瓶；5 mL 吸量管；10 mL 吸量管。

2. 1 000 mg/L 的苯酚贮备液；4 mol/L NaOH 溶液。

四 、实验步骤

1. 苯酚标准溶液及样品溶液的配制

① 准确吸收 5. 00 mL 1 000 mg/L 的苯酚溶液入 100 mL 容量瓶，用去离子水定容，此溶液为 50. 00 mg/L 苯酚工作溶液。

② 取 7 个 50 mL 容量瓶，分别准确加入 50. 00 mg/L 苯酚工作溶液 0. 00，1. 00，2. 00，3. 00，4. 00，5. 00（mL）及试样溶液 10. 00 mL，各加入 3 滴 4mol/L NaOH 溶液，然后用去离子水定容。

2. 测绘吸收曲线并选择测量波长

选加 5. 00 mL 的苯酚工作溶液，以空白溶液为参比，用 1 cm 石英比色皿，从波长 210 ～300 nm，设置 0. 1 nm 间隔，扫描得到吸收曲线。选择吸收曲线的峰值波长 λ_{max} 为本实验的测量波长。

3. 比色皿皿差的测定

在选定波长 λ_{max} 下，将所用 1 cm 石英比色皿编号，装入蒸馏水，调节仪器使第一个比色皿的吸光度为 0，然后测量其余比色皿的吸光度，即为皿差。

4. 吸光度的测定

在选定波长下，用 1 cm 石英比色皿，以空白溶液作参比溶液，测量各个溶液的吸光度。

五、数据记录和处理

1. 数据记录

日期＿＿＿＿＿＿＿＿；温度＿＿＿＿＿℃；

仪器名称及型号＿＿＿＿＿＿＿＿＿＿；比色皿厚度＿＿＿＿＿cm。

项目	苯酚标准溶液						试液
50.00 mg/L 苯酚溶液吸取量（mL）	0.00	1.00	2.00	3.00	4.00	5.00	10.00
苯酚质量浓度（mg/L）	0.00	1.00	2.00	3.00	4.00	5.00	c_x
比色皿编号							
皿差							
测得吸光度 A							
校正的溶液吸光度 A							

2. 数据处理

① 绘制吸收曲线并确定最大吸收波长 λ_{max}。

② 以吸光度为纵坐标，苯酚质量浓度（mg/L）为横坐标，求标准曲线。

③ 通过标准曲线求 50 mL 容量瓶中样品溶液的苯酚质量浓度[①] c_x(mg/L)。

④ 计算样品苯酚质量浓度（mg/L）。

$$样品中苯酚质量浓度(mg/L) = \frac{c_x(mg/L) \times 50.00(mL)}{10.00(mL)}$$

六、UV－1801 型紫外-可见光分光光度计使用步骤

1. 打开仪器电源开关。

2. 光谱扫描操作如下：

① 单击工具栏菜单，进入光谱扫描测量方式；

② 进行参数设置；

③ 测量；

④ 图谱保存。

3. 光度测量操作如下：

① 单击工具栏菜单，进入光度测量方式；

② 进行参数设置；

③ 测量；

④ 数据保存。

4. 定量分析操作如下：

① 单击工具栏菜单，进入定量分析测量方式；

② 进行参数设置；

③ 建立标准曲线；

④ 测量浓度；

⑤ 数据保存。

七、思考题

1. 本实验与可见光分光光度法有何异同？

2. 本实验能否使用玻璃比色皿？

---

① 本书测量浓度有时为质量浓度，有时为摩尔浓度，全部用小写 c 表示。

第三章　红外吸收光谱法

第一节　红外吸收光谱分析法概述

波长在0.75～1000 μm之间的电磁波称为红外线，这个光谱区间称为红外区。习惯上将红外区按波长不同分成3个区域即近红外区、中红外区和远红外区。表3－1中列出了这3个区域的波长、波数和能级跃迁类型。

表3－1　红外光谱区的划分

名　称	λ（μm）	σ（cm^{-1}）	能级跃迁类型
近红外区	0.75～2.5	13333～4000	分子振动基频的倍频和合频的谱带
中红外区	2.5～50	4000～200	基频分子振动：伸缩、弯曲、摇摆和剪切
远红外区	50～1000	200～10	分子转动、晶格振动

红外区的电磁波能量较低，不足以使分子产生电子能级的跃迁，只能引起分子的振动和转动，因此红外吸收光谱是分子的振动、转动光谱。

当物质分子中某个基团的振动频率和红外光的频率一致时，分子就吸收红外光的能量，从原来的基态振动能级跃迁到能量较高的振动能级。吸收光的程度常用吸光度或透光率表示。物质对红外光的吸收曲线称为红外吸收光谱，根据试样的红外吸收光谱进行定性、定量分析和确定分子结构等分析的方法，称为红外吸收光谱法。

绝大多数有机化合物的红外吸收带出现在中红外区，而且在该区域中红外光谱吸收最强，所以该区域最适合进行有机物的红外光谱分析。

在红外区的光谱，除用波长 λ（μm）表示外，还常用波数 σ 表示。波长与波数的关系为：

$$\sigma(cm^{-1}) = \frac{1}{\lambda(cm)} = \frac{10^4}{\lambda(\mu m)}$$

【例3－1】$\lambda = 10$ μm 的红外线，它的波数为：$\sigma = 10^4/10 = 1000$（cm^{-1}），所有的标准红外谱图中都标有波数和波长两种刻度（参见图3－1）。

红外吸收光谱最突出的特点是具有吸收峰出现的频率范围小、吸收峰数目多的特征性，除光学异构体外，每种化合物都有自己特定的红外吸收光谱。可以根据红外光谱知道化合物含有什么官能团，从而推断分子的结构，再结合化学方法和其他仪器分析方法，就可以确定被测物分子的结构。红外吸收光谱法不仅在有机分析中广泛应用，而且还在生物化学中用于快速鉴定细菌，甚至对细胞和其他活组织的结构进行研究。

红外光谱法的特点：

（1）操作简便，分析速度快。

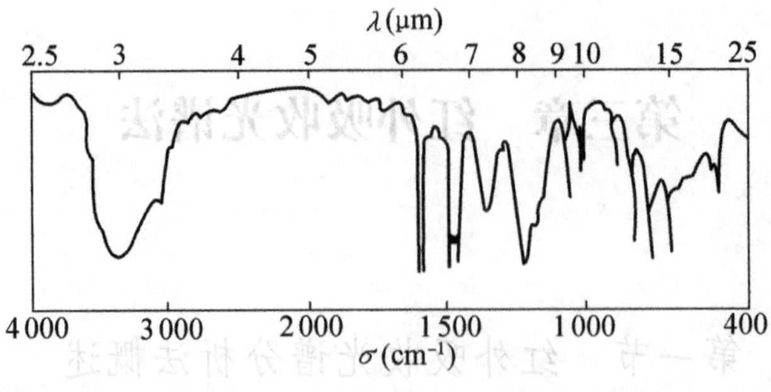

图 3－1　苯酚的红外吸收光谱

(2) 固态、液态、气态样品均可进行红外测定，样品用量少，且不破坏样品，不用试剂，不污染环境。

(3) 可以用于样品的定性，也可以得到精度很高的定量结果。

(4) 投资及操作费用低。

(5) 对复杂的未知物结构鉴定时，需要与其他仪器配合才能得到完整的鉴定结果。

第二节　基 本 原 理

一、红外光谱产生的条件

分子中的原子以平衡点为中心，做周期性的相对运动，这种运动方式称为振动。不同的振动方式具有不同的能量，故分为若干振动能级。同一振动能级又包含若干转动能级。红外吸收光谱是由于物质吸收红外光的能量，引起分子中振动转动能级的跃迁而产生的。

物质的分子吸收红外光必须满足如下两个条件：

(1) 红外光辐射的能量应恰好能满足振动能级跃迁所需要的能量，也就是说红外光辐射的频率与分子中某基团的振动频率相同时，红外光辐射的能量才能被吸收，而产生吸收谱带。

(2) 在振动过程中，分子必须有偶极矩的改变。

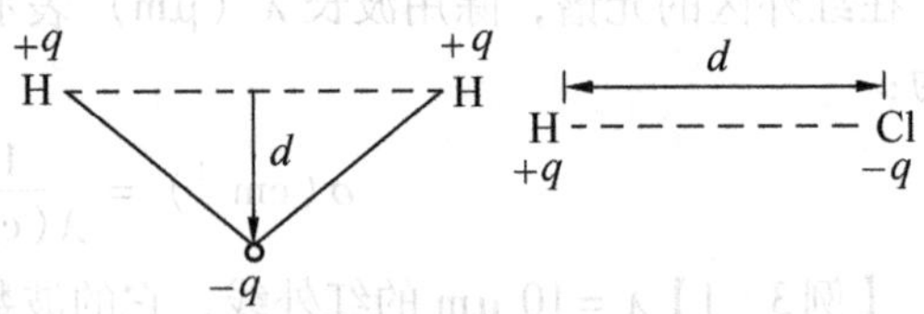

图 3－2　H_2O 和 HCl 分子的偶极矩

极性分子就整体而言是呈电中性的。但由于构成分子的各原子电负性不同，分子呈不同的极性。以偶极矩 μ 来衡量，$\mu = q \cdot d$，如图 3－2 所示。偶极矩 μ 是分子中正、负电荷的大小 q 与正、负电荷中心的距离 d 的乘积。

分子具有确定的偶极矩变化频率。因为分子中的原子在平衡位置不断地振动，在振动过程中，正、负电荷的大小 q 不变，而正、负电荷中心的距离 d 呈周期性变化，引起偶极矩呈周期性的变化。

当红外光频率与分子的偶极矩变化频率一致时，由于振动偶合而增加振动能，使振幅增大。如果振动时没有偶极矩的变化，不吸收红外辐射，就不能产生红外吸收光谱，如

N_2、O_2、Cl_2 等对称分子。

二、分子的振动形式与红外吸收光谱

红外光谱图中吸收谱带的位置与强弱，是由分子中基团的振动方式决定的。一般极性强的分子或基团，吸收谱带的强度都比较大，而极性比较弱的分子或基团吸收谱带的强度比较弱。

1. 双原子分子的振动

图 3-3　双原子分子的振动谐振子

把双原子分子看作是质量为 m_1 与 m_2 的两个小球，把连接它们的化学键看做是质量可以忽略的弹簧，原子在平衡位置附近做伸缩振动，那么，双原子分子的伸缩振动，可以近似地看成是沿键轴方向的简谐振动，如图 3-3 所示。双原子分子可以看成是谐振子，根据经典力学（胡克定律）得如下公式：

$$\sigma = \frac{N_A^{\frac{1}{2}}}{2\pi c}\sqrt{\frac{K}{M}}$$

式中，σ 为简谐振动的波数；c 为光速；N_A 为阿伏伽德罗常数；K 是连结原子的化学键的力常数（单位为 N/cm）。力常数 K 的值可以用来衡量化学键结合牢固的程度，K 值越大，组成化学键的原子间引力越大，结合就越牢固；M 是两个原子的折合质量，由两原子的相对原子质量 m_1、m_2 求得：

$$M = \frac{m_1 \cdot m_2}{m_1 + m_2}$$

将有关已知常数代入，得

$$\sigma = 1\,303\sqrt{\frac{K}{M}}$$

显然，振动频率 σ 与力常数 K 成正比，与原子质量 M 成反比。不同化合物的 M 和 K 各不相同，所以不同化合物各有自己的特征红外光谱。

【例 3-2】已知 C—C 键（看作双原子分子）的力常数为 $K = 5$ N/cm，求 C—C 键的振动频率。

解：C 原子和 C 原子的折合质量 M 为：

$$12 \times 12/(12 + 12) = 6$$

代入公式，得：

$$\sigma = 1\,303\sqrt{5/6}\,\text{cm}^{-1} = 1\,189\ \text{cm}^{-1}$$

【例 3-3】已知分子中化学键 C—H 伸缩振动吸收峰位于 3.30μm，计算 C—H 键的力常数 K。

解：C—H 伸缩振动吸收峰的波数为：

$$\sigma = (10^4/3.30)\,\text{cm}^{-1} = 3\,030\ \text{cm}^{-1}$$

两原子的折合质量为：

$$M = (12 \times 1)/(12 + 1) \approx 0.923$$

代入公式：

$$3\,030 = 1\,303\sqrt{K/0.923}$$

解之，得：

$$K = 4.99\ \text{N/cm}$$

2. 多原子分子的振动

双原子分子只有一种沿键轴方向相对伸缩的振动形式，多原子随着原子数目的增加，其振动形式也复杂得多，但基本上可以把它们的振动分为两类。

（1）伸缩振动。伸缩振动是指原子沿着键轴方向伸缩，即键长发生变化，键角不变的振动，用符号 γ 表示。它又可按其对称性的不同分为对称伸缩振动（符号 γ_s）和反对称伸缩振动 γ_{as}。在振动时各键同时伸长或缩短，称为对称伸缩振动，反之，称为不对称伸缩振动。一般反对称伸缩振动的频率高于对称伸缩振动的频率。

（2）变角振动。变角振动又称弯曲振动或变形振动，用符号 δ 表示。它是指基团键角发生周期变化而键长不变的振动。这类振动又可分为面内弯曲振动和面外弯曲振动。面内弯曲振动指振动是在几个原子所构成的平面内进行的，它又分为剪式振动和平面摇摆振动。而面外弯曲振动指垂直于分子平面的弯曲振动，它又分为非平面摇摆振动和扭曲振动（见图 3-4）。由于变角振动的力常数比伸缩振动小，因此，同一基团的变角振动都在其伸缩振动的低频端出现。变角振动对环境比较敏感，通常由于环境结构的改变，同一振动可以在较宽的波段范围内出现。

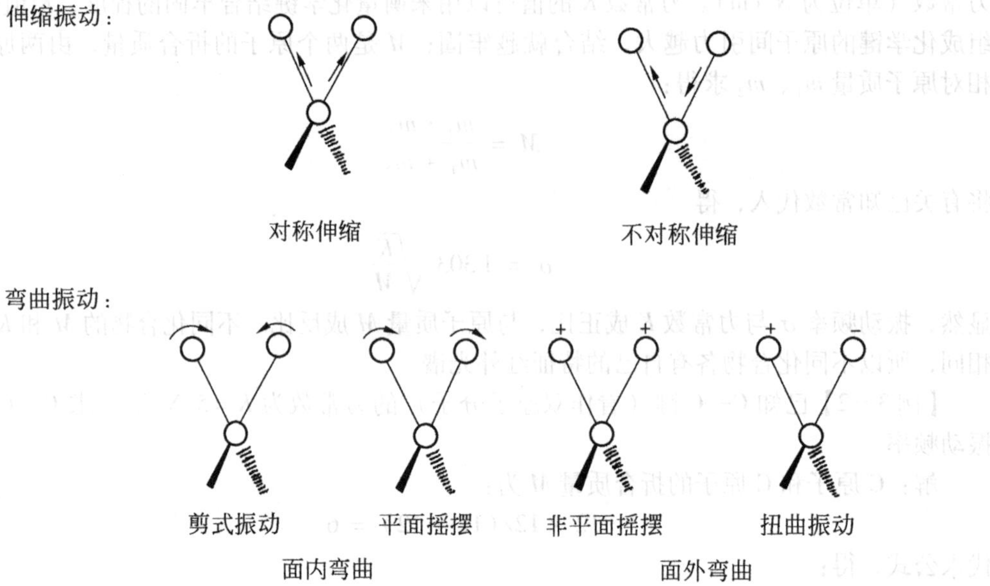

图 3-4　亚甲基的振动形式（+、-表示与纸面垂直方向）

3. 分子振动形式与红外吸收

如上图亚甲基（$—CH_2—$）这样一个 3 原子基团，共有 6 种基本振动形式，多于 3 个原子的分子就有更多的振动形式，即存在更多的振动能级。每一种振动形式都有其特定的振动频率，每种振动能级的跃迁都吸收相应频率的红外光，产生相应的吸收峰。而实际观察到的红外吸收峰的数目，往往少于振动形式的数目，减少的原因主要有：

（1）不产生偶极矩变化的振动没有红外吸收，不产生红外吸收峰。

（2）有的振动形式不同，但振动频率相同，吸收峰在红外光谱图中同一位置出现，只观察到一个吸收峰，这种现象称为简并。

(3) 吸收峰太弱，仪器不能分辨，或者超过了仪器可以测定的波长范围。

分子吸收一定频率的红外光后，振动能级由基态跃迁至第一激发态时所产生的吸收峰，称为基频峰。由基态跃迁至第二、第三振动能级所产生的吸收峰，称为倍频峰。此外，还有合频峰和差频峰，合频是两种振动的基频之和，差频则为两者之差。倍频、合频和差频称统为泛频。

第三节　基团频率和特征吸收峰

一、基团频率和特征吸收峰

化学家们通过对大量的标准样品的测试，总结出了许多官能团的对应吸收特征，从中发现具有相同官能团（基团）的一系列化合物有近似相同的吸收频率 γ，此吸收谱带的频率称为基团频率，凡是可用于鉴定官能团存在的吸收峰称为特征吸收峰，简称特征峰。这证明了官能团的存在与谱图上吸收峰的出现是对应的，所以可根据吸收峰来确定官能团的存在。

在多数情况下，一个官能团有数种振动形式，每种红外活性的振动都相应产生一个吸收峰，习惯上把这些相互依存而又可相互佐证的吸收峰称为相关吸收峰，简称相关峰。大多数官能团都有一组相关峰。例如，甲基基团—CH_3 有下列相关峰：$\gamma_{C—H(as)}=2\,960$ cm、$\gamma_{C—H(s)}=2\,870\ cm^{-1}$、$\delta_{C—H(as)}=1\,470\ cm^{-1}$、$\delta_{C—H(s)}=1\,380\ cm^{-1}$、$\gamma_{C—H}=720$ cm。有的官能团（如—C≡N 基）只有一个 $\gamma_{C≡N}$峰，而无其他峰。用一组相关峰确定一个基团的存在，是红外光谱解析的一条重要原则。

1. 红外光谱的分区

(1) 官能团区和指纹区。红外光谱的整个范围可分成 1 330～4 000 cm^{-1} 与 600～1 330 cm^{-1}两个区域，即官能团区和指纹区。

基团的特征吸收峰 1 330～4 000 cm^{-1}区域是伸缩振动产生的吸收带高频范围，常常用于鉴别官能团的存在，称为官能团区。

在 600～1 330 cm^{-1}区域谱带特别密集，且不同分子有不同的特征，犹如人的指纹，因而称为指纹区，指纹区对于区别结构类似的化合物很有帮助。

(2) 红外光谱的四个区段。在实际应用时，为了便于对光谱进行解释，常将红外光谱划分为四个区段，如表 3－2 所示。

表 3－2　红外光谱的四个区段

氢键伸缩振动区 (4 000～2 500 cm^{-1})	三键和累积双键区 (2 500～2 000 cm^{-1})	双键伸缩振动区 (2 000～1 500 cm^{-1})	部分单键振动区 (1 500～400 cm^{-1})
O—H C—H N—H S—H 等	C≡C C≡N C═C═C 等	C═H C═O 等	—C—C—（上下各带竖键） —C—N<（上下各带竖键）　等

苯的衍生物的泛频谱带在1667～2000 cm^{-1}，强度弱，主要是苯环上面外弯曲振动的倍频峰等所构成。但可根据其吸收情况鉴定苯环的取代类型，而且特征性很强，见图3-5。

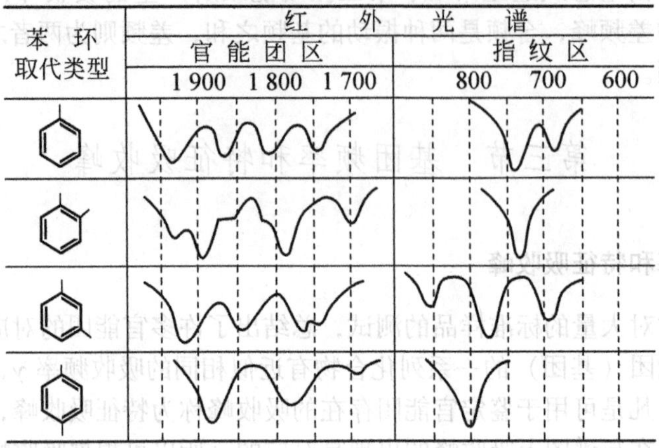

图3-5 苯环取代类型在2000～1667 cm^{-1}和900 cm^{-1}～600 cm^{-1}的图形

一些主要基团的特征吸收频率范围见表3-3，除此之外，特征吸收频率可通过有关基团的一些红外光谱专著及手册查到。

表3-3 红外光谱中一些基团的吸收区域

区域	基 团	吸收频率 γ (cm^{-1})	振动形式	说 明
第一区域	—OH（游离） —OH（缔合）	3580～3650 3200～3400	伸缩 伸缩	判断有无醇类、酚类和有机酸的重要依据
	$—NH_2$，—NH（游离） $—NH_2$，—NH（缔离）	3300～3500 3100～3400	伸缩 伸缩	
	—SH	2500～2600	伸缩	
	≡C—H（三键） ═C—H（双键）	3300附近 3010～3040	伸缩 伸缩	不饱和C—H伸缩振动出现在3000 cm^{-1}以上，末端═C—H出现在3085 cm^{-1}附近
	苯环中C—H	3030附近	伸缩	强度上比饱和C—H稍弱，但谱带较尖锐
	$—CH_3$	2960±5	反对称伸缩	饱和C—H伸缩振动出现在3000 cm^{-1}以下（2800～3000 cm^{-1}），取代基影响小
	$—CH_3$	2870±10	对称伸缩	
	$—CH_2$	2930±5	反对称伸缩	三元环中的$>CH_2$出现在3050 cm^{-1}
	$—CH_2$	2850±10	对称伸缩	3级碳C—H出现在2890 cm^{-1}，很弱

续表 3-3

区域	基　团	吸收频率 γ (cm^{-1})	振动形式	说　明
第二区域	—C≡N	2 220 ～ 2 260	伸缩	干扰少； R—C≡C—H，2 100 ～ 2 140；R′—C≡C—R，2 190 ～ 2 260；若 R = R′，对称分子，无红外谱带。
	—N≡N	2 135 ～ 2 310	伸缩	
	—C≡C—	2 100 ～ 2 260	伸缩	
	—C═C═C—	1 950 附近	伸缩	
第三区域	C═C	1 620 ～ 1 680	伸缩	苯环的骨架振动； 其他吸收带干扰少，是判断羰基（酮类，酸类，酯类，酸酐等）的特征频率，位置变动大。
	芳环中 C═C	1 600，1 580 1 500，1 450	伸缩	
	—C═O	1 600 ～ 1 850	伸缩	
	—NO_2	1 500 ～ 1 600	反对称	
		1 250 ～ 1 300	对称伸缩	
	S═O	1 040 ～ 1 220	伸缩	
第四区域	C—O	1 000 ～ 1 300	伸缩	C—O 键（酯、醚、醇类）的极性很强，故强度强，常成为谱图中最强的吸收； 醚类中 C—O—C 的 $\gamma_{(as)}$ = 1 100 ± 50 是最强的吸收，C—O—C 对称伸缩在 900 ～ 1 000，较弱； 大部分有机化合物都含 CH_3、CH_2 基，因此此峰经常出现—CH_3 对称变形，很少受取代基的影响，且干扰少，是 CH_3 基的特征吸收
	C—O—C	900 ～ 1 150	伸缩	
	—CH_3	1 460 ± 10	反对称变形	
		1 370 ～ 1 380	对称变形	
	—CH_2	1 460 ± 10	变形	
	—NH_2	1 560 ～ 1 650	变形	
	C—F	1 000 ～ 1 400	伸缩	
	C—Cl	600 ～ 800	伸缩	
	C—Br	500 ～ 600	伸缩	
	C—I	500 ～ 200	伸缩	
	═CH_2	890 ～ 910	面外摇摆	
	—$(CH_2)_n$—，$n>4$	720	面内摇摆	

二、影响基团频率的因素

基团频率主要是由构成化学键原子的质量和化学键力常数决定，但分子中化学键的振动并不是孤立的，要受到分子内部结构如分子空间结构的影响和其他基团特别是邻近基团的影响；有时还会受到溶剂、测定条件等外部因素的影响，因此同一基团的同一振动在不同分子结构中或不同环境中或多或少有所差别，使红外特征吸收峰的频率和强度发生改变。所以，了解影响基团振动频率的因素，对于正确地解析红外光谱和推断分子结构是很有帮助的。

引起基团频率位移的因素大致可分成两类，即内部因素和外部因素。

1. 内部因素

影响基团频率位移的外部因素主要包括以下几方面：

（1）诱导效应。基团旁连有电负性不同的原子（或基团），通过静电诱导作用，引起基因中各化学键电子云密度的变化，改变键的力常数，使基团特征频率位移。元素的电负性越强，则诱导效应越强，吸收峰向高波数移动的程度越显著。如：

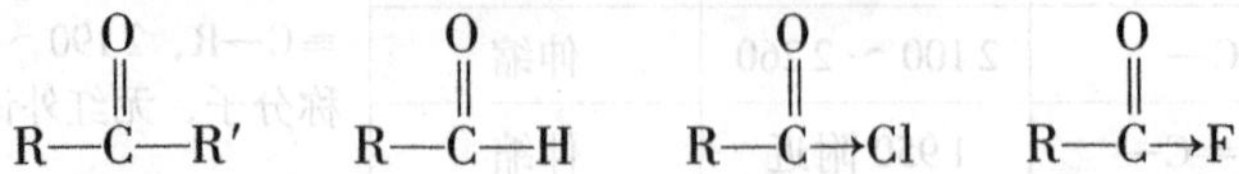

$\gamma_{C=O}$（cm^{-1}）　1715　1730　1800　1920

（2）共轭效应。由于分子中形成大 π 键所引起的效应，称为共轭效应。它因减少了键级而使吸收频率峰下降，吸收峰向低波数方向移动。

诱导效应和共轭效应，都是由于化学键的电子云密度分布发生改变引起的。两种效应共存时，至于官能团的吸收频率偏向何方，应视具体情况下哪种效应为主而定。

（3）空间效应。分子内部基团的相互作用、空间立体障碍、多元环的张力等，都将给基团频率带来一定的影响，如脂环酮羰基：

六元环	五元环	四元环	三元环
1715 cm^{-1}	1745 cm^{-1}	1780 cm^{-1}	1850 cm^{-1}

（4）氢键。氢键的形成使基团频率降低。氢键 X—H⋯Y 形成后，由于氢原子周围的力场发生变化，使 X—H 振动的力常数改变，X—H 的伸缩振动频率降低，峰形变宽，吸收强度增加。如对醇的羟基：游离态（3 600 ～ 3 610 cm^{-1}）、二聚体（3 500 ～ 3 600 cm^{-1}）、多聚体（3 200～3 400 cm^{-1}）。

2. 外部因素

影响基团频率的外部因素主要是指被测物质的状态和溶剂效应等因素。

（1）物质的状态。同一物质在不同的物理状态下测定，所获得的吸收光谱往往也不同。

（2）溶剂影响。同一物质在不同溶剂中测得的吸收光谱不同。为了消除溶剂影响，通常尽量采用非极性溶剂，如 CCl_4、CS_2 等，并以稀溶液来获得红外吸收光谱。

第四节　红外光谱仪

红外光谱仪或红外分光光度计也是由光源、吸收池、单色器、检测器、计算机工作站等部分组成。目前较普遍使用的红外光谱仪有色散型红外分光光度计和干涉型傅立叶变换红外光谱仪。

一、红外分光光度计主要部件

（一）光源

红外光源应能发射高强度连续的红外辐射。常用的光源有硅碳棒和能斯特灯。

1. 硅碳棒

硅碳棒由碳化硅烧结制成。工作温度为 1 200 ～1 400℃。特点是发光面积大、价格便宜、操作方便、坚固耐用，但工作时需用水冷却。

2. 能斯特灯

能斯特灯由锆、钇、铈或钍的氧化物烧结制成，工作温度约在1 750 ℃。其特点是使用寿命长、稳定性好、发射光强度高，但机械强度较差。使用不如硅碳棒方便，光源价格较贵。

（二）吸收池及样品制备

因为玻璃和石英都吸收红外辐射，因此吸收池的常用窗口材料为NaCl、KBr、LiF或TlBr—TlI晶体。NaCl、KBr等晶体都容易吸湿，使吸收池窗口模糊，因此，红外分光光度计需要在恒湿的环境下工作。不同物态的试样，所用吸收池的结构不同，测定时，应按照待测试样的物态，选用不同的吸收池。气体试样选用气体吸收池，液体试样选用液体吸收池，固体试样不需吸收池，只需将其制成透明薄片，直接放入光路进行测量。

试样的制备要注意几个问题：①样品的浓度和厚度要选择适当，以便得到理想的谱图；②样品中不应含游离水，否则会腐蚀吸收池的单晶窗片；③样品应为单一组分的纯物质，若为多组分应先分离，否则光谱重叠，致使谱图无法辨认和分析。

（三）单色器

单色器的作用是将复合光转化为单色光，是红外光谱仪的核心部件。它由单色器、准直镜和狭缝构成。单色器有光栅和棱镜两种，目前多采用平面衍射光栅。红外光谱仪常用几块光栅常数不同的光栅自动更换，使测定的波长范围更为扩展且能得到更高的分辨率，因此可采用较窄的狭缝宽度。其他优点还有色散比较接近线性和能抗水的腐蚀。红外光栅常用镀铝的玻璃或塑料制成。它的缺点是散射辐射比较厉害，且会出现其他光谱级的辐射，可用滤光片与光栅配合使用以减少这些问题。

（四）检测器

检测器由光散元件构成，其作用是接收红外辐射并使之转换成电信号。红外光谱区的光子能量较小，不足以引起光电子的发射，不能使用光电管。红外检测器主要有三种：真空热电偶、高莱池和电阻测辐射热计，最常用的是真空热电偶。

真空热电偶（见图3－6）是红外分光光度计中最常用的一种检测器，它是根据热电偶的两端点由于温度不同产生温差电势这一原理工作的。热电偶的热接点是将两种不同的金属焊接在金箔的一面，金箔的另一面被涂黑，以接收红外光；冷接点端（通常为室温）连有金属导线。为了提高灵敏度和减少热损失，热电偶密封在一个高真空的玻璃管中。玻璃管上对着涂黑的金箔处开一小窗，粘一红外透光窗片材料（如KBr、CsI等）。红外光穿透过真空热电偶的窗口射至涂黑的共同接点上时，使热接点的温度上升，产生温差电势，在闭路的情况下，回路中即产生电流，此电流很弱，经放大后，推动平衡电机带动光楔和记录笔，进行光学（或电学）平衡，完成红外光谱的记录。

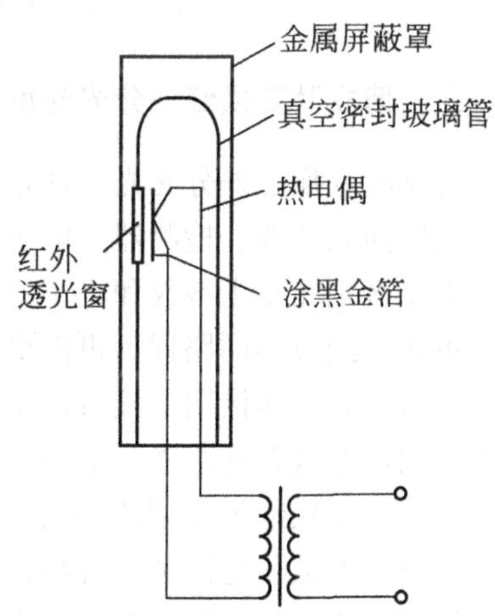

图3－6　真空热电偶检测器

红外分光光度计与紫外-可见光分光光度计比较，主要区别在于：

(1) 红外光谱仪的试样放在光源与单色器之间，而紫外-可见光分光光度计的试样放在单色器之后、检测器之前。

(2) 两者的光源、透光材料与检测器等有很大的差别。

(五) 记录系统

红外光谱复杂，需要自动记录谱图。一般仪器都有记录仪。现在生产的仪器还配有计算机工作站。仪器的操作控制、谱图中各种参数计算、谱图的检索等，都由计算机来完成。

二、色散型红外分光光度计

红外分光光度计的原理方框图如图 3－7 所示。从光源发出的红外辐射分成两束，一束通过样品池，另一束通过参比池，通过参比的光束经光楔与通过样品的光束会合于斩光器，它使参比光束和样品光束交替进入单色器，经过棱镜或光栅色散之后两光束交替射到检测器上。随着斩光器的转动，检测器交替地接受样品光束和参比光束的信号，经放大器后进行记录，即得到一张红外吸收谱图。

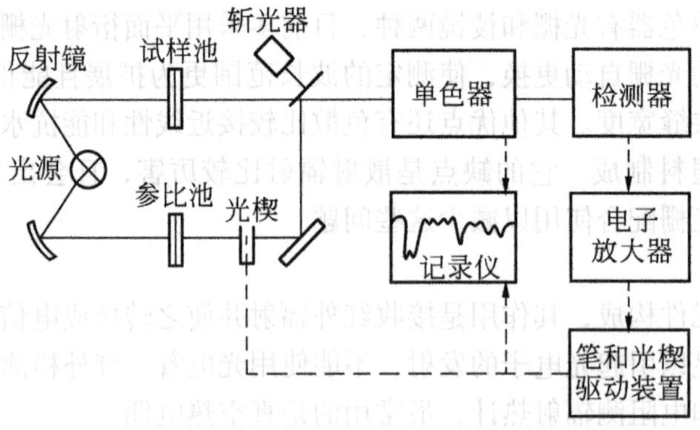

图 3－7　色散型双光束红外分光光度计原理示意图

三、傅立叶变换红外分光光度计

傅立叶变换红外分光光度计是 20 世纪 70 年代问世的红外分光光度计，由光源、干涉仪、试样插入装置、检测器、电子计算机和记录仪等部分构成，它与色散型红外分光光度计的主要区别在于干涉仪和电子计算机两部分。仪器中的干涉仪的作用，是使由光源发出的两束光，经过不同路程后再汇聚到某一点时发生干涉。通过连续改变干涉仪中反射镜的位置，可得到干涉谱图。接着以干涉图形式送往计算机进行傅立叶变换的数学处理，最后将干涉图还原成普通红外光谱图。

傅立叶变换红外光谱的特点是：扫描速度快，测量时间短，灵敏度、分辨率和测量精度高，测量的波长范围宽，且特别适用于弱红外光谱测定、红外光谱的快速测定以及与色谱联用等。由于傅立叶变换红外光谱的突出优点，它已逐渐取代色散型红外光谱仪。

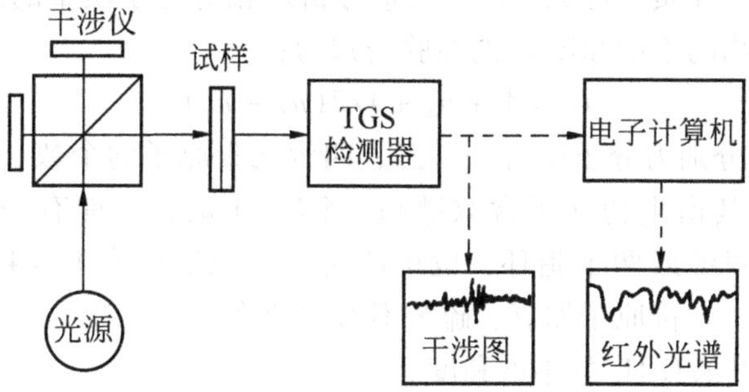

图 3－8　傅立叶变换红外光谱计工作原理示意图

第五节　红外光谱法的应用

红外光谱在化学领域中的应用是多方面的，它不仅用于分子结构的基础研究，如确定分子的空间构型，求出化学键的力常数、键长和键角等，而且广泛地用于化合物的定性、定量分析和化学反应机理研究等。

一、定性分析

通常在得到样品的红外光谱图后，与纯物质的标准谱图进行对照，如果两张谱图各吸收峰的位置和形状完全相同，峰的相对强度一样，就可认为样品是该种化合物。利用红外光谱对化合物进行定性分析的过程，称为谱图解析。

1. 官能团的定性分析

官能团的确定可以采用“否定法”或“肯定法"。肯定法是根据红外光谱的特征吸收峰，确认某基团的存在。例如某化合物在 2 220 ～ 2 260 cm^{-1} 处有吸收，由表 3－3，可判断此化合物中含有—C≡N 基。否定法是基于某个波数区间内的吸收峰对某个基团是特征的，在谱图中若无此吸收峰出现，则说明此基团在分子中不存在。由表 3－3 可见，如果在 3 100 ～ 3 650 cm^{-1} 没有吸收谱带，就可以排除—NH 和—OH 的存在。

2. 已知化合物的鉴定

当需要检验试样是否为某种已知化合物时，用红外光谱验证是一种简便、可靠的方法。

（1）用标准试样对照。若两者的红外吸收峰中谱带的数目、位置和形状完全相同，吸收强度一样，则此两种物质便是同一物质。

（2）与标准谱图对照。在没有标准物质时，对照已知化合物标准谱图。许多国家都编制出版了标准谱图集，如萨特勒红外谱图集，汇集有十余万张纯化合物的标准红外光谱图。在与标准谱图对照时应注意，被测物与标准谱图上标准物的聚集状态、制样方法以及谱图的条件等要相同，才有可比性。

对于简单的化合物，可以直接根据红外光谱进行解析。

3. 未知物结构分析

未知化合物的结构鉴定是红外光谱法最主要的用途。未知物结构分析的一般方法如下：

（1）了解与试样有关的资料。弄清试样物质的来源以估计其可能的范围，了解试样的物理性质和有关化学性质。对试样进行元素分析及相对分子质量的测定以求出分子式；根据分子式计算化合物的不饱和度 U 的经验公式为：

$$U = 1 + n_4 + 1/2(n_3 - n_1)$$

式中 n_1、n_3、n_4 分别为分子中含一、三、四价元素原子的个数。当计算得 $U=0$ 时，可能为链状饱和烃及其衍生物（不含双键）；当 $U=1$ 时，可能有一个双键或脂环；当 $U=2$ 时,可能有两个双键或两个脂环，也可能有一个三键；当 $U=4$ 时，可能有一个苯环，等等。应该指出，二价原子如氧、硫等不参加计算。

【例 3－4】计算甲苯 C_7H_8 的不饱和度。

解：

$$U = 1 + 7 + (0 - 8)/2 = 4$$

甲苯的不饱和度为 4，是因为苯可看作 3 个双键和 1 个环。

（2）试样的制备。被分析的试样应该是纯物质，纯物质可以通过对试样进行分离和精制的方法（如分馏、萃取、重结晶、层析等）得到。然后根据试样的性质，按照试验条件制作红外光谱图。

（3）谱图的解析。测得试样的红外吸收光谱后，接着就可对谱图进行解析。习惯上多使用两区域法，先强峰后弱峰的方法。即先从官能团区的最强谱带着手，推测未知物可能含有的基团，判断不可能含有的基团，再用指纹区的谱带验证，找出可能含有基团的相关峰，用一组相关峰来确定一个基团的存在。对于简单的化合物确认几个基团之后，便可初步确认分子结构，然后查对标准光谱核实。

【例 3－5】图 3－9 是一个含有 C、H、O 的有机化合物的光谱图，试问：（1）该化合物是脂肪族还是芳香族？（2）是否为醇类？（3）是否为醛、酮、酸类？（4）是否含有双键或三键？

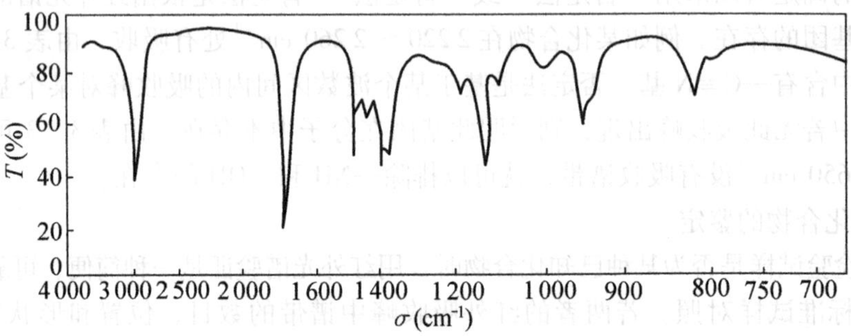

图 3－9　有机化合物的光谱图

解：

（1）在 3 000 cm^{-1} 以上没有任何 γ_{C-H} 峰，在 1 430 ～ 1 650 cm^{-1} 之间又没有苯环骨架振动吸收峰，所以不是芳香族化合物。在 2 960 cm^{-1} 和 2 930 cm^{-1} 的峰是脂肪族 $\gamma_{C-H(CH_3)}$ 峰引起的，故该化合物为脂肪族化合物。

（2）在 3 300 ～ 3 500 cm^{-1} 间无任何强吸收峰，故表示该化合物不可能是醇类。

（3）该化合物在 1 718 cm^{-1} 处有一个强羰基吸收峰，提示可能为醛、酮、酸类。又因在 3 000 cm^{-1} 以上缺乏羧酸基中 γ_{OH}（缔合）产生的宽而散的强吸收峰，故进一步排除了酸类

存在的可能。又因为在2720 cm^{-1}处没有γ_{C-H}（$-\overset{O}{\overset{\|}{C}}-H$）峰，故提示不可能是醛类。

（4）因在1650 cm^{-1}及2200 cm^{-1}附近未见其他吸收峰，说明这个化合物除羰基外，不含有双键和叁键。如果有的话，其结构一定是对称的。

综上所述，该化合物很可能是一个脂肪酮类。

【例3-6】某未知物的分子式为$C_{12}H_{24}$，试从其红外吸收光谱图（图3-10）推出它的结构。

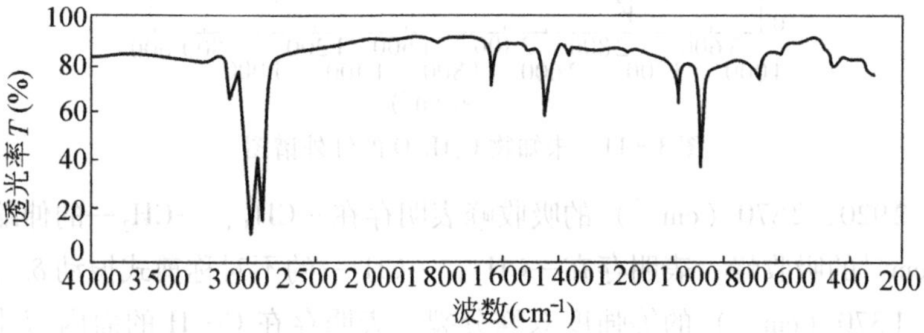

图3-10　未知物$C_{12}H_{24}$红外谱图

解：

（1）由分子式计算不饱和度：$U=1+12+\frac{1}{2}(0-24)=1$，该化合物具有一个双键或一个环。

（2）由3075 cm^{-1}出现小的肩峰说明存在烯烃γ_{C-H}伸缩振动，在1640 cm^{-1}还出现强度较弱的γ_{C-H}伸缩振动，由以上两点表明此化合物为一烯烃。

在2800～3000 cm^{-1}的吸收峰表明有CH_3—、—CH_2—存在，在2960 cm^{-1}、2920 cm^{-1}、2870 cm^{-1}、2850 cm^{-1}的强吸收峰表明存在—CH_3和—CH_2—的$\gamma_{C-H(as)}$、$\gamma_{C-H(s)}$，且—CH_2—的数目大于CH_3—的数目，从而推断此化合物为一直链烯烃。在715 cm^{-1}出现的小峰，显示—CH_2—的面内摇摆振动ρ_{-CH_2-}，也表明长碳链的存在。

在980 cm^{-1}、915 cm^{-1}的稍弱吸收峰表明为次甲基 $\rangle C-H$ 和亚甲基$>CH_2$产生的面外弯曲振动γ_{C-H}。

在1460 cm^{-1}吸收峰为—CH_3、—CH_2—的不对称剪式振动$\delta_{C-H(as)}$；1375 cm^{-1}为—CH_3的对称剪式振动$\delta_{C-H(s)}$，其强度很弱，表明CH_3—的数目很少。

由以上解析，可确定此化合物为1-十二烯，分子式为：$CH_2=CH-(CH_2)_9-CH_3$。

【例3-7】某未知物分子式为$C_4H_{10}O$，试从其红外吸收光谱图（图3-11）推断其分子式。

解：由分子式计算它的不饱和度：

$$U=1+4-\frac{1}{2}(0-10)=0$$

表明它是饱和化合物。

在3350 cm^{-1}的强吸收峰表明存在γ_{O-H}伸缩振动，它移向低波数表明存在分子缔合现象。

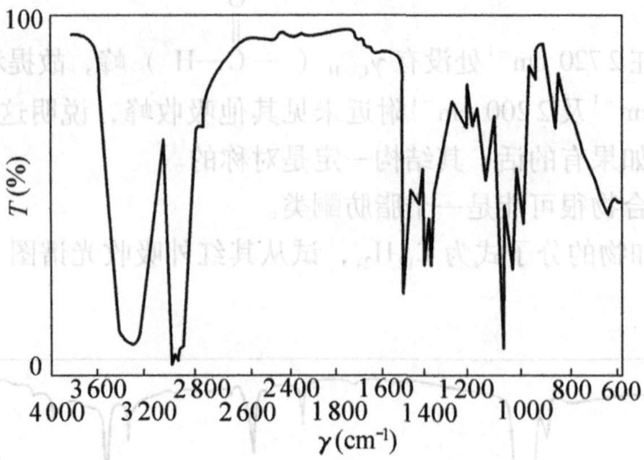

图 3－11　未知物 $C_4H_{10}O$ 的红外谱图

在2960，2920，2870（cm^{-1}）的吸收峰表明存在—CH_3、—CH_2—的伸缩振动 $\gamma_{C—H}$。

在1460 cm^{-1}的吸收峰，表明存在—CH_3、—CH_3—的不对称剪式振动 $\delta_{C—H(as)}$。

在1380，1370（cm^{-1}）的等强度双峰分裂，表明存在 C—H 的面内弯曲振动 $\delta_{C—H}$，这是异丙基分裂现象。

在1000～1300 cm^{-1}的一系列吸收峰，表明存在 C—O 的伸缩振动 $\gamma_{C—O}$，即有一级醇—OH 存在。

由以上解析可确定此化合物为饱和的一级醇，存在异丙基分裂，可确定其为异丁醇，分子式为

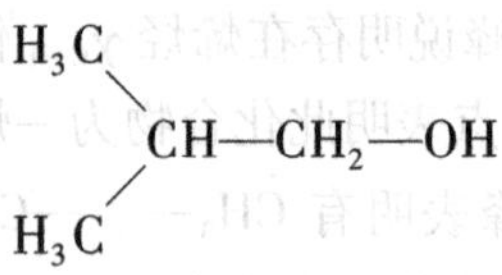

二、定量分析

朗伯-比尔定律也适用于红外光谱定量分析。但由于红外光谱较复杂，给红外光谱法定量分析带来一些困难和实验技术的差别，在红外定量分析中的应用不如紫外可见分光光度法广泛。

（1）朗伯-比尔定律的偏差：红外光谱法定量测定的理论基础也是朗伯-比尔定律，然而红外光谱的定量测定很容易偏离比尔定律，导致浓度和吸光度的非线性关系。

（2）参比吸收池：红外吸收池光程短，加之吸收池窗口易被腐蚀，吸收池厚度难以调节准确，在红外区不容易得到两只透明特性完全一致的吸收池，因此常不采用参比池，而只放一片盐窗作参比。

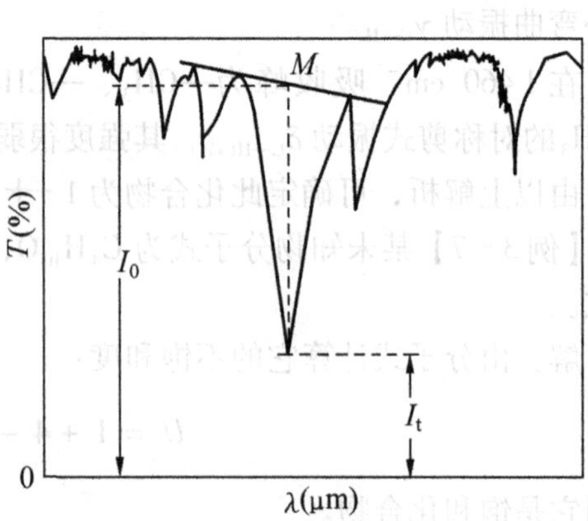

图 3－12　红外光谱法定量分析基线法

（3）基线法测量吸光度：红外定量分析中基线法得到广泛应用。方法如图 3－12 所

示，画一条与吸收谱带两肩相切的直线作为基线，通过峰值波长处作一条平行于纵轴的直线以确定入射辐射 I_0，在最大吸收点作平行于横轴的直线，确定透射强度 I_t，即可求出吸光度。

$$A = \lg \frac{I_0}{I_t}$$

再根据标准曲线就可查得组分的浓度。

若使用傅立叶变换红外光谱仪，则可使用定量软件或自行编辑程序，进行峰高或峰面积定量，可使定量手续大为简化。

思 考 题

1. 物质吸收红外辐射的条件是什么？

2. 红外分光光度计与紫外分光光度计有哪些相同和不同之处？

3. 不考虑其他因素的影响，在酸、醛、酯、酰卤和酰胺类化合物中，出现 C═O 伸缩振动频率的大小顺序是怎样的？

4. 在醇类化合物中，O—H 伸缩振动频率随溶液浓度增加向低波数方向移动的原因是什么？

5. 什么是基团的频率？影响基团频率的主要因素有哪些？

6. 红外光谱定性分析的依据是什么？

7. 红外光谱仪和傅立叶变换红外光谱仪在组成结构上有何异同？

8. 多原子分子的振动具体分类如何？

习 题

1. 将下列波长换算成波数（cm^{-1}）：6.0 μm；12.5 μm；3.7 μm。

2. 将下列波数换算为波长（μm）：316.5 cm^{-1}；1625 cm^{-1}；625 cm^{-1}。

3. 计算 HBr 分子的折合质量。

4. 已知醇分子中 O—H 伸缩振动吸收峰位于 2.77 μm，计算伸缩振动的力常数。

5. 羰基化合物

R—C(═O)—R′；R—C(═O)—Cl；R—C(═O)—F；F—C(═O)—F；R—C(═O)—H

中，伸缩振动频率最高者是哪一个？

6. 计算下列分子的不饱和度：

（1）$C_7H_{11}N_2OSCl$；（2）C_7H_7NO；（3）C_7H_{15}；（4）$C_8H_{10}O_3S$

7. 某化合物的红外光谱在 3010～3040 cm^{-1} 和 1620～1680 cm^{-1} 处有吸收带，该化合物可能是：

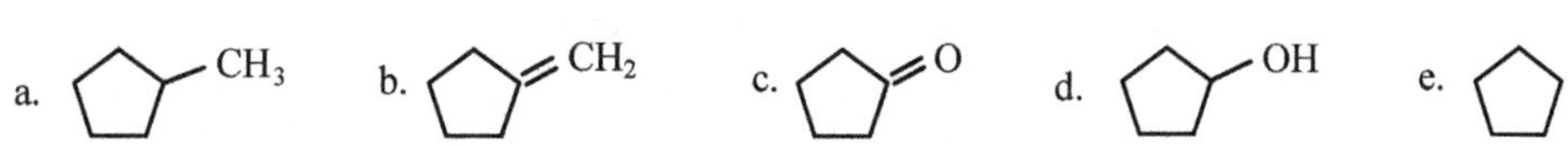

8. 氯仿（$CHCl_3$）的红外光谱表明其 C—H 伸缩振动频率为 3100 cm^{-1}，对于氘代氯仿（$CDCl_3$），其 C—D 伸缩振动频率是否会改变？如果变动的话，是向高波数还是向低波数方向位移？为什么？

9. 某化合物的分子式为 C_8H_{14}，红外光谱如图 3－13 所示，试解析谱图，并判断可能的结构。

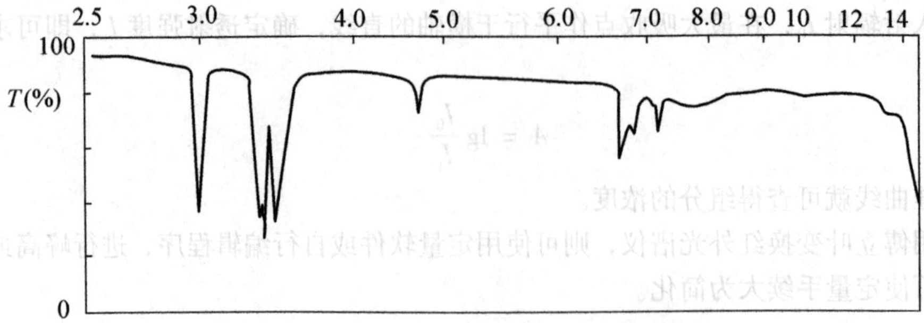

图 3－13　分子式为 C_8H_{14} 化合物的红外光谱图

10. 用吸收带 1443 cm^{-1} 测定乙烷样品中的乙烯含量，标准样品测得数据如下：

乙烯含量（%）	0.5	1.00	2.00	3.00
吸光度	0.120	0.240	0.480	0.719

若未知样品测得吸收度为 0.412，求乙烷中乙烯的浓度。

实验四　用红外光谱推测化合物结构

一、实验要求

1. 了解用红外光谱推断化合物 $C_7H_6O_2$ 的结构的方法；

2. 了解用红外光谱推断有机薄膜的类型和结构的方法；

3. 了解 WFD—7G 型光栅红外分光光度计的结构、原理及操作技术。

二、基本原理

鉴于各种有机化合物具有各种不同特征的红外光谱，因此利用红外光谱可对有机化合物进行定性鉴定。

定性鉴定可分为官能团分析和有机物结构剖析。由于红外光谱特征是基团和化学键的贡献，因此根据红外光谱可确定有机化合物有哪些官能团，进行官能团分析和鉴定，配合其他物理化学方法，如沸点、熔点、元素分析、紫外光谱、核磁共振、质谱等可进行未知物结构的剖析工作。

三、仪器和试剂

WFD—7G 型光栅红外分光光度计：1 台。

溴化钾窗片：2 片；稳压电源：1 台；氯化钠窗片：2 片；油压机：1 台；溴化钾（分析片）；压模；各种薄膜。

四、实验步骤

1. 溴化钾压片法

（1）样品制备：取 0.5 ～ 2 mg 样品于玛瑙研钵中研细，再加入 100 ～ 200 mg 干燥的 KBr 粉末，继续研磨至 2 μm 左右（为 2 ～ 5 min），研细的 KBr 极易吸潮，须在烘箱中于 110 ～ 150℃ 充分烘干（约需 48 h）。

将上述混合物置于一定模具中，在抽真空下加压成半透明的压片。

（2）红外光谱测量：先测 KBr 片红外谱，然后将半透明样品片于红外窗口测谱，样品与 KBr 空白片谱的差谱即为样品真正图谱。

（3）图谱对比：根据化学名称苯甲酸查 Sadtler 标准图谱索引，查得苯甲酸标准红外光谱号码为 779，将实验结果与标准图谱相对照。

（4）图谱解析：

（a）计算不饱和度为：

$$U = 1 + 7 + \frac{1}{2}(0 - 6) = 5$$

（b）谱峰归属于化合物结构（见表 3—4）：由图谱中 3 077，3 012，1 600，1 582，1 495，1 451，715，690（cm^{-1}）诸峰表明存在着单取代苯环，而 1 684 cm^{-1} 表明分子含

有羰基。此羰基出现在低波数，表明它与本核共扼。而且 1582 cm^{-1} 反常的高强度也表明羰基直接与苯环相连。此羰基可能属于酮、醛或酸的，3000 cm^{-1} 的宽峰组和特征的 935 cm^{-1} 面外弯曲振动可以断定此化合物有一个羟基，因此该化合物为苯甲酸。

表 3－4　红外谱图中谱峰的波数及其归属

波　　数	归　　属
3077，3012	═C—H 的伸缩振动
2882，2841，2660，2532	有氢键的 C—H 伸缩振动
1684	C═O 的伸缩振动
1600，1582，1495，1451	苯的 C═C 伸缩振动
1425，1326，1289	O—H 的弯曲振动与 C—O 的伸缩振动相互作用
935	O—H 的面外弯曲振动

2. 薄膜样品测定

（1）聚苯乙烯校正样品光谱图，本仪器附有一片聚苯乙烯校正膜，将它放入样品室，测定它的红外光谱，将峰值与表 3－5 中的数值比较。

表 3－5　聚苯乙烯红外谱图数据

峰值	波数（cm^{-1}）	峰值	波数（cm^{-1}）
1	3027	7	1181
2	2851	8	1154
3	1949	9	1028
4	1802	10	907
5	1601	11	699
6	1495		

（2）未知样品膜的鉴别：

（a）将未知样品放入样品室，测定它的红外光谱。

（b）利用计算检索，推断可能的化合物。

五、思考题

1. 如何用红外光谱法测有机化合物的结构？

2. 保管和使用红外光谱仪时应注意哪些问题？

第四章　原子吸收光谱法

第一节　概　　述

原子吸收光谱法是一种利用被测元素的基态原子对特征辐射线的吸收程度进行定量分析的方法。该方法利用高温将试样中被测元素从化合态的分子解离成基态原子，形成原子蒸汽；当光源发射出的特征辐射线经过原子蒸汽时，将被选择性地吸收；在一定条件下，特征辐射线被吸收的程度与基态原子的数目成正比关系；然后通过分光系统分光，并将该辐射线送至检测器进行测量，这样，即可测出试样中被测元素的含量。

自1955年原子吸收光谱法被首次提出之后，该方法得到不断的发展和完善，至今已成为分析化学领域中极其重要的一种分析方法。其发展和普及速度之快，是其他仪器分析法所无法比拟的。该分析方法的主要特点是：测定灵敏度高，相对灵敏度一般能达到ppm级；选择性好，稳定性高，抗干扰能力强；精度和准确度较高，相对标准偏差一般可控制在2%以内；适用范围广，可测定70多种元素（包括部分非金属元素）；仪器设备较为简单，操作方便。它与等离子体发射光谱法（简称ICP－AES）并驾齐驱，成为原子光谱研究和物质成分分析的重要常规分析方法之一。尤其在测定试样中的金属元素时，原子吸收光谱法往往是首选的定量分析方法，广泛应用于冶金地质、石油化工、环境保护、生物医学、农业和食品等行业。

第二节　原子吸收光谱法的基础理论

一、原子的结构

原子由带正电的原子核和带负电的电子组成，原子核由带正电的质子和不带电的中子组成，一个原子的核外电子数等于核中的质子数，且正负电荷数相等，因此原子呈电中性。核外电子在一定的量子轨道上绕原子核做自由旋转，并在一定空间内以不同的概率出现，形成电子云。这些量子轨道呈分立的层状结构，每一层即每一个量子轨道都具有各自确定的能量，称为原子能级或量子态。不同原子能级的能量有差别，离核越远的能级能量越高，离核越近的能级能量越低。因此，原子本身的结构就决定了其核外电子所具有的能量。

二、原子的激发和原子光谱的产生

通常，原子的核外电子都处于各自最低的能级状态下。此时，整个原子的能量也处于最低状态，又称为基态；处于基态的原子称为基态原了。

当基态原子受到外界能量的作用时，核外电子可以吸收一定强度的特定波长的光，从而获得能量向高能级的轨道跃迁；原子吸收过程中光波的变化就形成了原子的吸收光谱。基态原子因获得能量而被激发，我们把这种处于高能状态的原子称为激发态原子。

处于激发态的原子很不稳定，通常在 10^{-8}s 左右的时间内，电子又会从高能状态跃迁回到基态，从而恢复成基态原子，并将多余的能量以光辐射的形式释放出来，发射出相应的光波，形成发射光谱。原子吸收和发射的过程如图 4－1 所示。

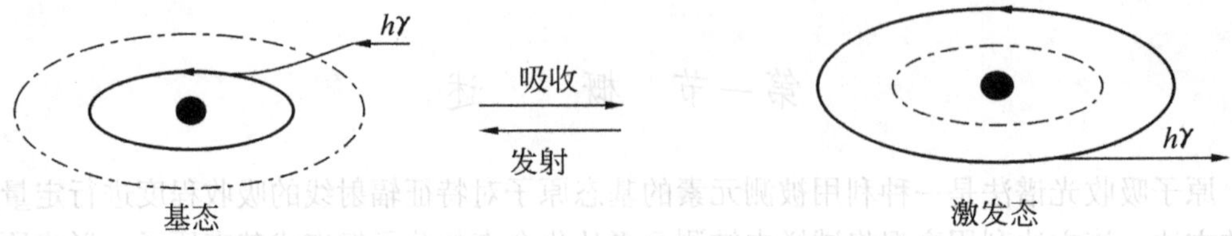

图 4－1　原子吸收和发射的过程示意图

$$\Delta E = E_1 - E_0 = h\gamma$$

式中　ΔE—— 能量差；

E_1——激发态的能量；

E_0——基态的能量；

h——普朗克常数；

γ——吸收或发射电磁辐射的频率。

从图 4－1 中可以看到，原子被激发需要吸收的能量与从相应激发态跃迁回基态所发射的能量在数值上是相等的，都等于这两个能级之间的能量差。原子受到外界能量激发时，其最外层电子可能跃迁到不同的能级，形成不同的激发态，同时伴随着原子吸收光谱的产生。其中，当原子从基态跃迁到能量最低的激发态（第一激发态）时，所吸收的特定频率的光波，称为共振吸收线；而当原子从最低激发态跃迁回到基态时，则会发射出同样频率的光波，又称为共振发射线（如图 4－2 所示）。同种原子相应的共振发射线和共振吸收线的波长是相同的，故简称为共振线。

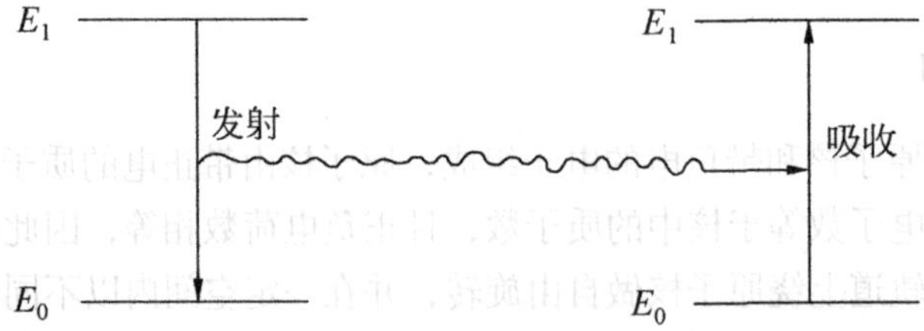

图 4－2　原子的发射与吸收

不同元素的原子结构和核外电子的排布是不同的，这就导致不同元素的原子核外电子从基态跃迁到第一激发态时所需的能量有差异，因此各种元素的共振线都具有不同的波长而有其特征性，所以共振线也称为元素的特征谱线。对于大多数元素而言，共振线是元素所有谱线中最灵敏的谱线。原子吸收光谱法就是通过测量基态原子对光源发出的共振线的吸收情况来进行定量分析的。

三、原子吸收谱线及其轮廓

从理论上说，原子对光的吸收和发射是核外电子在能级间跃迁的结果。而原子的能级是量子化的，因此原子的吸收谱线在波长上应该是单一的，即锐线谱线。但实际观测后发现，原子吸收光谱的谱线并不是一条严格的几何线，而是在一定的频率范围内具有一定宽度的谱线，即原子对一定波长范围内的光波具有不同程度的吸收。原子吸收谱线的强度按频率或波长的分布曲线通常称为谱线轮廓，其形状如图4－3所示。

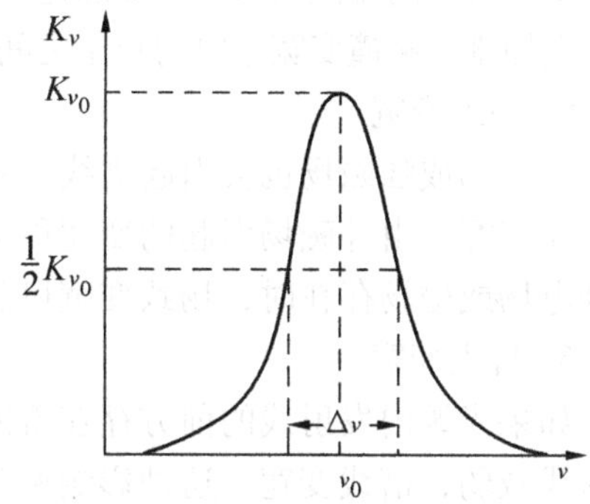

图4－3　原子吸收谱线轮廓

原子吸收谱线轮廓有一极大值，其极大值对应的频率为吸收谱线的中心频率（ν_0），称为特征频率，中心频率处的吸收系数 K_{ν_0} 称为峰值吸收系数。对不同频率的光波，原子的吸收程度是不同的。在中心频率 ν_0 处，原子有最大的吸收值。

谱线的宽度常用半宽度来表示，谱线的半宽度是指最大吸收值一半处的频率宽度（此高度处吸收线轮廓上两点之间的频率差），用 $\Delta\nu$ 表示，简称为谱线的宽度。

原子吸收谱线的宽度对原子吸收光谱法分析的灵敏度、准确度和选择性都有影响，宽度越大，对分析越不利。因此，认识和了解谱线变宽的原因，掌握如何消除变宽影响的方法是非常必要的。谱线变宽的原因可以归纳为两个方面：一是由原子的内部因素引起的，包括自然变宽和同位素效应；二是由外界因素的影响而造成的，如热变宽、碰撞变宽、场致变宽和自吸变宽等。

1. 自然变宽

根据量子力学的计算，谱线具有一定的自然宽度，它是由原子发生能级间跃迁时在激发态停留的时间（又称激发态原子的寿命）决定的。原子在激发态停留的时间越短，谱线的自然宽度就越大。不同的原子谱线具有不同的自然宽度。一般而言，谱线的自然宽度较小，约为 10^{-5}nm 数量级。

2. 同位素效应

元素的各种同位素在质量上的微小差别都会导致原子能量的微小差异，从而产生一些能量极其相近的谱线，致使谱线具有一定的宽度。这种由同位素引起的谱线变宽称为同位素效应。由于同位素效应的影响较小，故通常可以忽略。

3. 热变宽

热变宽又称为多普勒变宽，是由原子的热运动所引起的。当原子向着检测器热运动时，检测器测得的将是原子电磁辐射的原有频率与热运动引起的频率变化值的总和。相反，当原子背离检测器运动时，测得的将是两者之间的差值，因此检测器接收到的吸收光的频率略有不同，产生谱线变宽。正如日常生活中，当一列火车鸣叫着迎面而来时，人们听到的声音是尖锐的，频率较高；而当列车背离而去时，人们听到的声音是低沉的，频率较低，这种现象称为多普勒效应。热变宽一般可达到 10^{-3}～10^{-2} nm 数量级，是谱线变宽的主要原因之一。

4. 碰撞变宽

碰撞变宽又称压力变宽，是由原子与其他粒子（分子、离子或原子）碰撞所引起的。其中由同种原子碰撞产生的变宽称为共振变宽；由不同粒子碰撞引起的变宽称为洛伦兹变宽。单位时间内碰撞次数的增加加速了原子核外电子发生跃迁，致使原子平均寿命缩短，谱线变宽加剧。碰撞变宽主要与粒子之间的压力、粒子的质量大小和碰撞的有效面积有关。

5. 场致变宽

强电场或强磁场也会引起谱线变宽。由外电场或由电粒子形成的电场引起的变宽称为斯塔克变宽；由外磁场引起的变宽称为塞曼变宽。两者统称为场致变宽。通常，在没有强的外电场或磁场存在时，场致变宽可忽略不计。

6. 自吸变宽

如果光源内发射线的前方存在着同种元素的基态原子，发射线将会被它们吸收，使得发射线减弱，谱线变宽。这种影响称为自吸变宽。自吸现象会导致原子吸收测定的灵敏度下降。

在所有影响原子谱线变宽的因素中，自吸变宽和同位素效应变宽是原子的固有性质引起的，目前还难以用人为的方法消除其影响。与其他因素相比较，这两种变宽的影响相对来说也很小，在原子吸收分析中可以忽略。

影响原子吸收谱线变宽的主要原因是热变宽和自吸变宽。通过控制光源-空心阴极灯的工作电流可以减少热变宽和自吸变宽的影响。

四、试样原子化

在原子吸收光谱分析的过程中，试样中被测元素的原子化是整个过程的关键环节。所谓原子化，就是将待测元素从试样中的化合态转化为自由的基态原子的过程。从提高分析的灵敏度和准确度考虑，形成基态原子的比例应该是越高越好。在原子吸收光谱分析中，基态原子的形成过程如图 4-4 所示。

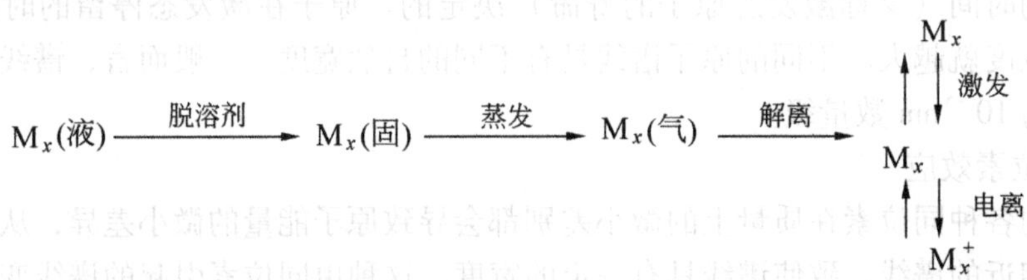

图 4-4　试样原子化过程示意图

在一定温度下，试液中的溶质分子首先蒸发脱离溶剂，形成固体微粒；接着，在高温中熔融，蒸发为气态分子；最后，在热能的作用下分子键断裂，解离成基态原子。如果温度足够高，还能发生进一步的激发和电离现象。

实现原子化的方法，最常用的有两种：一种是火焰原子化法，是原子吸收光谱分析中最早使用的原子化方法，至今仍然广泛地被应用；另一种是非火焰原子化法，其中应用最广的是石墨炉电热原子化法。

火焰原子化是由化学火焰提供能量，在火焰原子化器中实现被测元素的原子化。对化学火焰的基本要求是：火焰有足够高的温度，能有效地蒸发和分解试样，并使被测元素原子化；火焰稳定，背景发射和噪音低；燃烧安全。

火焰原子化法的优点是：操作简便；提供的原子吸收测定条件比较稳定；应用范围广，能用火焰原子吸收法测定的元素达 70 多种。缺点是：样品利用率低，原子化效率低；一般情况下，只可以直接用液体样品进样，不可以直接用固体样品进样。

石墨炉电热原子化是利用电热方法在石墨炉原子化器中实现元素的原子化。这种非火焰原子化方法的优点是：试样原子化是在惰性气体的保护下，在强还原性介质中进行的，有利于氧化物分解和自由原子的生成和保存；用样量小，样品利用率高，原子在吸收区内平均停留时间较长，绝对灵敏度高，其绝对检测限往往比火焰法低 100 ～ 1 000 倍，所需试样量仅为 5 ～ 20μL；液体和固体试样均可直接进样。缺点是：试样组成不均匀性影响较大，有较强的背景和基体效应，测定精度不如火焰原子化法。

五、原子吸收光谱法的定量关系

由于原子吸收的谱线很窄，半宽度仅 0.001 ～ 0.005nm，因此入射光的波长范围必须比原子吸收谱线更窄，而且要有足够的强度。采用通常的连续光源是很难达到要求的。于是，1955 年瓦尔西提出采用锐线光源来测量峰值吸收。锐线光源就是能发射出半宽度很窄的谱线的光源。这种锐线光源发射线的半宽度比吸收谱线的半宽度小得多，约为吸收谱线宽度的 1/5，甚至更小，且发射线的频率中心与吸收线的频率中心完全重合。使用锐线光源时测得的吸收是吸收光谱中最大吸收处的吸光度，一般称为峰值吸收。当采用锐线光源时，原子的峰值吸收遵循朗伯-比耳定律。

原子吸收光谱法定量分析的基础是朗伯-比耳定律。该定律表达了物质在吸收光波的过程中，吸光物质的浓度与吸光度之间的定量关系，适用于固体、液体或气体。

当频率为 ν，强度为 I_0 的平行光垂直通过均匀的原子蒸汽时（见图 4 - 5），根据朗伯定律，

$$I_t = I_0 e^{-K_\nu b}$$

式中，I_0 和 I_t 分别为入射光和透射光的强度，b 为原子蒸汽的厚度，K_ν 为吸收系数。

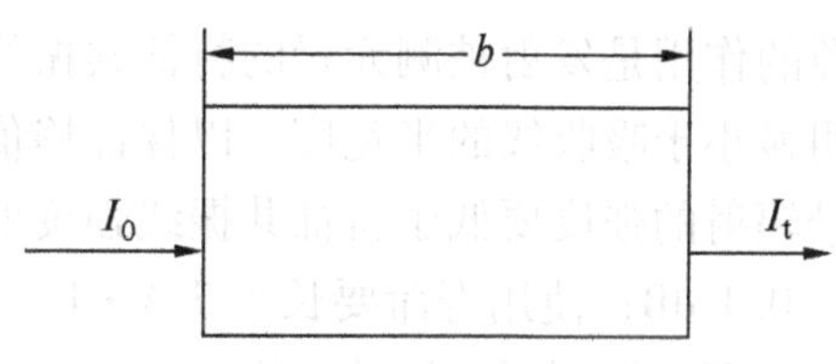

图 4 - 5　原子吸收示意图

当使用锐线光源时，$\Delta\nu$ 很小，即其谱线的半宽度比原子吸收谱线半宽度小得多，只要该锐线光源的中心频率与原子吸收谱线的中心频率一致，就可假定吸收系数在 $\Delta\gamma$ 范围内不随频率而变，并可用中心频率处的吸收系数 K_0 来表征原子蒸汽对入射光的吸收特征，所以：

$$I_t = I_0 e^{-K_0 b}$$

根据吸光光度法的定义，吸光度可表示为：

$$A = \lg I_0 / I_t = 0.4343\ K_0 b$$

峰值吸收系数 K_0 与单位体积原子蒸汽中待测元素吸收光的原子数成正比，而在通常的原子吸收测定条件下，试样的浓度与原子数也成正比，因此在一定的实验条件下，吸光度与待测元素在试样中浓度的关系可表现为：

$$A = Kc$$

K 为与实验条件有关的常数。上式即为原子吸收光谱法定量分析的基本关系式。此式表明，在一定的实验条件下，吸光度与浓度的关系服从朗伯-比耳定律。即吸光度与试液中被测组分的浓度成正比，只要测出吸光度值，就可以求出被测元素的含量。

由上述可见，原子吸收光谱法与可见光分光光谱法的基本原理是相同的，两者均是基于物质对光的吸收，且遵循朗伯-比耳定律，都属于吸收光谱分析。两者的根本区别在于吸光物质的状态不同，原子吸收光谱分析中，吸光物质是基态的原子蒸汽，而在可见光吸收光谱法中，吸光物质是溶液中的分子或离子；其次，原子吸收光谱分析中采用的光源是锐线光源，属于线状光谱，而可见光吸收光谱分析中采用的光源是连续光源，属于带状光谱。

第三节　原子吸收分光光度计

原子吸收分光光度计（又称原子吸收光谱仪），是进行原子吸收光谱分析的仪器。它由光源、原子化系统、分光系统、检测系统 4 个主要部分组成，如图 4－6 所示。

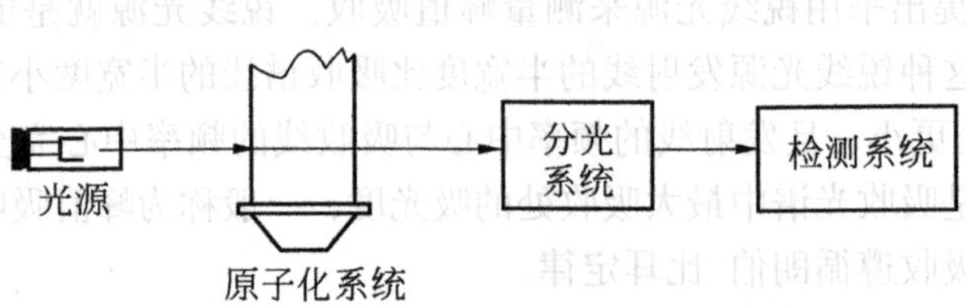

图 4－6　原子吸收分光光度计基本结构

一、光源

光源的作用是发射被测元素的特征共振线。对光源的基本要求是：发射的共振线的半宽度要明显小于吸收线的半宽度，以保证峰值吸收；发射的共振线要有足够的强度；背景小，背景辐射的强度要低于特征共振线强度的 1%；稳定性好，30 min 内漂移不超过 1%；噪声小于 0.1 dB；使用寿命要长于 5 A · h。空心阴极灯是能满足上述各项要求的理想的锐线光源，因此得到了广泛的应用。

空心阴极灯的结构如图 4－7 所示。它有一个用被测元素材料制成的空心圆桶形的阴极和一个钨棒制成的阳极。阳极和阴极封闭在带有光学窗口的硬质玻璃管内。管内充有压强为 2～10mmHg 的惰性气体氖或氩，惰性气体的作用是载带电流，使阴极产生溅射，并激发原子发射特征锐线光谱。云母屏蔽片的作用是使放电限制在阴极腔内，同时将阴极定位。

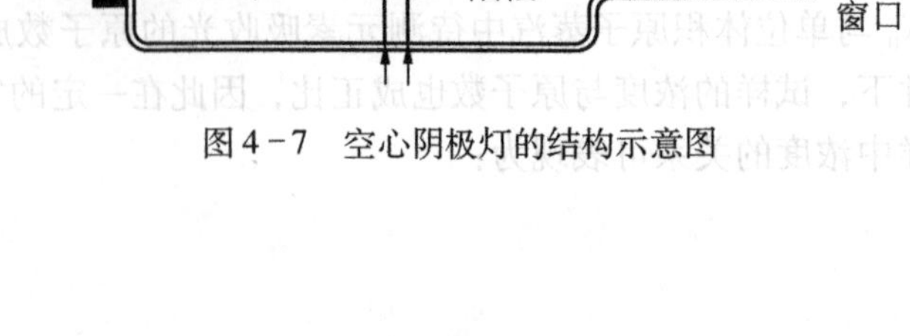

图 4－7　空心阴极灯的结构示意图

空心阴极灯的工作原理是一种特殊形式的低压辉光放电，放电集中在阴极空腔内。当两极之间施加 300～500V 电压时，便产生辉光放电。在电场作用下，电子快速飞向阳极，在途中与载气原子碰撞，使之电离并放出二次电子；同时使得电子与正离子数目增加，维持放电。正离子从电场中获得动能而大大加速，进而猛烈地撞击阴极表面。当正离子的动能足以克服金属阴极表面的晶格能时，就可以将金属原子从晶格中溅射出来。溅射出来的金属原子与阴极表面受热蒸发出来的金属原子一起进入空腔内，与各种电子、原子、离子发生碰撞而受到激发，发射出该金属的特征共振线。

空心阴极灯的发射光谱主要是阴极元素的光谱，用不同的元素作阴极，就可以制成相应元素的空心阴极灯，例如用铅作阴极材料，发射出铅的共振线，透过试样原子蒸汽时，待测试样中的铅元素会产生共振吸收。

空心阴极灯常采用脉冲供电方式，以改善放电特性，同时使得有用的原子吸收信号与原子化池的直流发射信号区分开来。

二、原子化系统

原子化过程是原子吸收光谱法分析过程中最关键的一步，原子化效率决定着分析的灵敏度。原子化系统的主要作用是提供能量，使待测元素由化合物状态转变为基态的原子蒸汽，同时使入射光束在原子化系统中被基态原子吸收。原子化系统有两种类型：火焰原子化系统和非火焰原子化系统。火焰原子化法中常用的是预混合型火焰原子化器，非火焰原子化法中常用的是电热高温石墨炉管式原子化器。

1. 预混合型火焰原子化器

预混合型火焰原子化器是先用雾化器将液体试样雾化，细小的雾滴在雾化室中与气体（燃气或助燃气）均匀混合，除去较大的雾滴后，再进入燃烧器的火焰中，火焰的高温使得试液产生原子蒸汽。因此，雾化器、混合室和燃烧器就组成了预混合型火焰原子化器，如图 4－8 所示。

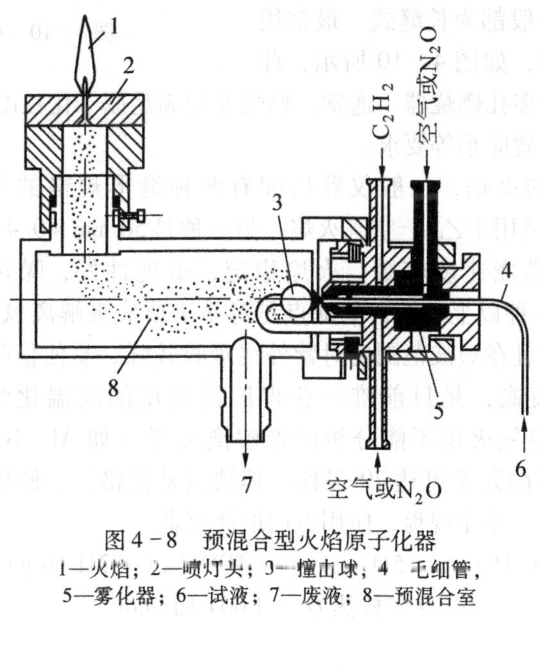

图 4－8　预混合型火焰原子化器

1—火焰；2—喷灯头；3—撞击球；4—毛细管；5—雾化器；6—试液；7—废液；8—预混合室

（1）雾化器。雾化器又称为喷雾器，是预混合型火焰原子化器的关键部件。其作用是将试液雾化，使之形成直径为微米级的气溶胶。

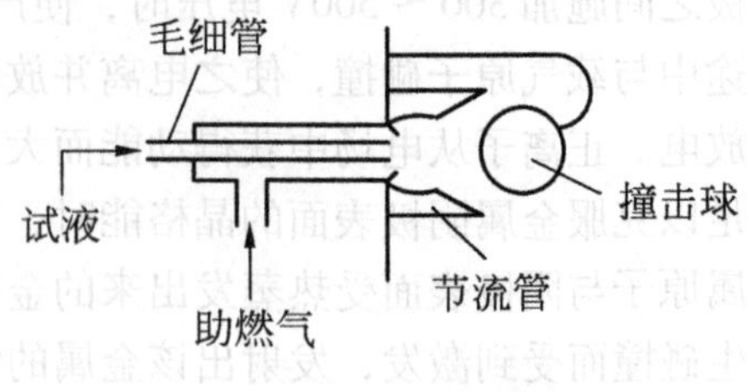

图4-9 雾化器

雾化器的性能对原子吸收光谱法分析的精度和灵敏度都有显著的影响。雾粒越细、越多，雾化效率越高，在火焰中生成的基态自由原子越多，测定灵敏度越高。目前普遍采用的是气动同轴型雾化器，雾化率可达10%左右。图4-9是雾化器的示意图。根据伯努里原理，在毛细管外壁与喷嘴口构成的环形间隙中，由于高压助燃气（空气、氧气等）以高速通过，造成负压区，将试液从毛细管吸入，并被高速气流分散成细小雾滴，喷出的雾滴猛烈地冲击在撞击球上，进一步破碎成直径约10 μm的气溶胶。对雾化器的要求是雾化效率高，喷雾稳定，雾粒细小而均匀。

（2）混合室。混合室又称雾化室，其作用是使燃气、助燃气以及气溶胶在混合室中充分混合均匀，以减少它们进入火焰时对火焰的扰动；并利用扰流器进一步细化雾滴，让较大的气溶胶在室内凝聚为大的液滴，并从泄液管中排走，使得进入火焰的气溶胶更为均匀。

（3）燃烧器。燃烧器又称燃烧头，可燃气体、助燃气体及雾状试样溶液的混合物由此喷出，燃烧形成火焰。燃烧器的作用是支持火焰并通过火焰的作用使试样原子化。被雾化的试液进入燃烧器后，在火焰中经过蒸发、干燥、熔化、离解、激发等过程，将被测元素原子化，与此同时，还产生离子、分子和激发态原子等。燃烧器的缝口一般都为长缝式。最常用的燃烧器是单缝燃烧器，如图4－10所示，此外，还有三缝燃烧器及多孔燃烧器。通常，燃烧器应满足原子化程度高、火焰稳定、吸收光程长、噪声小、记忆效应小等要求。

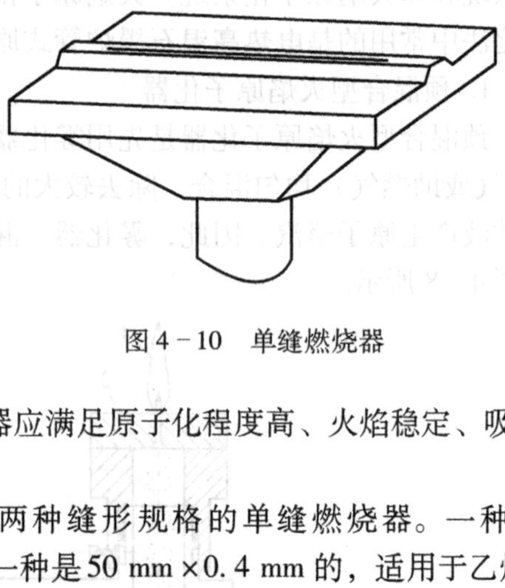

图4－10 单缝燃烧器

为适应不同组成的火焰，一般仪器均配有两种缝形规格的单缝燃烧器。一种是100 mm×0.5 mm的，适用于乙炔-空气火焰；另一种是50 mm×0.4 mm的，适用于乙炔-氧化亚氮火焰。前者燃烧速度较缓，火焰稳定，重现性好，噪声低，最高温度可达2500K，能直接测定35种以上元素；其缺点是对易于形成难解离氧化物的元素测定灵敏度偏低，不宜使用，而且在短波范围内对紫外线吸收较强，易使信噪比变低。乙炔-氧化亚氮火焰的优点是温度高，是目前唯一获得广泛应用的高温化学火焰，其温度可达3000K，能用于乙炔-空气火焰不能分析的难解离元素（如Al、B、Be、Ti、V、W、Si等）的测定，直接分析的元素可达70多种；其缺点是价格贵，使用不当容易发生爆炸。因此，必须严格遵守有关操作规程，使用专门的燃烧器。

$$2C_2H_2(g) + 5O_2(g) \longrightarrow 4CO_2(g) + 2H_2O(g)$$

反应放热 $Q = 1604$ kJ/mol

表4－1是原子吸收光谱法常用火焰的基本特性。

表4－1　某些预混合型火焰在常压下的燃烧特性

燃　气	助燃气	在室温下的着火极限ν（%）		最高着火温度（K）	最高燃烧速度（cm/s）	最高火焰温度（K）	
		下限	上限			计算值	实验值
氢　气	空　　气	4	75	803	310	2373	2318
	氧　　气	4	94	723	1400	3083	2933
	氧化亚氮				390	2920	2880
乙　炔	空　　气	2.5	80	623	158	2523	2500
	氧　　气	2.0	95	608	1140	3341	3160
	氧化亚氮	2.2	67		160	3152	2990
煤　气	空　　气	9.8	24.8	560	55	2113	1980
	氧　　气	10.0	73.6	450		3073	3013

2. 电热高温石墨炉管式原子化器

火焰原子化的主要缺点是原子化效率低，由于试样被气体极大地稀释，所以灵敏度也较低。采用非火焰原子化系统的目的主要是为了提高原子化效率。在多种非火焰原子化装置中，应用最为广泛的是电热高温石墨炉管式原子化器，如图4－11所示。它是由加热电源、保护气控制系统和石墨管状炉组成。石墨管通常外径6 mm，内径4 mm，长30 mm，两端与电极（加热电源）相连，本身作为电阻发热体，通电后（10～15 V，400～600 A）温度可以达到3000 ℃，能提供原子化所需能量。管的一壁上有3个小孔，直径1～2 mm，试样从中央小孔注入。保护气控制系统是控制保护气体的，仪器启动时，保护气Ar气流通，空烧完毕，切断Ar气流。外气路中的Ar气沿石墨管外壁流动，以保护石墨管不被烧蚀，内气路中Ar气从管两端流向管中心，由管中心孔中流出，可以有效地除去在干燥和灰化过程中产生的基体蒸汽，同时保护已原子化的原子不再被氧化。在原子化阶段，停止通气，可以延长原子在吸收区内的平均停留时间，避免稀释原子蒸汽。

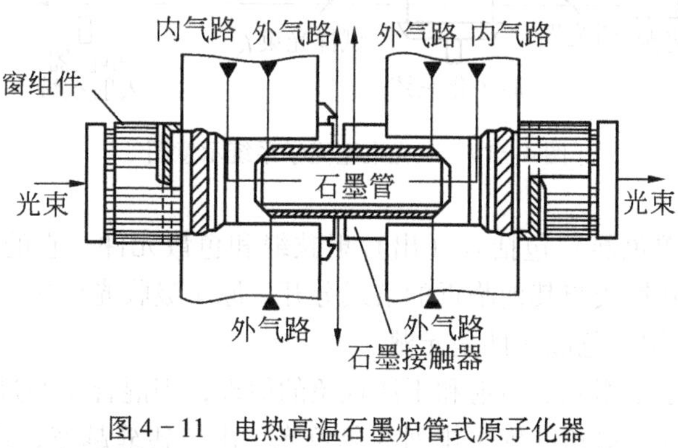

图4－11　电热高温石墨炉管式原子化器

石墨炉原子化过程分为干燥、灰化、原子化、净化（或除残）4个步骤进行（如图4－12所示）。

干燥的目的是在低温下蒸发除去试样的溶剂，温度稍高于溶剂的沸点。灰化的作用是在较高的温度（350 ～1200 ℃）下进一步除去有机物或低沸点无机物，以减少基体组分对被测元素的干扰。然后在原子化温度下，被测化合物离解为气态原子，实现原子化，进行测定。测定完成后将石墨炉加热到更高的温度，进行石墨炉的净化（或除残）。净化的作用是除去石墨管中残留的分析物，消除由此产生的记忆效应。所谓记忆效应是指上次测定的试样残留物对下次测定所产生的影响，例如上次测锌时没有将锌清除干净，有残余的锌留在石墨炉内，下次测定时，这部分锌就会产生干扰。因此，每一个试样测定结束后，都要高温灼烧石墨管，进行高温净化。

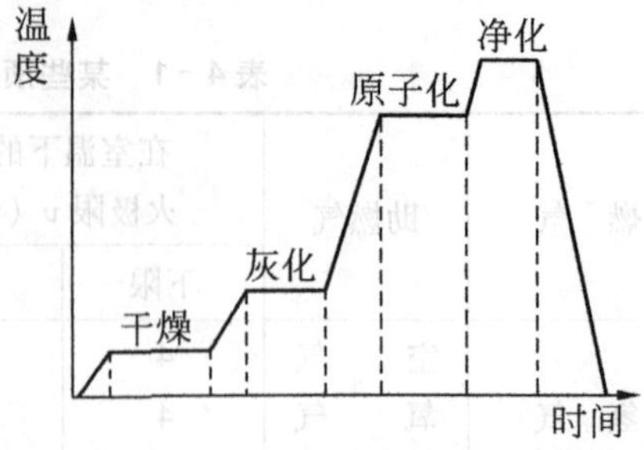

图 4 - 12　石墨炉升温程序示意图

采用石墨炉作为原子化器，可将火焰原子化器中连续进行的脱溶剂、熔融、蒸发、原子化的过程分开，并根据分析的要求，对这些过程进行有效的控制，这是火焰原子化器所难以做到的。

三、光学系统

原子吸收分光光度计的光学系统可分为外光路系统和分光系统两部分。外光路系统使光源发出的复合光依照一定的途径到达分光系统。分光系统则使复合光色散成为单色光。

1. 外光路系统

外光路系统的作用是使光源发出的共振线能够正确地通过原子化区，并投射到单色器上。图 4 - 13 是双光束型仪器的光路图。双光束仪器是为消除光源波动引起的基线漂移而设计的，其原理是将光源发出的光通过半透反射镜分成两束：一束通过原子化器，称为试样光束；另一束不通过原子化器，称为参比光束。斩光器使两光束交替进入单色器，到达检测系统，在测量系统中得到的是两光束的强度比。

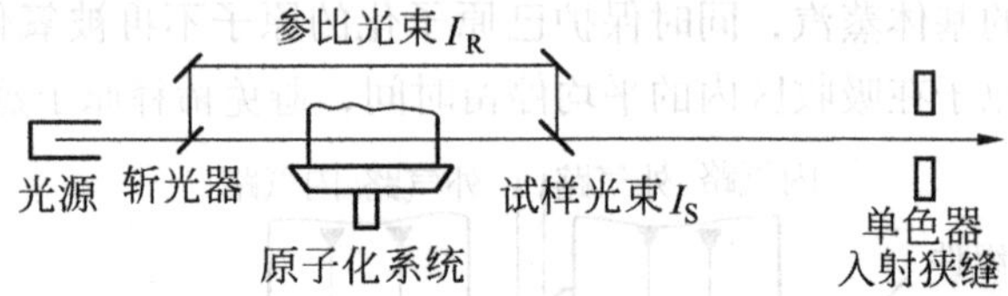

图 4 - 13　双光束型光学系统示意图

2. 分光系统

分光系统（简称单色器）包括入（出）射狭缝和色散元件。它的作用是将空心阴极灯发射的待测元素的共振线与其他临近的谱线分开。原子吸收光谱法使用的波长范围一般是紫外-可见光区，常用的色散元件是光栅。

光栅的分光作用是依据光的衍射和干涉现象的原理，当混合光经过光栅后，即可按波长的不同分成具有不同衍射角的依次排列的单色光。出口狭缝越宽，透射光的强度越大，但同时透射光的波长范围也会变宽，容易受到临近谱线的干扰；而狭缝越窄，越容易避免临近谱线的干扰，但出射光的强度变小，容易造成测量困难。因此，原子吸收分光光度计必须根据测定的要求，适当选择光栅角度和出射狭缝的宽度。当共振线与干扰谱线间距离较小时，采用较小的狭缝宽度，有助于分开波长相近的干扰谱线。例如，过渡元素、稀土元素的光谱很复杂，应选用较小的狭缝宽度；而碱金属元素、碱土金属元素的光谱很简单、背景干扰小，可选用较大的狭缝宽度。

四、检测系统

检测系统包括光电倍增管、放大器和读数系统。

1. 光电倍增管

光电倍增管具有很高的光电转换效率和较高的光谱灵敏度，因此大多数的原子吸收分光光度计都使用光电倍增管作为检测器。

光电倍增管的基本原理是基于光电效应，把光能转换为电能。其工作原理如图 4－14 所示。光电倍增管是利用二次电子发射放大光电流的一种真空光敏器件，由一个光电发射阴极、一个阳极以及若干级倍增极所组成。

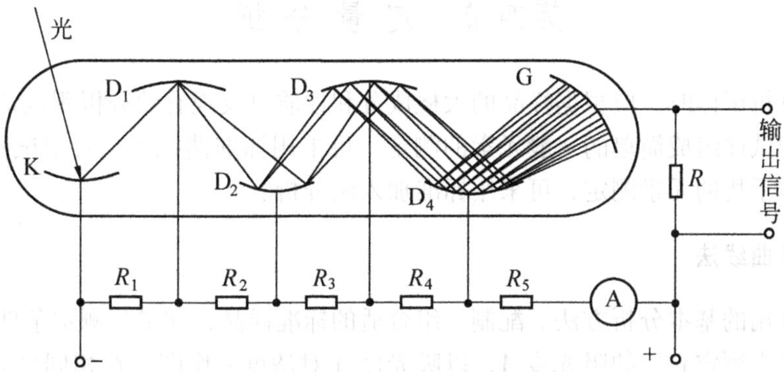

图 4－14　光电倍增管原理示意图

K—光阴极；D_1 ～ D_4—倍增极；A—电流计；R_1 ～ R_5—电阻；G—阳极

当光阴极 K 受到光子撞击时，发出光电子，后者再撞击倍增极 D_1，产生多个次级电子，这些电子再与下一级倍增极 D_2、D_3、D_4……撞击，电子数依次倍增，经过 9 ～ 16 级倍增极，放大倍数可达到 10^6，最高可达 10^9。最后测量的阳极电流与入射光强度及光电倍增管的增益成正比。通过测量电流的大小或者电位降的大小来测量入射光的强度。

光电倍增管的重要特性之一，是它的光谱灵敏度，表示对不同波长的光的响应特性和能应用的波长范围，主要取决于光阴极材料。

光电倍增管的其他重要参数有阳极积分灵敏度、量子效率、放大倍数、暗电流、光电特性等。阳极积分灵敏度是指阳极输出电流与投射于光阴极、温度为 2 854K 的白炽钨丝所发出的复合白光光通量之比，该灵敏度取决于光阴极和工作电压，阴极的老化、疲劳效应都会使灵敏度下降。量子效率是指阴极发出的光电子数与入射在阴极上的光量子数之比。放大倍数是指在一定光波照射下，阳极电流比阴极电流放大的倍数。暗电流是指无光落在阴极上时光电倍增管输出的电流，产生暗电流的原因主要是热发射、场致发射和漏电流。光电特性是指阳极电流和光阴极接受的光通量之间的关系。光通量在 10^{-12} ～ 10^{-4}lm 范围内，光电特性为直线。

2. 放大器

放大器的作用是将分析信号选择性放大，通常是采用同步检测放大器。放大器可以有效地调节噪音通频带的宽度，便于改善信噪比，并能有效地将分析信号与各种干扰相分离。同时，利用这一部分的电路系统将背景吸收信号扣除，消除背景吸收的干扰。

3. 读数系统

常用的读数系统有记录仪、示波器和数据台读数系统等。其作用在于将检测器受光照时所产生的光电流以电流形式、电位形式或者经过数据库处理后直接输出数据。

读数系统的响应速度通常以时间常数作为参数，时间常数（即读取两次信号之间的间隔时间，此间隔时间必须足够短以保证测量期间所出现的信号都不至于漏检）要根据测定信号的变化情况来选取。例如，为了适应测定石墨炉法快速变化的信号，读数系统的时间常数应选择较小。

目前，商品仪器的读数系统一般都有数据处理系统，包括校正曲线的计算，吸收信号的显示、记录，分析结果的打印等，大大方便了操作。

第四节　定量分析

当接到分析试样时，应根据样品的大概成分和性质以及现有的分析测试条件，确定分析方法。对于试样组成简单的一般元素的测定，可采用标准曲线法；对于试样组成复杂，可能存在基体干扰的元素测定，可采用标准加入法分析。

一、标准曲线法

这是最常用的基本分析方法。配制一组合适的标准样品，在最佳测定条件下，由低浓度到高浓度依次测定它们的吸光度 A，以吸光度 A 对浓度 c 作图。在相同的测定条件下，测定未知样品的吸光度，从 $A-c$ 标准曲线上用内插法求出未知样品中被测元素的浓度。

例如某样品中铜含量的测定，称取样品 0. 9986 g，经化学处理后，移入 250 mL 容量瓶中，以蒸馏水稀释至刻度，摇匀。喷入火焰，测出其吸光度为 0. 320，求该样品中铜的质量分数。

设图 4 - 15 为用标准铜溶液绘制的标准曲线图，在图上可查出当 $A = 0.320$ 时，$c = 6.2\ \mu g/mL$，即所测样品液中铜的浓度。则样品中铜的质量分数为

$$w_{Cu} = \frac{c \times V(\text{试样体积})}{G(\text{样品质量})} \times 100\ \%$$

$$= \frac{6.2\ \mu g/mL \times 250\ mL}{0.9986\ g} \times 100\ \%$$

$$= 0.16\ \%$$

标准曲线法仅适用于样品组成简单或共存元素没有干扰的试样。可用于同类大批量样品的分析，具有简单、快速的特点。这种方法的主要缺点是基体影响较大。为保证测定的准确度，使用标准曲线法时应当注意以下几点。

（1）所配制的标准系列的浓度，应在吸光度与浓度成直线关系的范围内，其吸光度值应在 0. 2～0. 8 之间，以减小读数误差。

（2）标准系列的基体组成，与待测试液应当尽可能一致，以减少因基体不同而产生的误差。

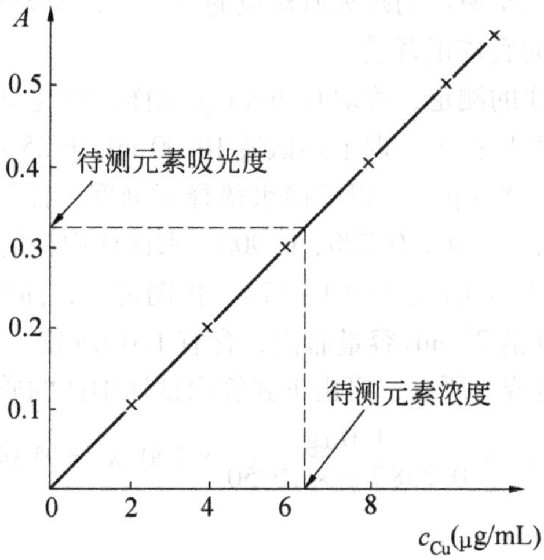

图 4－15　铜溶液的标准曲线图

（3）在整个测定过程中，操作条件应当保持不变。

（4）每次测定都应同时绘制工作曲线。

二、标准加入法

当无法配制组成匹配的标准样品时，则应该选择标准加入法。标准加入法是用于消除基体干扰的测定方法，适用于数目不多的样品的分析。分取几份等量的被测试样，其中一份不加入被测元素，其余各份试样中分别加入不同已知量 c_1，c_2，c_3，…，c_n 的被测元素，然后，在标准测定条件下分别测定它们的吸光度 A，绘制吸光度 A 对被测元素加入量 c_i 的曲线。见图 4－16。

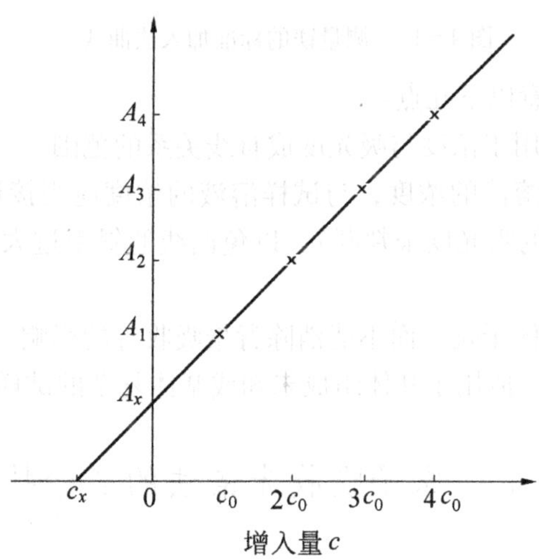

图 4－16　标准加入法曲线

如果被测试样中不含被测元素，在正确校正背景之后，曲线应通过原点；如果曲线不通过原点，说明含有被测元素，截距所对应的吸光度就是被测元素所引起的效应。外延曲线与横坐标轴相交，交点至原点的距离所对应的浓度 c_x，即为所求的被测元素的含量。使用标准加入法，一定要彻底校正背景。

例如，合金中微量镁的测定，称取0.2687 g试样，经化学处理后移入50 mL容量瓶中，以蒸馏水稀释至刻度后摇匀。取上述试液10.00 mL于25 mL容量瓶中（共取5份），分别加入镁0，2，4，6，8（μg），以蒸馏水稀释至刻度，摇匀。测出上述各溶液的吸光度依次为0.100，0.300，0.500，0.700，0.900。求试样中镁的质量分数。

根据已知数据绘制 $A-c$ 曲线（图4－17）。由图可见，曲线与横坐标交点到原点的距离为1.0，即未加标准镁的25 mL容量瓶内，含有1.0 μg镁。这1.0 μg镁只能来源于所加入的10.00 mL试样溶液。所以，可由下式算出试样中镁的质量分数：

$$w_{Mg}=\frac{1.0\mu g}{0.2687\ g\times 10/50}\times 100\ \% = 0.002\%$$

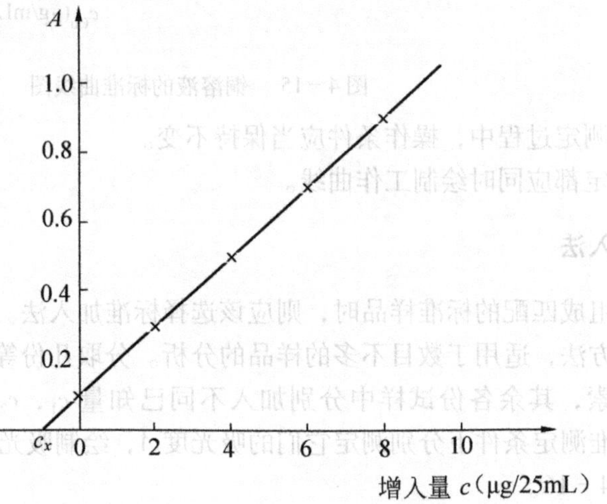

图4－17　测量镁的标准加入法曲线

使用标准加入法应注意以下几点：

（1）标准加入法只适用于浓度与吸光度成直线关系的范围。

（2）加入第一份标准溶液的浓度，与试样溶液的浓度应当接近（可通过试喷样品溶液和标准溶液，比较两者的吸光度来判断），以免曲线的斜率过大、过小，给测定结果引进较大的误差。

（3）该法只能消除基体干扰，而不能消除背景吸收等的影响。

标准加入法比较麻烦，适用于基体组成未知或基体复杂的试样的分析。

第五节　原子吸收光谱法的实验技术

一、测定条件的选择

1. 分析线

原子吸收光谱法通常用于低含量的元素分析，因此，一般选择最灵敏的共振吸收线，测定高含量的元素时，为了避免试样溶液过度稀释和减少污染等问题，则选用次灵敏线。例如，测定高浓度的钠，不选用最灵敏的吸收线 Na589.0 nm，而选用次灵敏吸收线 Na330.2 nm。选择吸收线时，有时还要考虑试样溶液的组分可能带来的干扰。对于结构简单的元素，可供选择的吸收线少，且灵敏度相差悬殊；对于结构复杂的元素，其吸收线较多，可根据要求灵活选择。

选择最适宜的分析线，一般应视具体情况由实验来决定。其方法是：首先扫描空心阴极灯的发射光谱，了解有几条可供选择的谱线，然后喷入适当浓度的标准溶液，观察这些谱线的吸收情况，选用不受干扰而且吸光度适度的谱线为分析线。其中吸光度最大的吸收线是最适宜用于测定微量元素的分析线。表 4-2 所示是一些常用的元素分析线。

表 4-2　原子吸收分光光度法中常用的元素分析线（nm）

元　素	分析线	元　素	分析线
Ag	328.1，338.3	Mn	279.5，403.7
Al	309.3，308.2	Mo	313.3，317.0
As	193.6，197.2	Na	589.0，390.3
Au	242.8，267.6	Nb	334.4，358.0
B	249.7，249.8	Ni	232.0，341.5
Ba	553.6，455.4	Os	290.9，305.9
Be	234.9	Pb	216.7，283.3
Bi	223.1，222.8	Pt	266.0，306.5
Ca	422.7，239.9	Re	346.1，346.5
Cd	228.8，326.1	Sb	217.6，205.8
Ce	520.0，369.7	Sc	331.2，402.0
Co	240.7，242.5	Se	196.1，204.0
Cr	357.8，359.4	Si	251.6，250.7
Cu	324.8，327.4	Sn	224.6，286.3
Fe	248.3，352.3	Sr	460.7，407.8
Ga	287.4，294.4	Ta	271.5，277.6
Ge	265.2，275.5	Te	214.3，225.9
Hf	307.3，266.6	Ti	364.3，337.2
Hg	253.7	U	351.5，358.5
In	303.9，325.6	V	318.4，385.6
K	766.5，769.9	W	255.1，294.7
La	550.1，418.7	Y	410.2，412.8
Li	670.8，323.3	Zn	213.9，307.6
Mg	285.2，279.8	Zr	360.1，301.2

2. 空心阴极灯的工作电流

空心阴极灯一般需要预热 10～30 min 才能达到稳定输出。空心阴极灯的发射特性依赖于灯电流。因此，在原子吸收分析中，为了得到较高的灵敏度和精度，就要适当选择空心阴极灯的工作电流。

每只阴极灯允许使用的最大工作电流与建议使用的适宜工作电流都标示在灯上，对大多数元素而言，选用的灯电流是其额定电流的40%～60%。在这样的灯电流下，既能达到高的灵敏度，又能保证测定结果的精度。

3. 狭缝宽度

狭缝宽度影响光谱通带宽度与检测器接受的能量。通带宽，光强度大，信噪比高，灵敏度较低，标准曲线容易弯曲；通带窄，光强度弱，信噪比低，灵敏度高，标准曲线的线性好。一般地，当光源辐射较弱，或者共振吸收线强度较弱，则应选择宽的狭缝宽度；当火焰的连续背景发射较强，或在吸收线附近有干扰谱线存在时，则应选择较窄的狭缝宽度。合适的狭缝宽度可用实验方法确定：将试样溶液喷入火焰中，调节狭缝宽度，测定不同狭缝宽度的吸光度。当有其他的谱线或非吸收光进入光谱通带内，吸光度将立即减小。不引起吸光度减小的最大狭缝宽度，即为应选取的合适的狭缝宽度。

4. 原子化条件的选择

原子吸收信号大小直接正比于光程中待测元素的原子浓度。因此，原子化条件选择合适与否，对测定的灵敏度和准确度具有关键性的影响。在火焰原子化法中，火焰类型和特性是影响原子化效率的主要因素。对低、中温元素，应使用空气-乙炔火焰；对高温元素，宜采氧化亚氮-乙炔高温火焰；对分析线位于短波区（200nm 以下）的元素，应使用空气-氢火焰。对于确定类型的火焰，一般来说，富燃的火焰是有利的；对氧化物不十分稳定的元素如 Cu、Mg、Fe 等，用中性或贫燃火焰就可以了。调节燃气与助燃气的比例就能够获得所需特性的火焰：中性火焰的燃助比约为 1∶4，贫燃性火焰的燃助比小于 1∶6，富燃性火焰的燃助比大于 1∶3。在火焰区内，自由原子的空间分布是不均匀，且随火焰条件而改变的，因此，应调节燃烧器的高度，以使来自空心阴极灯的光束从自由原子浓度最大的火焰区域通过，以期获得较高的灵敏度。

在石墨炉原子化法中，合理选择干燥、灰化、原子化及净化的温度与时间是十分重要的。干燥应在稍低于溶剂沸点的温度下进行，以防止试液飞溅。灰化的目的是除去基体和局外组分，在保证被测元素没有损失的前提下应尽可能使用较高的灰化温度。原子化温度的选择原则是，选用达到最大吸收信号的最低温度作为原子化温度。原子化时间的选择，应以保证完全原子化为准。原子化阶段停止通保护气，以延长自由原子在石墨炉内的平均停留时间。净化的目的是为了消除溅留物产生的记忆效应，净化温度应高于原子化温度。

5. 进样量

进样量过小，吸收信号弱，不便于测量；进样量过大，在火焰原子化法中，对火焰产生冷却效应，在石墨炉原子化法中，会增加净化的困难。在实际工作中，应测定吸光度随进样量的变化，达到最大吸光度的进样量，即为应选择的进样量。

二、干扰效应及其消除方法

原子吸收光谱分析中，总的来说干扰是比较小的。这是由方法本身的特点所决定的。由于该方法采用了锐线光源，并应用共振吸收线，因此共存元素的相互干扰很小，一般不用经过分离就可以测定，这是原子吸收光谱分析的优势所在。该方法的干扰主要产生于试样转化为基态原子的过程，按干扰的性质和产生原因，大致可以分为4类：物理干扰、化学干扰、电离干扰、光谱干扰和背景干扰。在实验过程中，要尽量消除各种可能产生的干扰效应。

1. 物理干扰

物理干扰是指试样在转移、蒸发和原子化过程中，由于试样任何物理特性（如溶质或溶剂的粘度、表面张力、溶剂的挥发性、密度等）的变化，使雾化效率、待测元素导入火焰的速度、溶质蒸发或溶剂挥发等过程发生变化而引起的原子吸收强度下降的效应。物理干扰是非选择性干扰，对试样各元素的影响基本上是相似的，因此物理干扰也称为基体效应。

一般来说，浓度高的盐类或酸的粘度较大，使得喷雾速率或雾化效率降低，导致火焰中的基态原子数减少，从而引起吸光度降低。对于这种干扰，可用标准加入法（配制与被测试样相似组成的标准样品）来抵消基体的影响。此外，在试液中加入某些有机溶剂，可以改变试液的粘度和表面张力等物理性质，提高喷雾速率和雾化效率以及待测元素在火焰中离解成基态原子的速度，增加基态原子在火焰中的停留时间，从而提高分析的灵敏度。另一方面，有机溶剂的加入往往会增加火焰的还原性，从而促使难挥发、难熔化合物解离为基态原子。

2. 化学干扰

化学干扰是指试样溶液转化为自由基态原子的过程中，待测元素与其他组分之间的化学作用而引起的干扰效应，主要影响元素化合物离解及其原子化。化学干扰是一种选择性干扰，它不但取决于待测元素与共存元素的性质，而且还与喷雾器、燃烧器、火焰类型、火焰状态等因素密切相关。例如，磷酸根对钙的干扰，硅、钛形成难解离的氧化物，钨、硼、稀土元素等生成难解离的碳化物，从而使有关元素不能有效原子化，都是化学干扰的例子。

消除化学干扰的方法有：化学分离、使用高温火焰、加入释放剂和保护剂、使用基体改进剂等。例如，磷酸根在高温火焰中就不会干扰钙的测定，加入锶、镧或EDTA等都可消除磷酸根对测定钙的干扰。在石墨炉原子吸收法中，加入基体改进剂，提高被测物质的稳定性或降低被测元素的原子化温度以消除干扰。例如，汞极易挥发，加入硫化物生成稳定性较高的硫化汞，灰化温度可提高到300 ℃；测定海水中Cu、Fe、Mn、As，加入NH_4NO_3，使NaCl转化为NH_4Cl，在原子化之前低于500℃的灰化阶段除去。

3. 电离干扰

在高温下原子电离，使基态原子的浓度减少，引起原子吸收信号降低，此种干扰称为电离干扰。电离效应随温度升高、电离平衡常数增大而增大，随被测元素浓度增高而减小。电离电位在6 eV或6 eV以下的元素，都可能在火焰中发生电离，这种现象对于碱金属和碱土金属特别显著。

为了克服电离干扰，一方面可适当控制火焰温度；另一方面可加入一定量的消电离剂，消电离剂是一些具有较低电离电位的元素，如：钠、钾、铯等。这些易电离的元素，在火焰中强烈电离，产生大量的自由电子，从而使被测元素的电离平衡移向基态原子形成的一边，达到抑制和消除电离效应的目的。消电离剂的电离电位越低，消除电离干扰的效果就越明显。

4. 光谱干扰和背景干扰

光谱干扰是指与光谱发射和吸收有关的干扰效应。在原子吸收光谱分析中，光谱干扰主要与原子吸收分析仪器的分辨率和光源有关，有时也受共存元素的影响。光谱干扰包括谱线重叠、光谱通带内存在非吸收线、原子化池内的直流发射、分子吸收、光散射等。当采用锐线光源和交流调制技术时，前3种因素一般可以不予考虑，主要考虑分子吸收和光散射的影响，它们是形成光谱背景的主要因素，因此也称为背景干扰。背景干扰的结果使吸收值增高，产生正误差。

分子吸收干扰是指在原子化过程中生成的气体分子、氧化物、氢氧化物及盐类分子等对光吸收而引起的干扰。分子吸收是一种宽带吸收，属选择性干扰，不同的化合物有不同的吸收波长。光散射是指在原子化过程中产生的固体微粒对光产生散射，使被散射的光偏离光路而不为检测器所检测，导致吸光度值偏高。

消除背景吸收，最简单的方法是配制一种组成与试样溶液完全相同，只是不含待测元素的空白溶液，以此溶液调零即可消除背景吸收。近年来许多仪器都带有氘灯自动扣除背景的校正装置，能自动扣除背景，比较方便可靠。因为氘（或氢）灯发射的是连续光谱，而吸收线是锐线，所以基态原子对连续光谱的吸收是很小的（即使是浓溶液，吸收也小于1%）。而当空心阴极灯发射的共振线通过原子蒸汽时，则基态原子和背景对它都产生吸收。用一个旋转的扇形反射镜将两种光交替地通过火焰进入检测器，当共振线通过火焰时，测出的吸光度是基态原子和背景吸收的总吸光度；当氘灯光通过火焰时，测出的吸光度只是背景吸收（基态原子的吸收可忽略不计），两次测定值之差，即为待测元素的真实吸光度。

思考题与习题

1. 什么是原子吸收光谱分析？其主要特点是什么？
2. 在原子吸收光谱分析中主要有哪些影响谱线变宽的因素？
3. 原子吸收光谱中定量分析主要有哪几种方法，它们各适用于什么情况？
4. 原子吸收分光光度计主要由哪几部分组成？各部分的作用是什么？
5. 试讲述空心阴极灯的结构特点和工作原理。
6. 如何抑制原子吸收分析中可能会出现的各种干扰？
7. 试比较火焰原子化法和石墨炉原子化法的优缺点。
8. 在原子吸收分析中如何选择合适的分析线？
9. 使用原子吸收分析测定血浆中锂的含量，采用标准加入法。将3份0.50 mL血浆分别加至10.00 mL的水中，然后再加入0.050 mol/L LiCl标准溶液，在原子吸收分光光度计上测得吸光度如下表所示，试计算此血浆中锂的浓度。

血浆编号（各10.00 mL）	加入LiCl标准溶液（0.050 mol/L）的体积（μL）	吸光度
1	0	0.120
2	10.0	0.220
3	20.0	0.340

实验五　原子吸收光谱法测水样中的铜

一、实验要求

1. 了解原子吸收光度法操作条件的选择；
2. 掌握标准加入法的实际应用；
3. 熟悉原子吸收分光光度计的使用方法。

二、基本原理

标准加入法是取若干份（不少于4份）待测试液（浓度为c_x），依次加入浓度为0，c_s，$2c_s$，$3c_s$，…的标准溶液（$c_s \approx c_x$），稀释到一定体积，在相同的条件下各自测得吸光度为A_x，A_1，A_2，A_3，…，以加入的待测元素标准溶液浓度为横坐标，对应的吸光度为纵坐标，绘制$A-c$曲线，延长曲线与横坐标相交，此点与原点之间的距离在横坐标上对应的浓度，即为试样中待测元素的浓度c_x（见图4－18）。

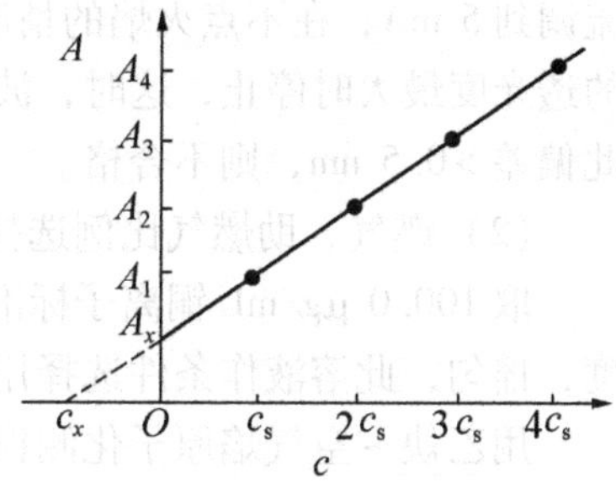

图4－18　标准加入法曲线

在原子吸收光度法中，分析灵敏度和准确度的高低，以及干扰能否有效减除，在很大程度上取决于仪器及测量条件的选择，需要选择的测量条件通常包括：吸收线波长、空心阴极灯工作电流、火焰类型及条件、燃烧器高度（火焰位置）、单色器狭缝宽度等。

三、仪器与试剂

1. 仪器

WFX－1D型原子吸收分光光度计；铜空心阴极灯；50 mL容量瓶；2 mL吸量管；25 mL移液管。

2. 试剂

1∶200稀硝酸；1∶100稀硝酸。

6 mol/L硝酸：量取38 mL硝酸，加水稀释至100 mL。

100.0 μg/mL铜离子标准溶液（或称铜标准溶液）：准确称取1.000g金属铜（99.99%），加入6 mol/L硝酸溶解，总量不超过37 mL，移入1 L容量瓶，加水稀释至刻度，摇匀。

吸取50.00 mL铜标准溶液至500 mL容量瓶，用1∶200硝酸稀释至刻度。

四、实验步骤

1. 操作条件的选择（演示操作）

（1）波长选择。

本实验可根据铜样浓度范围参照下表选择。

谱线 A（nm）	灵敏度（μg/mL）/1%	最佳测量质量浓度范围（μg/mL）
324.8（最灵敏线）	0.1	2～20
327.4	0.2	4～40
217.9	0.4	8～80
216.5	0.7	15～150
⋮	⋮	⋮

例如铜离子质量浓度处于 2～20 μg/mL 范围，测定采用 324.8 nm 的最灵敏线，即共振线。波长的选择操作就是将仪器波长调在新选的波长处。但仪器的波长读数显示值与仪器单色器获得值之间往往有一偏差，可通过这样的方法来检查：将铜空心阴极灯开启，电流调到 5 mA，在不点火焰的情况下，在 324.8 nm 左右缓慢旋动波长鼓轮，观察仪表指示的透光度最大时停止，这时，波长读数与 324.8 nm 的偏差，就是仪器波长示值偏差。若此偏差 >0.5 nm，则不合格。

（2）燃气、助燃气比例选择。

取 100.0 μg/mL 铜离子标准溶液 5.00 mL 至 50 mL 容量瓶中，用去离子水稀释至刻度，摇匀，此溶液作条件选择用。

用乙炔－空气焰原子化测铜，测定时先调好空气压力和流量，使雾化效率最高（溶液的提升量与废液排出量之比最大）。然后固定乙炔压力（4.9×10^4～9.8×10^4Pa），调节乙炔流量使火焰刚能点着，然后增加乙炔流量，测定不同流量下铜离子标准溶液的吸光度（每次改变流量后，都要用去离子水调节吸光度“零”点）。经过若干次测定，从记录中选出稳定性好，灵敏度又高的燃气、助燃气比例，将此时的空气－乙炔压力和流量作为测定操作条件。

（3）灯电流的选择。

在灯的额定电流范围内改变灯电流取值，以不同的灯电流测定相应的吸光度。测定时用去离子水和标准铜离子溶液分别喷雾，每测一个数值后，仪器都须用去离子水为空白液重新调节吸光度“零”点。绘制吸光度－灯电流曲线，确定适宜的灯电流。选择原则是：在能保证吸光度稳定，又有一定光强输出的情况下，灯电流尽可能小。

（4）燃烧器高度的选择。

用铜离子标准溶液喷雾，缓慢上下移动燃烧器高度，以调节火焰高度，同时记录不同燃烧器高度下测得的吸光度值，绘制吸光度－燃烧器高度曲线，从中找出灵敏度高、稳定性又较好的高度位置。

（5）狭缝宽度的选择。

在上述最佳空气和乙炔压力、流量及燃烧器高度条件下，使用不同狭缝宽度测定标准铜离子溶液吸光度，以测得最大吸光度时的狭缝宽度为选定值。

2. 标准加入法测水样中铜

（1）按上面选得的最佳操作条件调好仪器后，喷雾铜离子标准溶液（或适当稀释后的标准溶液），读取吸光度值，用去离子水喷雾洗涤至空白后，喷雾试样溶液，在不考虑干扰的影响下，可粗略估计铜离子质量浓度。

（2）配制标准加入法溶液。按下表中数据吸取溶液于 50 mL 容量瓶中，“0 ”号容量瓶用 1∶100 硝酸稀释至刻度；第“1”至第“4”号容量瓶用 1∶200 硝酸稀释至刻度。

（3）以去离子水为参比溶液，分别测定上述 5 份溶液的吸光度值。

五、数据记录与处理

1. 数据记录

日期________________；温度__________℃；

仪器名称及型号_____________________；分析线__________nm。

容量瓶编号	0	1	2	3	4
水样体积（mL）	25.00	25.00	25.00	25.00	25.00
100.0 μg/mL 铜离子标准溶液加入量（mL）	0.00	0.50	1.00	1.50	2.00
增加的标准铜离子质量浓度（μg/mL）	0.00	1.00	2.00	3.00	4.00
铜离子的总质量浓度（μg/mL）	$c_x+0.00$	$c_x+1.00$	$c_x+2.00$	$c_x+3.00$	$c_x+4.00$
铜离子的吸光度 A					

注：c_x 是 25.00 mL 水样稀释至 50.00 mL 后铜离子的质量浓度。

2. 数据处理

（1）在直角坐标纸上以吸光度为 A 纵坐标，增加的标准铜离子质量浓度（μg/mL）为横坐标，绘制铜离子的标准加入法曲线，往左外推曲线与横坐标相交，由交点到原点的距离即为“0 ”号容量瓶的铜离子质量浓度 c_x（μg/mL）。

（2）计算水样的铜离子质量浓度（μg/mL）。

$$\text{水样的铜离子质量浓度}(\mu g/mL)=\frac{c_x(\mu g/mL)\times 50.00(mL)}{25.00(mL)}$$

六、注意事项

（1）测定范围应在直线范围内，所得直线不直不能延长。

（2）加入的标准浓度要适当，否则，直线的斜率过大过小均会引入误差。

（3）本标准加入法溶液配制量是以水样中铜离子质量浓度约 1 μg/mL 设定的，仅供参考，须根据水样中铜离子的估计浓度和 $c_x\approx c_s$ 的原则自行设定。

七、思考题

1. 试讨论原子吸收光度分析中标准加入法的特点、适用范围和保证准确度的条件。

2. 选择最佳操作条件是为什么？一般方法怎样？

实验六 原子吸收法测蛋制品中的铅

一、实验要求

1. 了解原子吸收分光光度计的主要结构及使用方法；
2. 掌握标准曲线法定量在原子吸收法中的应用。

二、基本原理

蛋制品经灰化处理后的水溶液直接用原子吸收分光光度法测定铅，灵敏度较低，而采用1%的吡咯烷二硫代甲酸铵与甲基异丁基酮络合萃取法能够达到富集铅，提高灵敏度的目的。样品溶液中铅的浓度与其吸收能量成正比例关系，所以由已知标准铅溶液的浓度与消光值关系，可以求出样品溶液铅的含量。

三、仪器与试剂

1. 仪器

美国热电（Thermo）M6 MK2 AA System 原子吸收光谱仪；

原子吸收光谱仪工作条件：吸收波长 217.0 nm；灯电流 6 mA；通带 0.19 nm；燃烧器高度 2 mm；空气压力 1kg/cm^3；空气流量 9 L/min；乙炔压力 0.5 kg/cm^3；乙炔流量 0.9 L/min。

100 mL 容量瓶；1 mL 吸量管；10 mL 吸量管；250 mL 分液漏斗。

2. 试剂

1:100 盐酸溶液；1%吡咯烷二硫代甲酸铵水溶液；甲基异丁基酮。

1 μg/mL 铅离子标准溶液：准确称取 1g 光谱纯金属铅（准确至 0.000 2g），用 10 mL 浓硝酸加热溶解后，移入 1 L 容量瓶中，用水稀释至刻度，此溶液为每毫升含有 1 mg 铅的标准贮备液。吸取此溶液 1.00 mL，移入 1 L 容量瓶中，用水稀释至刻度，此溶液每毫升相当于含 1μg 铅，用作工作溶液。

四、实验步骤

1. 标准曲线的绘制

吸取 1 μg/mL 的铅离子标准溶液 0.00，2.00，4.00，6.00，8.00，10.00（mL），分别移入 250 mL 分液漏斗中，各加水至总体积 10 mL，再加入 100 mL，以 1:100 盐酸调 pH 值至 1.5～3。加入 1%吡咯烷二硫代甲酸铵 2 mL、甲基异丁基酮 10 mL，振摇 2 min，待分层后取有机相进行喷雾测定，记录各个铅溶液浓度的吸光度，绘制标准曲线。

2. 样品处理

称取样品 5.000 g，经干燥和炭化后，在 550℃ 高温炉中灰化，冷却，取出以 5 mL 1:1 盐酸溶解，移入 100 mL 容量瓶中以水稀释至刻度，摇匀。

3. 样品分析

吸取样品溶液5.00 mL，置于250 mL分液漏斗中，加入100 mL水，以1∶100盐酸调节pH值至1.5～3。加入1%吡咯烷二硫代甲酸铵溶液2 mL、甲基异丁基酮试剂10 mL，振摇2 min，分层后取有机相喷雾测定，记录吸光度读数，从标准曲线中查出铅的含量。

五、数据记录与处理

1. 数据记录

日期__________；温度__________℃；

仪器名称及型号__________________；分析线__________nm。

项　目	铅标准溶液						试液
1μg/mL铅溶液吸取体积（mL）	0.00	2.00	4.00	6.00	8.00	10.00	5.00
铅含量（μg）	0.00	2.00	4.00	6.00	8.00	10.00	c_x
溶液吸光度A							

2. 数据处理

（1）以吸光度A为纵坐标，铅含量（μg）为横坐标，作标准曲线。

（2）通过标准曲线求5.00 mL样品溶液的含铅量c_x，然后求出样品的含铅量（mg/kg）。

$$\text{样品的含铅量(mg/kg)} = \frac{c_x \times \frac{100.0\ \text{mL}}{5.00\ \text{mL}}}{W}$$

式中　W——样品的质量，g。

六、美国热电（Thermo）M6 MK2 AA System原子吸收光谱仪（火焰型）的使用步骤

（1）打开主机电源。

（2）打开计算机电源，启动数据工作软件。

（3）编辑分析方法：

① 概述：选择火焰法；

② 序列：选择元素和测量过程；

③ 光谱仪：选择光谱工作参数；

④ 火焰：选择气体类型、气体流量、燃烧器高度等参数；

⑤ 校正：选择标准样品的分析参数，确定标准曲线形式及标样数和标准样品浓度。

（4）安装元素空心阴极灯并预热15 min以上。

（5）调整光谱仪光路，回到①概述中点确定使方法生效。

（6）开气（空气、乙炔等）、点火。

（7）校正光谱，开始分析过程，执行分析操作。

（8）测定结束后进行结果打印。

（9）分析结束后，燃烧器清洗、空烧，关闭燃气气瓶开关，关闭空气压缩机。

（10）关主机电源、关闭计算机系统。

七、美国热电（Thermo）M6 MK2 AA System 原子吸收光谱仪（石墨炉型）的使用步骤

（1）打开主机电源、石墨炉电源。

（2）打开计算机电源。

（3）打开氩气，调节压力至0.15MPa，开冷却水电源，调节温度至26℃。

（4）启动数据工作软件，定义系统方法。

① 概述：主页选择石墨炉法及有关分析内容；

② 序列：选择元素和测量过程；

③ 光谱仪：选择光谱工作参数；

④ 石墨炉：石墨炉的工作参数；

⑤ 校正：选择标准样品的分析参数，确定标准曲线形式及标样数和标准样品浓度。

（5）安装元素空心阴极灯并预热15 min以上。

（6）调整光谱仪光路，准直、清洗石墨管、校正光路。

（7）开始分析程序，完成任务。

（8）测定结束后进行结果打印。

（9）关石墨炉、关气、关冷却水。

（10）关主机电源、关闭计算机系统。

八、思考题

1. 由于原子吸收分光光度计的不同型号，测定可根据仪器说明书试验以确定测定铅的最佳条件。

2. 为什么原子吸收光度法比紫外－可见光吸收光度法的变化因素多？

第五章　原子发射光谱法

第一节　概　　述

原子发射光谱法是根据待测元素的激发态原子所辐射的特征谱线的波长和强度，对元素进行鉴别和含量测定的分析方法。

一、原子发射光谱法的分类

根据光谱仪器以及接收部件的不同，原子发射光谱法可分为以下几种：

1. 目视火焰光分析法

某些元素的原子或离子在被激发时，会辐射出各种不同颜色的光，例如 Li、Sr、Y 等元素会辐射红色光，Ca、Sc、Nb 等元素会辐射橙色光，Na、CaF_2 等会辐射黄色光，Ba、B、Cr、Mg、Cu 等元素会辐射绿色光，Fe、Ni、W 等元素会辐射蓝色光，K 元素则会辐射紫色光，等等。因此，用眼睛来观察与辨认试样元素被激发时所辐射的焰光颜色及其亮度，就可粗略地估计试样物质的主要成分及其含量的高低。这种发射光谱分析，称为目视火焰光分析法。

2. 火焰光度分析法

以火焰为光源（试液雾化后喷入火焰），以棱镜或滤光片为单色器，以光电池或光电管为检测器（放在屏幕位置），然后测量试样元素的辐射光强度，称为火焰光度分析法。光焰光度分析法只能对碱金属与碱土金属等激发电位和电离电位较低的元素进行定量分析。火焰光度分析法所用的仪器称为火焰光度计，目前被广泛地用于钾、钠等金属的含量测定。

3. 摄谱法

用照相感光板来记录元素的发射光谱图，然后用类似幻灯机的投影仪（又称映谱仪）将发射光谱图中记录下来的谱线放大，并辨认待测元素特征谱线的存在与否，即可进行元素定性分析。如果用类似光电比色计的黑度计（又称测微光度计）测量元素特征谱线的黑度，就可以进行待测元素的定量分析。这种利用照相感光板来摄取试样元素的发射光谱图，从而进行光谱分析的方法，叫做摄谱法。它是目前在教学、科研、生产中应用较广泛的一种发射光谱分析方法。

4. 光电直读法

在接收发射光谱图的屏幕前，装上一些出光狭缝，使某些元素的特征谱线通过，然后在各出光狭缝后面用光电倍增管来检测这些元素特征谱线的强度，从而进行多元素发射光谱定量分析的方法，称为光电直读法。实际应用的直读光谱仪较复杂，往往还配有电子计算机进行数据处理，分析试样时不需要像摄谱法那样进行暗室处理，分析结果可在几分钟内由光电读数系统直接显示出来，因此具有快速、准确等优点。本章主要介绍现代的ICP光电直读法。

二、原子发射光谱法的特点

1. 灵敏度和准确度较高

光谱法的准确度随待测元素的质量分数而改变，待测元素质量分数>1%时，其相对误差一般在5%～20%；待测元素质量分数<1%时，其相对误差一般在5%以内。对于微量或痕量元素进行分析时，其相对误差会更低。如果采用等离子体的新型光源进行分析时，其绝对灵敏度甚至可达到10^{-12}g。

2. 选择性好，分析速度快

只要选择合适的实验条件，无需预先进行化学分离操作，即可对试样同时或连续测定数十个元素。例如，当性质很相似的Zr与Hf、Nb与Ta等元素共存时，用化学分析法很难同时进行分离测定，而用发射光谱分析法就可以比较容易地对这些共存元素不加分离即可分别测定；对于矿石、陶瓷、土壤等难挥发的试样，无需进行溶解等化学处理，即可直接对成批试样中几十种元素进行定性、半定量分析，分析结果还可以长期保存，因此被广泛地应用于地质普查和矿物勘测等领域。

3. 试样用量少，测定元素范围广

在光谱分析时，通常只需几毫克至几十毫克试样，即可进行几十个元素的全分析，如果用激光显微光源时，就可以进行表面、微区、无损分析。发射光谱分析法可以测定七八十种元素（其中包括所有的金属，以及某些谱线处于真空紫外区的C、S、P等非金属）。就无机物的分析而言，它是最好的定性和半定量的分析方法。目前，在地质、冶金、电子工业、化学工业、农业、医学、生物、环保和食品工业等领域得到了广泛的应用。

4. 局限性

（1）样品的组成对分析结果的影响比较显著。因此，进行定量分析时，常常需要配制一套与试样组成相仿的标准样品，这就限制了该分析方法的灵敏度、准确度和分析速度等的提高。

（2）发射光谱法，一般只用于元素分析，而不能用来确定元素在样品中存在的化合物状态，更不能用来测定有机化合物的基团；对一些非金属，如S、惰性气体、卤素等元素几乎无法分析。

（3）仪器设备比较复杂、昂贵。

第二节　基 本 原 理

一、原子发射光谱的产生

由于激发态原子或离子一次跃回原来能级的同时向外界辐射能量，可以得到一条波长与辐射能量相对应的发射光谱线；当激发态原子经过一些中间能级，分为几次跃回原来能级时，同时几次辐射能量，因此就相应地得到几条不同波长的发射光谱线。在一般情况下，激发态原子或离子直接跃回原来能级和分几次跃回原来能级的情况都有，所以每种元素都有许多条发射光谱线，这些谱线按波长顺序排列，并保持一定的强度比例，称为谱线组。由于各种元素的原子结构不同，基态原子的能量和能级不同，所以各种元素都有自己的特征谱线组。例如，结构最简单的氢原子，现在已发现的谱线有54条；而结构比较复杂的原子，例如Fe元素，已知它们的谱线就有5000多条。

二、原子发射光谱法的定性与定量基础

虽然每种元素都有许多发射光谱线，但是由于每种元素都有一定的原子结构，在它某些固定波长处会出现特征谱线或特征谱线组，因此只要在某一元素的许多谱线中，观察、辨认它的几条特征谱线的存在与否，就可进行定性分析；由于试样中待测元素浓度越高，其激发态原子的密度也越大，则其辐射出的谱线强度也越强，因此测量待测元素特征谱线的相对强度，即可进行定量分析。

第三节 仪器及其主要部件

原子发射光谱法的分析仪器可以分为两个组成部分：激发光源、光谱仪。

一、激发光源

激发光源的基本功能是提供使试样中被测元素原子化和原子激发所需要的能量。要求激发光源必须满足：灵敏度高，稳定性好，光谱背景小，结构简单，操作安全。常用的激发光源有电弧光源、电火花光源 、ICP光源（电感耦合高频等离子体光源）等。结合发射光谱分析方法的发展新趋势，本章主要介绍ICP光源。

ICP是20世纪60年代出现的一种新型的光谱激发光源。等离子体是一种由自由电子、离子、中性原子与分子所组成的在总体上是中性的气体。

1. ICP的形成和结构

ICP形成的原理，如图5-1所示。

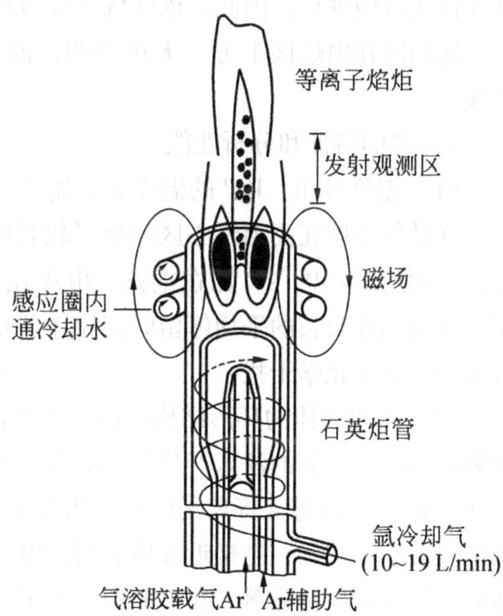

图5-1 ICP形成原理图

ICP装置由高频发生器和感应圈、炬管和供气系统、试样引入系统三部分组成。高频发生器的作用是产生高频磁场以供给等离子体能量。应用最广泛的是利用石英晶体压电效应产生高频振荡的他激式高频发生器，其频率和功率输出稳定性高。频率多用27.12 MHz，最大输出功率通常是2～4 kW。

感应线圈一般为以圆铜管或方铜管绕成的2～5匝水冷线圈。

等离子炬管由三层同心石英管组成。外管

通冷却气 Ar 的目的是使等离子体离开外层石英管内壁，以避免烧毁石英管。采用切向进气，其目的是利用离心作用在炬管中心产生低气压通道，以利于进样。中层石英管出口做成喇叭形，通入 Ar 气起维持等离子体的作用，有时也可以不通 Ar 气。内层石英管内径为 1～2mm，载气载带试样气溶胶由内管注入等离子体内。试样气溶胶由气动雾化器或超声雾化器产生。用 Ar 气作工作气的优点是，Ar 气为单原子惰性气体，不与试样组分形成难解离的稳定化合物，也不会像分子那样因解离而消耗能量，有良好的激发性能，本身的光谱简单。

当有高频电流通过线圈时，产生轴向磁场，这时若用高频点火装置产生火花，形成的载流子（离子与电子）在电磁场作用下，与原子碰撞并使之电离，形成更多的载流子，当载流子多到足以使气体有足够的导电率时，在垂直于磁场方向的截面上就会感生出流经闭合圆形路径的涡流，强大的电流产生高热又将气体加热，瞬间使气体形成最高温度可达 10 000 K 的稳定等离子炬。感应线圈将能量耦合给等离子体，并维持等离子炬。当载气载带试样气溶胶通过等离子体时，被后者加热至 6 000～7 000 K，实现原子化激发，并发射光谱。

ICP 焰明显地分为三个区域：焰心区、内焰区和尾焰区。

焰心区呈白色，不透明，是高频电流形成的涡流区，等离子体主要通过这一区域与高频感应线圈耦合而获得能量。该区温度高达 10 000 K，电子密度很高，离子复合与韧致辐射产生很强的连续背景辐射。试样气溶胶通过这一区域时被预热、挥发溶剂和蒸发溶质，因此，这一区域又称为预热区。

内焰区位于焰心区上方，一般在感应圈以上 10～20 mm，略带淡蓝色，呈半透明状态。温度为 6 000～8 000 K，是分析物原子化、激发、电离与辐射的主要区域。光谱分析就在该区域内进行，因此，该区域又称为测光区。

尾焰区在内焰区上方，无色透明，温度较低，在 6 000 K 以下，只能激发低能级的谱线。

2. ICP 的特性和分析性能

（1）温度分布：ICP 的温度分布如图 5－2 所示。

样品气溶胶在高温焰心区经历了较长时间（约 2×10^{-3}s）的加热，在测光区的平均停留时间约 1×10^{-3}s，比在电弧、电火花光源中平均停留时间（为 10^{-5}～10^{-6}s）长得多。高的温度与长的平均停留时间使样品充分原子化，甚至能破坏解离能较高的分子键，有效地消除了化学干扰。

（2）等离子体的环形结构：由于 ICP 内部受热的高温气体向垂直于等离子体的外表面膨胀，对气溶胶的注入产生斥力，使气溶胶形成泪滴状沿等离子体外表面逸出（参见图 5－3a），不能进入等离子体内。当交流电通过导体时，由于感应作用引起导体截面上的电流分布不均匀，越接近导体表面，电流密度越大，此种现象称为趋肤效应。电流频率越高，趋肤效应越显著。在 ICP 中，由于高频电流的趋肤效应形成环状结构，涡流主要集中在等离子体的表面层内，造成一个环形加热区，其中心是一个温度较低的中心通道，使气溶胶能顺利地进入等离子体内（参见图 5－3b）。经过中心通道进入的气溶胶受到加热而解离与原子化，产生的原子和离子限制在中心通道内不扩散到ICP的周围，避免了形成能产生自吸的冷蒸汽，使工作曲线具有很宽的动态范围，可达到4～6个数量级，既可测定试样中的痕量组分，又可以测定主成分。

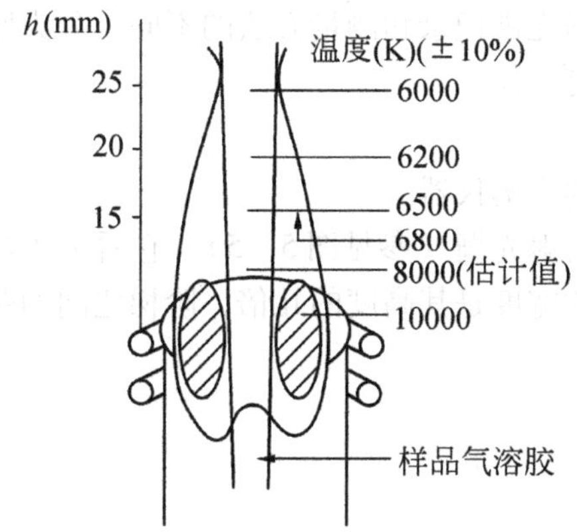

图5－2　ICP的温度分布

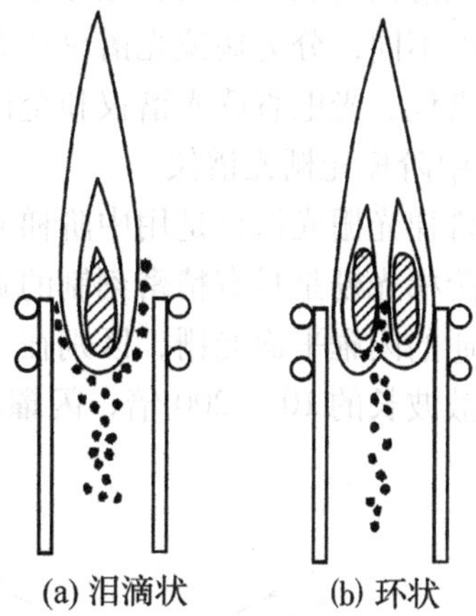

图5－3　不同形状等离子体对进样的影响

（3）谱线与背景强度的空间分布：图5－4是谱线和背景强度的空间分布图，由图可见，在测光区进行分析可以得到很高的信噪比，从而获得很好的检出限。

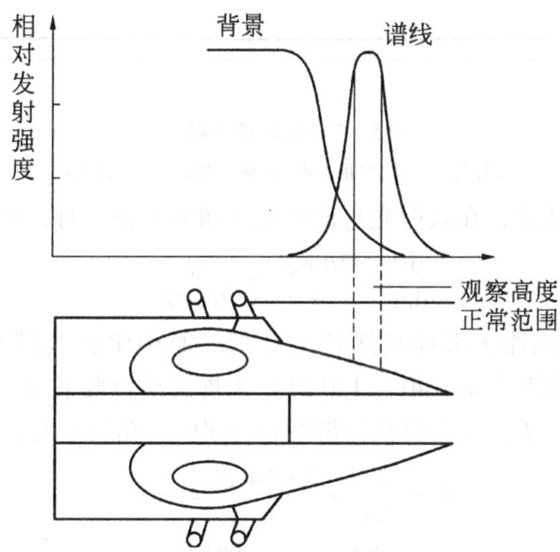

图5－4　ICP光源中谱线和背景强度空间分布示意图

（4）特殊的能量供给方式：ICP通过感应圈以耦合方式从高频发生器获得能量，不需用电极，避免了电极玷污与电极烧损所导致的测光区的变动。经过中心通道的气溶胶借助于对流、传导和辐射而间接地受到加热，试样成分的变化对ICP的影响很小。因此，ICP具有良好的稳定性。

二、光谱仪

光谱仪的作用就是将来自被分析物质发射的光谱按不同的波长分开，然后加以记录或测量。光谱仪由照明系统、准光系统、分光系统和记录测量系统四部分组成。根据使用的色散元件不同，分为棱镜光谱仪和光栅光谱仪。根据光谱记录和测量方法的不同，分为照相式摄谱仪、光电直读光谱仪和全谱直读 ICP 发射光谱仪。

1. 中阶梯光栅光谱仪

中阶梯光栅光谱仪是用中阶梯光栅做色散元件的光谱仪器。

中阶梯光栅是具有精密刻制的宽平刻痕的特殊衍射光栅（参见图 5－5）。它看上去类似于普通的闪耀平面光栅，区别在于光栅每一阶梯的宽度是其高度的几倍，阶梯之间的距离是色散波长的 10～200 倍，闪耀角大。

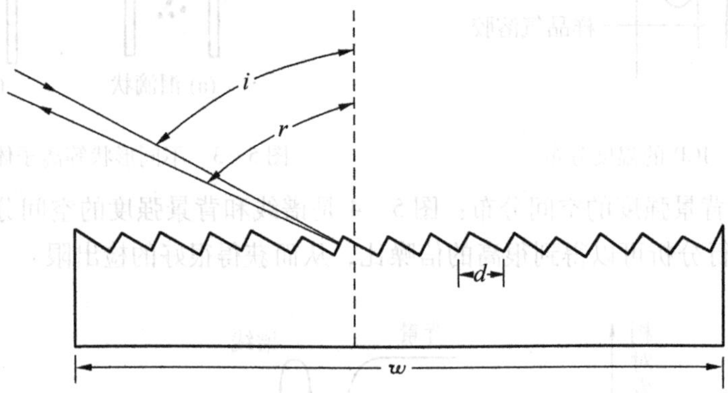

图 5－5　中阶梯光栅

i—入射角；r—衍射角；d—光栅常数；w—光栅宽度

中阶梯光栅的线色散率，在入射光与衍射光之间夹角很小时，可用下式计算：

$$\frac{\mathrm{d}l}{\mathrm{d}\lambda} = \frac{2f\tan\beta}{\lambda} = \frac{mf}{d\cos\beta}$$

普通光栅是靠增大焦距 f 来提高线色散率的，而中阶梯光栅是通过增大闪耀角 β（60°～70°）、利用高光谱级次 m（40～120 级）来提高线色散率的。

中阶梯光栅的分辨率 R，在入射光与衍射光之间的夹角很小时，可用下式计算：

$$R = \frac{\lambda}{\Delta\lambda} = \frac{2Nd\sin\beta}{\lambda} = mN$$

普通光栅是靠增加光栅刻痕数和光栅宽度，即增大 N（光栅刻痕总数）来提高分辨率的，但这往往要受到限制。而中阶梯光栅是通过增大闪耀角 β、光栅常数 d 和光谱级次 m 来提高分辨率的。

中阶梯光栅的集光本领，因使用高级次光谱，要求在任一级色散辐射时，光栅角度变化相当小，所有波长都在或接近在最合适的闪耀角测量，而且物镜焦距短，因而获得最大的光能量。

因为利用高级次光谱，光谱级的重叠现象十分严重。为了解决这一问题，采用了二维色散技术（参见图 5－6）。用一个低色散光栅或棱镜在垂直于中阶梯方向先将各级次光谱

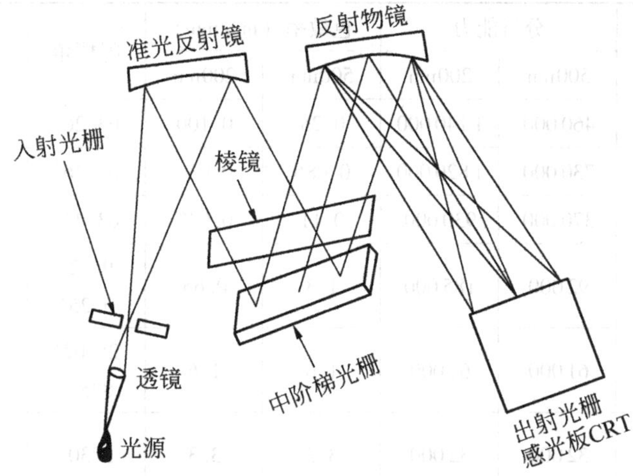

图 5－6　中阶梯光栅光谱仪光路图

色散开，用一个中阶梯光栅在水平方向再将同一级光谱内的各波长辐射色散。因此，中阶梯光栅光谱仪得到的是二维色散的光谱图（参见图 5－7）。水平方向谱带代表光谱级次，自下而上光谱级次增加。同一水平谱带是色散的各波长谱线。若光谱仪采用光电直读方式，则需用两个波长盘：一个用于选择光谱级次；另一个用来选择同一谱级内的波长。

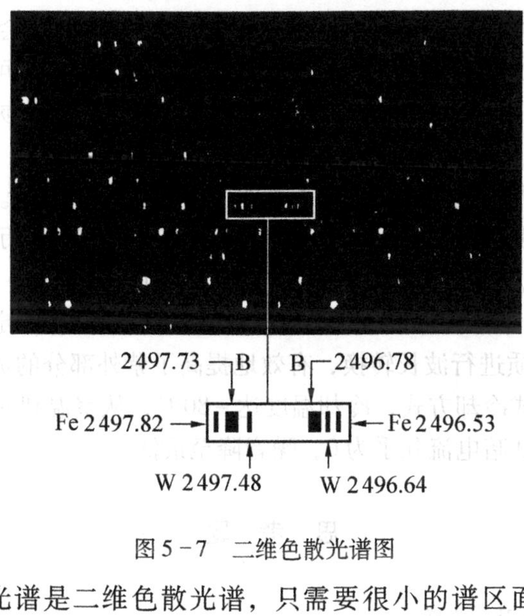

图 5－7　二维色散光谱图

由于中阶梯光栅光谱是二维色散光谱，只需要很小的谱区面积就可以容纳 190 ～ 800 nm全范围的光谱，而普通光栅光谱仪要获得同样范围的光谱则需要 2m 长的谱区。因此，中阶梯光栅仪器结构可以做得很紧凑，利用的光谱区广。

由于中阶梯光栅具有很高的色散率、分辨率和集光本领（参见表 5－1），利用光谱区广，它在降低发射光谱检出限、谱线轮廓测量、多元素同时测定，制造使用连续光源的原子吸收光谱仪器等方面，都是很有用的。

表 5－1　某些中阶梯光栅与普通光栅单色器性能的比较

仪　　器	分辨能力		色散率（nm/mm）		闪耀角	焦距（m）	每毫米光栅刻痕数
	500nm	200nm	500nm	200nm			
Schroder	460 000	1 140 000	0.25	0.100	63°26′	0.4	30
Liller	730 000	1 820 000	0.086	0.034	63°26′	1.2	73
SpectraSpan	370 000	930 000	0.11	0.042	63°47′	0.75	73
Perkin－Elmer 403，303	92 000	185 000	1.3	0.65	9°42′ 5°25′	0.4	2 880 1 440
Jarrell－Ash 82－500	61 000	61 000	1.6	1.6	25°07′ 8°53′	0.5	1 180 1 180
Varian Tcchtron AA—4，AA—5	32 000	32 000	3.3	3.3	5°30′	0.5	638

2. CID 检测器（电荷注入式检测器）

电荷注入式检测器（CID）是美国 TJ A 公司的独家专利的检测器。这种检测器的横竖阵列点阵就是一对硅型金属-金属氧化物半导体（MOS）电容，在 28mm×28mm 的芯片上共有 512×512（262，144）个感光点，独立进行光电测量，而且产生的电荷可以反复地测量和计数。

CID 的读取方式具有随意性和非破坏性两大特性。CID 的每个点阵都可以在电荷积累的同时不经转移进行电荷测量，而且可以多次反复进行，电荷不会漂移或溢出到其他点阵，不会对其他点阵造成干扰。这样电脑可以随时监控积分情况，可扩大测定的动态线性范围，使样品中的主量、次量、微量元素通过选择不同的灵敏、次灵敏、不灵敏线来一次测定。

通过多次反复测量积累的电荷，可降低 CID 检测器的读出噪音。

CID 检测器是原子发射光谱技术的一个巨大的飞跃，它有 26 万个感光点，每一个都相当于一个光电倍增管，这个阵列可将样品中所有元素的所有谱线一根不漏地记录下来为每一个样品留下自己的“指纹”，而且多条分析谱线可以同时进行定量测定。CID 的紫外部分采用无机磷光体物质进行波长转换，有效地提高了紫外部分的灵敏度。

CID 采用循环冰箱式冷却方式，冷却温度达－80℃，从室温到－80℃只需 30 min，在这样的低温状态下，CID 暗电流几乎为 0，噪音降至最低。

思　考　题

1. 元素的发射光谱是怎样产生的？
2. 试讲述 ICP 光源的激发原理和 ICP 火焰的特点。
3. 为什么元素原子会产生能级跃迁？
4. 原子发射光谱分析有几大类别？请分别讲述其特点。

第六章 电位分析法

第一节 概 述

电位分析法是仪器分析方法中历史最悠久并至今仍被广泛使用的方法之一。但在20世纪60年代前，电位分析法主要用于电位滴定和pH值测定。直到20世纪60年代初，离子选择性电极的研制成功，为电位分析法（特别是直接电位法）带来了新的活力，使得电位分析法的应用范围大大扩展，成为仪器分析法中一种重要的分析方法。

电位分析法是通过测定由电极与被测试液组成的化学电池（也称工作电池）的电动势，利用电池电动势与被测离子活度的数量关系，从而测得被测离子的活度。电位分析法分为两大类：直接电位法和电位滴定法。直接电位法是通过直接测定工作电池的电动势来确定待测离子的活度的方法，例如用玻璃电极测定溶液的pH值，用对某种离子有响应的离子选择性电极来测定离子的活度。电位滴定法是向试液中滴加能与被测物质发生化学反应的已知浓度试剂，以电位的变化指示滴定终点。

电位分析法具有以下特点：

（1）灵敏度和准确度高。直接电位法的相对灵敏度可达10^{-6}～10^{-9}级，甚至可达10^{-12}级。因此特别适用于微量和痕量组分的测定。而电位滴定法则适用于常量和半微量组分的分析。

（2）选择性好。利用离子选择性电极对待测离子有一定的选择性，可直接测定一些组成复杂的试样。同时，对颜色较深的样品或混浊液体也可以应用。

（3）仪器设备简单、操作简便、测定快速。由于在测量过程中得到的是电信号，可连续显示和记录，因而易于实现自动化和连续分析。

（4）应用范围广。电位分析法作为一种重要的分析检测手段，已广泛应用于工业、农业、土壤、环境保护、临床医药、生物药学、石油、宇航、地质和食品分析等许多领域。

电位分析法也存在若干不足，例如，离子选择性电极的选择性仍需进一步提高，其测定值的重现性受实验条件的影响较大，因此，离子选择性电极目前仍在迅速发展和研究之中。

第二节 电位分析法的基本原理

能斯特方程式表示了电极电位与溶液中有关离子活度的关系：

$$\varphi = \varphi^{\Theta} + \frac{RT}{nF}\ln\frac{\alpha_{\text{氧化态}}}{\alpha_{\text{还原态}}}$$

式中，φ^{Θ}是相对于标准氢电极的标准电位，R是气体常数8.314J/(K·mol)，T是绝对温度（K），n是反应中电子转移数，F是法拉第常数96 500C/mol，α是反应中氧化态和还原态的活度。将这些常数代入上式中，并将自然对数换算成常用对数，25℃时：

$$\varphi = \varphi^{\ominus} + \frac{0.059}{n}\lg\frac{\alpha_{氧化态}}{\alpha_{还原态}}$$

对金属离子 M^{n+} 来说，还原态是固体金属，它的活度是一常数，均定为1，所以上式可变为下式：

$$\varphi = \varphi^{\ominus} + \frac{0.059}{n}\lg\alpha_{M^{n+}}$$

这是电位分析的理论依据。

在实际工作中，测定的是溶液的浓度，能斯特方程中用的是活度，而活度和浓度的关系为：

$$\alpha = c \cdot \gamma$$

式中，α 是活度，c 是浓度，γ 是活度系数。γ 常小于1；当溶液无限稀释时，离子间的相互作用趋于零，活度也就接近于浓度。

第三节　指示电极与参比电极

在电位分析法中，通常将待测试液作为化学电池的电解质溶液，在试液中插入两支电极，其中一支为指示电极，另一支为参比电极。指示电极与参比电极同时浸入试液中，构成一个原电池，通过测量电池的电动势，可以计算待测离子的浓度。而根据测定电池电动势的变化，可确定滴定终点。

一、指示电极

电位分析中，电极电位随溶液中待测离子活（浓）度的变化而变化，指示待测离子活（浓）度的电极称为指示电极。

指示电极应具有可测定的浓度范围宽、选择性好、灵敏度高、响应速度快等特点。常用的指示电极主要是金属电极和膜电极两大类。指示电极按结构上的差异可分为金属-金属离子电极、金属-金属难溶盐电极、惰性金属电极和离子选择性电极（膜电极）等。

1. 金属-金属离子电极

金属-金属离子电极是由某些金属浸在含有该金属离子的溶液中而组成。其电极电位决定于金属离子的活度，符合能斯特方程：

$$M^{n+} + ne \rightleftharpoons M$$

$$\varphi = \varphi^{\ominus} + \frac{2.303RT}{nF} \cdot \lg\alpha_{M^{n+}}$$

式中 M^{n+} 代表金属离子，M 代表金属，n 代表反应得失电子数。例如，将金属银浸入硝酸银溶液中构成电极反应为：

$$Ag^{+} + e \rightleftharpoons Ag$$

电极电位为：

$$\varphi_{Ag^{+}/Ag} = \varphi^{\ominus}_{Ag^{+}/Ag} + \frac{2.303RT}{F}\lg\alpha_{Ag^{+}}$$

金属指示电极的电极电位随金属离子活度的增加而增加。常用来做电极的金属有 Ag、Zn、Hg、Pb 等。

2. 金属-金属难溶盐电极

该电极由金属表面覆盖一层难溶盐，浸在与其难溶盐有相同阴离子的溶液中组成，它间接地反映能与该金属离子生成难溶盐的阴离子的活度，所以又称阴离子电极。如 Ag－AgCl电极可用来测定 α_{Cl^-}，电极反应为：

$$AgCl + e \rightleftharpoons Ag + Cl^-$$

25℃时电极电位为

$$\varphi = \varphi^{\ominus}_{AgCl/Ag} - 0.059\lg\alpha_{Cl^-}$$

式中 $$\varphi^{\ominus}_{AgCl/Ag} = \varphi^{\ominus}_{Ag^+/Ag} + 0.059\lg K_{sp(AgCl)}$$

3. 惰性金属电极

惰性金属电极一般由惰性金属铂或石墨碳做成棒状或片状，浸入含有均相和可逆的同一元素的两种不同氧化态的离子溶液中组成。惰性金属本身不参加电化学反应。但是能反映出氧化还原反应中氧化态和还原态活度比率的变化。例如，铂电极能反映铁溶液中活度比值 $\alpha_{Fe^{3+}}/\alpha_{Fe^{2+}}$ 的变化，其电极反应为：

$$Fe^{3+} + e \rightleftharpoons Fe^{2+}$$

电极电位为：

$$\varphi_{Fe^{3+}/Fe^{2+}} = \varphi^{\ominus}_{Fe^{3+}/Fe^{2+}} + \frac{2.303RT}{F} \cdot \lg\frac{\alpha_{Fe^{3+}}}{\alpha_{Fe^{2+}}}$$

这类电极常用于氧化还原滴定。

4. 离子选择性电极

离子选择性电极是通过电极上的薄膜对各种离子有选择性的电位响应而作为指示电极的。这类电极以固态或液态膜作为传感器，它能指示溶液中某种离子的活度，膜电位与离子活度的关系符合能斯特方程。但膜电位的产生机理不同于上述各类电极，电极上没有电子的转移，电位的产生是离子交换与扩散的结果。具有代表性的离子选择性电极有玻璃电极，下一节将详细讨论。

二、参比电极

参比电极是测量电极电位的基准，对参比电极的要求是：电位值恒定，不随待测离子活（浓）度的变化而变化。电位值重现性好，装置简便，容易制备，使用寿命长。标准氢电极是最精确的参比电极，是参比电极的一级标准。但是由于氢电极制作麻烦，氢气纯度的净化困难，而且易失效（如中毒等事故），在电化学分析中最常用的参比电极是甘汞电极和银-氯化银电极。甘汞电极由两个 pH 玻璃套管组成；内管中封接一根铂丝，铂丝插入纯汞中，内管下端放置一层甘汞（Hg_2Cl_2）和汞的糊状物；外管中装入氯化钾溶液，电极下端与待测溶液接触部分是用熔结陶瓷芯或玻璃砂芯等多孔物质或毛细管通道，如图 6－1 所示。电极反应是：

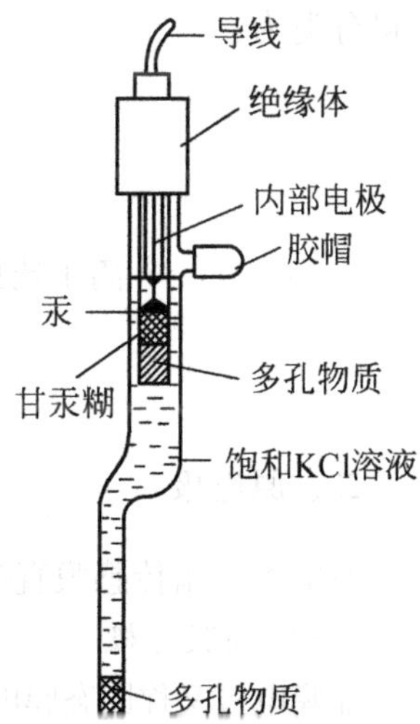

图 6－1　饱和甘汞电极

$$2Hg + 2Cl^- \rightleftharpoons Hg_2Cl_2 + 2e$$

电极电位为：

$$\varphi = \varphi^{\ominus}_{(Hg_2^{2+}-Hg)} + \frac{2.303RT}{2F} \cdot \lg[Hg_2^{2+}]$$

根据 Hg_2Cl_2 的溶度积常数的定义，有

$$[Hg_2{}^{2+}] = K_{sp}/[Cl^-]^2$$

$$\varphi = \varphi^{\ominus}_{(Hg_2^{2+}-Hg)} + \frac{2.303RT}{2F} \cdot \lg K_{sp} - \frac{2.303RT}{F}\lg[Cl^-]$$

所以

$$\varphi = 常数 - \frac{2.303RT}{F} \cdot \lg[Cl^-]$$

上式说明：当温度一定时，甘汞电极的电极电位主要取决于电极内部 KCl 溶液中 Cl^- 离子的活度，而与试液中 H^+ 离子的活度无关。在25℃时，饱和甘汞电极电位（以标准氢电极为标准）为 +0.2438V。在25℃时，不同浓度的 KCl 溶液的电极电位列于表6－1中。

甘汞电极在温度改变时，常显示温度滞后效应，因此使用时应避免温度急剧变化。当温度超过70℃时，甘汞会分解，造成电极电位不稳，这时可用 Ag/AgCl 电极代替。

表6－1　常用参比电极的电极电位（25℃）

KCl 溶液浓度（mol/L）	甘汞电极的电位（V）	Ag/AgCl 电极的电位（V）
0.1000	0.3338	0.2880
1.000	0.2800	0.2223
饱和	0.2438	0.2000

第四节　离子选择性电极

一、离子选择性电极的分类

离子选择性电极种类繁多，但它们的结构基本相同（如图6－2所示）。依据膜的特征可分类为：

- 离子选择性电极
  - 原电极
    - 晶膜电极
      - 均相晶膜电极
      - 非均相晶膜电极
    - 非晶膜电极
      - 硬质电极
      - 活动载体电极
  - 敏化电极
    - 气敏化电极
    - 酶电极

二、原电极

原电极是指传感膜直接与试液接触的离子选择电极。

（一）晶膜电极

晶膜电极又称固态膜电极，它的敏感膜是由导电性的难溶盐晶体经压制而成，是最常用的离子选择性电极。其电极结构主要有：离子接触型和全固态型（如图6－3a和图6－3b所

示）。根据敏感膜的制备方法不同，晶膜电极又分为均相膜电极和非均相膜电极两类。

1. 均相膜电极

均相膜电极可分为单晶膜电极、多晶或混晶膜电极。

均相膜电极敏感膜是由一种或几种电活性物质均匀混合的晶体构成。

单晶膜电极的敏感膜是先将导电性的难溶盐压制成大块单晶，然后切成约 2 mm 的薄片，经抛光后制成。常用的单晶膜电极是氟离子选择性电极，其敏感膜是由 LaF_3 单晶片（掺入微量 EuF_2 或 CaF_2 以增加导电性和缩短电极的响应时间）制成的。电极反应为：

$$LaF_3 \rightleftharpoons La^{3+} + 3F^-$$

氟离子选择电极的膜电位为：$\varphi_{MF^-} = K - 0.059\lg\alpha_{F^-}$

多晶或混晶膜电极的敏感膜是一种或多种难溶金属盐的细晶体混合均匀后，经高压压制成厚约 2 mm 的薄片，经抛光处理后制成。主要是由 Ag_2S 与卤化银混合物膜制成的氯、溴、碘离子电极。

2. 非均相膜电极

非均相膜电极是先将电活性难溶金属盐的晶体微粒按一定比例均匀地分散在某种惰性支持体的单体中，然后再进行聚合，形成一层很薄的膜（0.3～0.5 mm），切下适当大小的膜并使之粘附于电极端部即可。例如，聚乙烯- Ag_2S - PbS 电极对 Pb^{2+} 产生响应。该类电极在使用前必须在含有待测离子的溶液中浸泡几小时，使敏感膜活化，才具有响应能力。

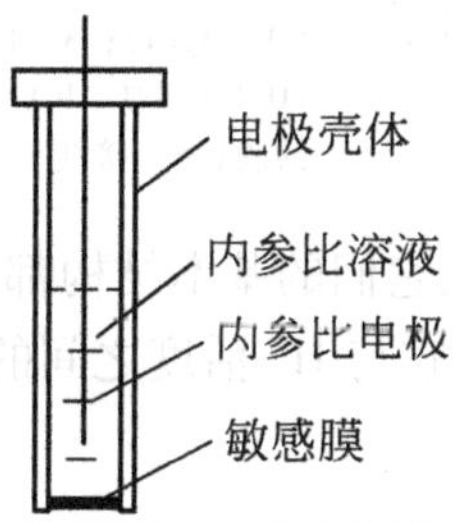

图 6－2　离子选择性电极

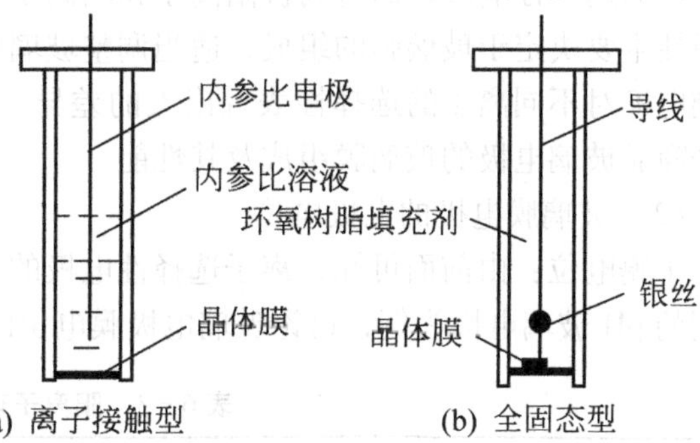

图 6－3　晶膜电极

部分晶膜电极的组成及干扰情况见表 6－2。

表 6－2　常用晶膜电极

膜材料	膜类型	被测离子	主要干扰离子
LaF_3	单晶膜	F^-	OH^-
Ag_2S	单晶膜	S^{2-}, Ag^+	Hg^{2+}
Ag_2S - AgCl	晶膜	Cl^-	S^{2-}, CN^-, Br^-, I^-, OH^-
Ag_2S - AgBr	晶膜	Br^-	S^{2-}, CN^-, Cl^-, I^-, OH^-
Ag_2S - AgI	晶膜	I^-	S^{2-}, CN^-, Cl^-, Br^-, OH^-
Ag_2S - AgCN	晶膜	CN^-	S^{2-}, Br^-, I^-, OH^-
Ag_2S - CdS	晶膜	Cd^{2+}	Ag^+, Hg^{2+}, Cu^{2+}, Pb^{2+}

续表 6-2

膜材料	膜类型	被测离子	主要干扰离子
Ag_2S-CuS	晶膜	Cu^{2+}	$Ag^+,Hg^{2+},Cl^-,Br^-,Fe^{3+}$
聚乙烯-Ag_2S-CdS	非均相膜	Cd^{2+}	Ag^+,Hg^{2+},Cu^{2+}
聚乙烯-Ag_2S-PbS	非均相膜	Pb^{2+}	$Ag^+,Hg^{2+},Cu^{2+},Hg_2^{2+}$
PVC-$BaSO_4$	非均相膜	SO_4^{2-}	$PO_4^{3-},CO_3^{2-},HPO_3^{2-},CH_3COO^-$
硅橡胶-PbS	非均相膜	Pb^{2+}	$Ag^+,Hg^{2+},Cu^{2+},SO_4^{2-}$

（二）非晶膜电极

1. 玻璃电极

（1）玻璃电极的结构

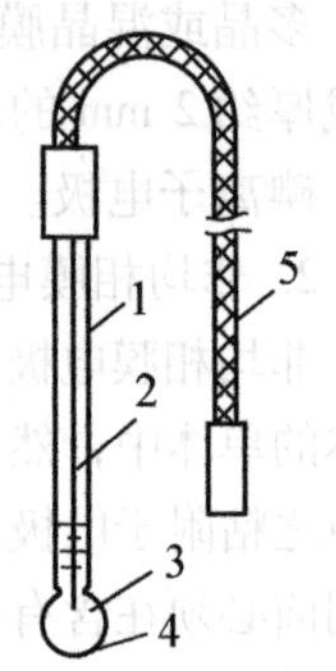

图 6-4　玻璃电极

1—玻璃管；2—内参比电极（Ag/AgCl）；3—内参比溶液（0.1 mol/L HCl）；4—玻璃薄膜；5—接线

玻璃电极是最早使用的一类离子选择性电极，其构造如图 6-4 所示。其中应用最广泛的是 pH 玻璃电极。玻璃电极的敏感膜（玻璃膜）是由特殊成分玻璃制成的球状薄膜（厚为 0.03～0.1 mm），它是电极的关键部分。

玻璃电极对一价阳离子（如 H^+、Na^+、K^+、Li^+、Ag^+等）有较好的选择性响应，而对高价阳离子和阴离子一般无响应。其选择性主要决定于玻璃膜的组成，适当调整玻璃膜的成分，会使玻璃电极对不同离子的选择性表现出大的差异。表 6-3 列出了部分商品玻璃电极的玻璃膜组成及其性能。

（2）玻璃膜电极的电极电位

①膜电位：由前面可知，离子选择性电极的种类很多，但它们的基本结构都相同。以常用的 pH 玻璃电极为例，讨论玻璃电极膜电位的产生过程及它与 H^+活度之间的关系。

表 6-3　阳离子玻璃电极

玻璃组成（摩尔分数）	被测离子	近似选择性系数
$Li_2O(15\%)-Al_2O_3(25\%)-SiO_2(60\%)$	Li^+	$K_{Li^+,Na^+}=0.3$，$K_{Li^+,K^+}<10^{-3}$
$Na_2O(11\%)-Al_2O_3(18\%)-SiO_2(71\%)$	Na^+	$K_{K^+,Na^+}=3.6\times10^{-4}(pH=11)$ $K_{K^+,Na^+}=3.6\times10^{-3}(pH=7)$
$Li_2O(10.4\%)-Al_2O_3(22.6\%)-SiO_2(67\%)$	Na^+	$K_{K^+,Na^+}=10^{-5}$
$Na_2O(27\%)-Al_2O_3(5\%)-SiO_2(68\%)$	K^+	$K_{K^+,Na^+}=5\times10^{-2}$，$K_{K^+,Li^+}=10^{-2}$
$Na_2O(28.8\%)-Al_2O_3(19.1\%)-SiO_2(52.1\%)$	Ag^+	$K_{Ag^+,H^+}=10^{-5}$
$Na_2O(11\%)-Al_2O_3(18\%)-SiO_2(71\%)$	Ag^+	$K_{Ag^+,Na^+}=10^{-3}$

pH 玻璃电极的结构见图 6-4，构成敏感膜的玻璃结构为：

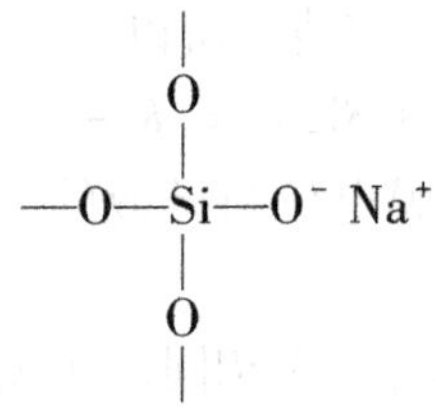

Na^+体积较小并能在膜内移动，起导电作用。

当玻璃膜浸泡在水中时，由于硅酸结构与 H^+结合的键的强度远大于与 Na^+结合的强度（约为 10^{14}倍），因而膜表面的 Na^+就与水溶液中的 H^+发生如下交换反应：

$$\underset{\text{（玻璃膜）}}{Na^+G^-} + \underset{\text{（液）}}{H^+} \rightleftharpoons \underset{\text{（液）}}{Na^+} + \underset{\text{（玻璃膜）}}{H^+G^-}$$

式中　Na^+G^-——玻璃表面层；

　　　H^+G^-——水化硅胶层。

当达到交换平衡后，膜表面的点位几乎全为 H^+所占据，而形成一层很薄（10^{-4}～10^{-5} mm）的水化胶层。从膜表面到内部，H^+的数目逐渐减少。膜内表面也发生了与上述情况相同的过程，在膜内表面也形成水化层，如图 6－5 所示。

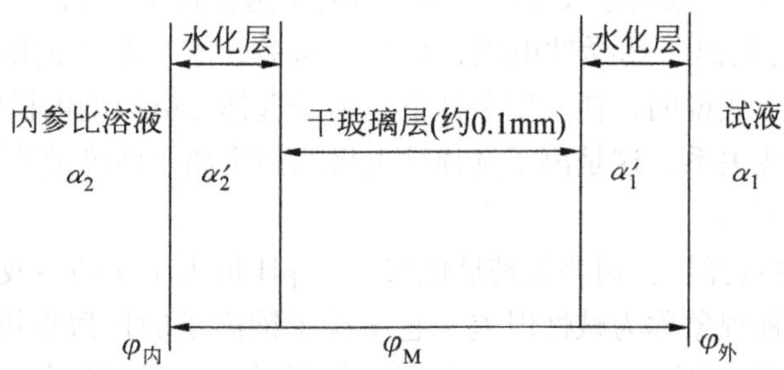

图 6－5　玻璃膜水化层横截面

当浸泡后的电极浸入试液时，膜外层的水合层与试液接触。由于水合层与试液中 H^+活度不同，两者之间存在活度差，因此 H^+便从活度大的一方向活度小的一方迁移，建立如下平衡：

$$\underset{\text{（水化层）}}{H^+G^-} \rightleftharpoons \underset{\text{（溶液）}}{H^+} + \underset{\text{（水化层）}}{G^-}$$

因而膜外层的固液界面处的电荷分布发生了改变，从而产生了电位 $\varphi_{外}$。同理，膜内层的水合层与内参比溶液之间也存在一个电位 $\varphi_{内}$。则膜电位 φ_M 为：

$$\varphi_M = \varphi_{外} - \varphi_{内}$$

显然膜电位的产生不是由于电子的得失（如金属电极电位产生的那样），而是由于离子迁移的结果。设

$$S = \frac{2.303RT}{nF}$$

α_1 为试液 H^+活度，由热力学可以证明，膜电位 φ_M 与 H^+活度之间有下列关系式：

$$\varphi_M = \varphi_{外} - \varphi_{内} = S\lg\frac{\alpha_1}{\alpha_2}$$

由于内参比溶液的 H^+ 活度（α_2）为一定值，所以

$$\varphi_M = K + S\lg\alpha_1 = K - S \cdot pH_{试}$$

上式说明，在一定温度下玻璃电极的膜电位与试液的 pH 值呈线性关系。这是 pH 玻璃电极能测定 H^+ 活度的理论依据。

从上式来看，若玻璃膜内、外的 α_H 完全相同，即 $\alpha_1 = \alpha_2$，则 $\varphi_M = 0$。但实际上 $\varphi_M \neq 0$，往往存在 0～30 mV 的电位差。此种情况下的膜电位称为“不对称电位”（$\varphi_{不对称}$）。不对称电位主要是由于玻璃膜内外结构、表面张力、性质的微小差异及水化程度的差别等而引起，其数值大小与玻璃的组成、膜的厚度及吹制过程的工艺条件有关系。对于一个给定的玻璃电极，其数值还随时间慢慢变化。用已知 pH 值的标准缓冲溶液校正电极时可消除不对称电位对 pH 值测量的影响。

②离子选择性电极的电极电位：离子选择性电极的电极电位由膜电位和内参比电极电位组成。对上述的 pH 玻璃电极来说，其电极电位 $\varphi_{玻璃}$ 为：

$$\varphi_{玻璃} = \varphi_{Ag/AgCl} + (K - S \cdot pH_{试})$$

一般来说，离子选择性电极的电极电位通式可表示为：

$$\varphi_{ISE} = K' \pm S\lg\alpha_i$$

式中，φ_{ISE} 为离子选择性电极的电极电位（ISE 为离子选择性电极）；“+”号为阳离子选择性电极；“-”号为阴离子选择性电极；K' 为一常数，它与电极的敏感膜、内部溶液、内参比电极等有关。上式说明，在一定条件下，离子选择性电极的电极电位与溶液中待测离子活度的对数呈直线关系，这是离子选择性电极法测定离子活度的依据。

（3）玻璃电极的特性

①pH 玻璃电极的选择性：用普通玻璃电极测定 pH 值大于 9 的溶液时，测得的 pH 值比实际数值偏低，这种现象称为碱性误差。它来源于钠离子的扩散作用，故又称为钠差。pH 玻璃电极在低 pH 值范围（$pH < 1$）也呈现酸性误差，一般 pH 玻璃电极测定 pH 值范围在 3～9 时，结果较准确。

②使用玻璃电极的注意事项：

（a）使用前必须在纯水中浸泡 24h 以上，使其表面形成水化层，以保证对 H^+ 响应的灵敏，同时也使其不对称电位降低并达到稳定。

（b）它达到平衡快，在缓冲溶液中响应时间为 30 s。但在高 pH 值、非缓冲介质或非水溶液中响应时间较慢，使用时应注意。

（c）电极膜非常薄，使用时应注意，也不能用手触拿薄膜。

（d）pH 电极的玻璃球体不能用浓硫酸、铬酸洗液或浓酒精洗涤，也不能用于含氟较高的溶液中，否则会使膜表面脱水，降低功能。必要时可用 1∶1 HCl 洗涤，用蒸馏水冲洗后再用 70% 乙醇浸泡 5 min，最后浸泡于蒸馏水中。

（e）电极在长期使用或储存中会“老化”，灵敏度下降。

2. 液膜电极

用液体离子交换剂制得的电极称为液膜电极，亦称流动载体电极，结构见图 6-6。它是由两个套管组成，外套管中盛有液体离子交换剂；内套管中盛有内参比溶液和内参比电极（Ag-AgCl 电极）；底部为液体敏感膜。它是浸有某种液体离子交换剂的惰性微孔膜。这种膜用玻璃陶瓷等材料制成，膜上分布直径小于 1 μm 的微孔，孔与孔之间上下左

右彼此相通。

液膜电极中的液体离子交换剂含有两个主要官能团：一个是憎水性的长链烷烃或环烷烃，它使交换剂不与待测液相混；另一个是亲水性官能团，它能使这类交换剂化合物与水溶液中的敏感离子起交换作用，形成选择性的响应。因此亲水基团决定了液膜电极的选择性。如钙电极中的液体离子交换剂是 0.1 mol/L 二癸基磷酸钙的苯基磷酸二辛酯溶液。在液膜上发生以下的离子交换反应：

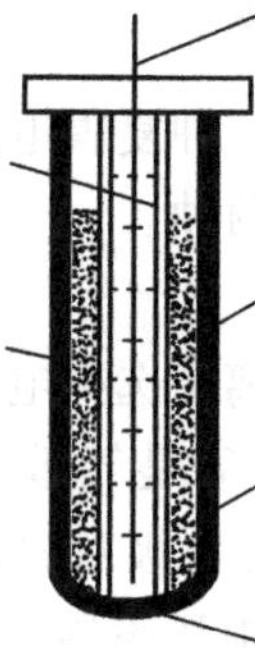

图 6－6　液膜电极

$$\underset{(有机相)}{[(RO)_2PO_2]_2Ca} \rightleftharpoons \underset{(有机相)}{2[(RO)_2PO_2]^-} + \underset{(水相)}{Ca^{2+}}$$

由于离子的扩散及交换，在敏感膜与水溶液之间形成双电层，从而产生了膜电位。膜电位在 25℃时为：

$$\varphi_{Ca^{2+}} = K + \frac{0.059}{2}\lg\alpha_{Ca^{2+}}$$

液膜电极的选择性在很大程度上取决于液体离子交换剂对阳离子或阴离子的离子交换选择性，一般不如固态膜电极的选择性高。

一些液膜电极及其特性见表 6－4。

表 6－4　液膜电极

离子交换剂	被测离子	选择性系数
NR_4^+	Cl^-	ClO_4^- (32), I^- (17), NO_3^- (4.2), Br^- (1.6), OH^- (1), Ac^- (0.32), HCO_3^- (0.19), SO_4^{2-} (0.14)
$Fe(o\text{-}phen)_3^{2+}$	ClO_4^-	OH^- (1), I^- (1.2×10^{-2}), NO_3^- (1.5×10^{-3}), SO_4^{2-} (1.6×10^{-4}), Cl^- (2.2×10^{-4}), Ac^- (5.1×10^{-4}), Br^- (5.6×10^{-4})
$(RO)_2PO_2^-$	Ca^{2+}	Zn^{2+} (50), Pb^{2+} (20), Cd^{2+} (1), Ni^{2+} (1×10^{-2}), Ba^{2+} (3×10^{-3}), Na^+ (1×10^{-3})
$R-S-CH_2COO^-$	Cu^{2+}	Fe^{2+} (100), H^+ (10), Zn^{2+} (3×10^{-2}), Ni^{2+} (1×10^{-2}), Ba^{2+}、Mg^{2+} (1×10^{-3}), Ca^{2+} (2×10^{-3}), Na^+ (1×10^{-4})
缬氨霉素	K^+	Rb^+ (1.9), Cs^+ (0.38), Li^+、Ca^{2+}、Mg^{2+} ($\sim10^{-4}$), Na^+ (1×10^{-6})
甲基类放线菌素	K^+	Na^+ (1×10^{-2})

三、敏化电极

敏化电极是一种复膜电极，即将离子选择电极与另一种特殊的膜结合起来。可分为气敏电极和酶电极两种。

1. 气敏电极

气敏电极由离子选择电极（指示电极）、参比电极、中介液（0.1 mol/L NH_4Cl）、透气膜组成。图6－7是气敏电极结构示意图，指示电极为平头形玻璃电极，参比电极是Ag/AgCl电极，此电极对放在装有0.1 mol/L NH_4Cl的塑料套管中，透气膜具有疏水性，两侧的溶液不致相互渗透。当电极浸入待测液时，溶液中的氨通过透气膜进入中介液层内，使已达到平衡的反应向右移动。最后达到新的平衡：

$$NH_3 + H_2O \rightleftharpoons NH_4^+ + OH^-$$

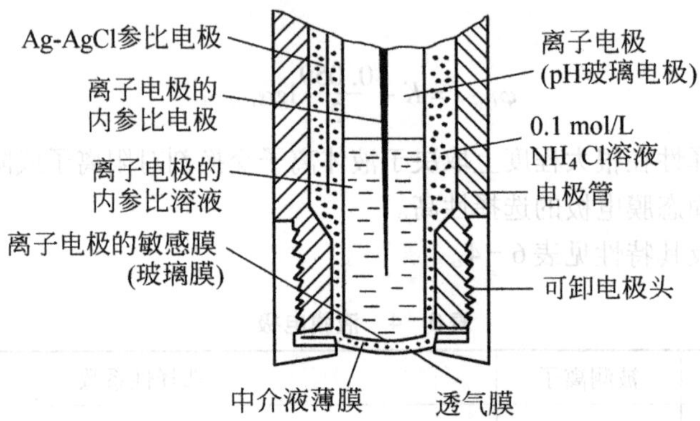

图6－7　气敏电极

在中介液中含有足够浓度的NH_4Cl，可认为$[NH_4^+]$是固定的。则：

$$[OH^-] = K\frac{[NH_3]}{[NH_4^+]} = 常数 \cdot [NH_3]$$

$[OH^-]$浓度的变化由pH玻璃电极来测定，故氨电极的电位变化能指示外部溶液中的NH_3浓度。

$$\varphi = 常数 - \frac{2.303RT}{F}\lg[NH_3]$$

除氨电极外，目前已应用的气敏电极有CO_2、SO_2、NO_2、NO、HF、HCN电极等。

2. 酶电极

酶是具有特殊生物活性的催化剂，它的催化作用具有选择性强、催化效率高以及能在常温下进行的特点。

酶电极是在主体电极上覆盖一层酶，利用酶的界面催化作用，将被测物转变为适宜于电极测定的物质。酶电极的结构如图6－8所示。

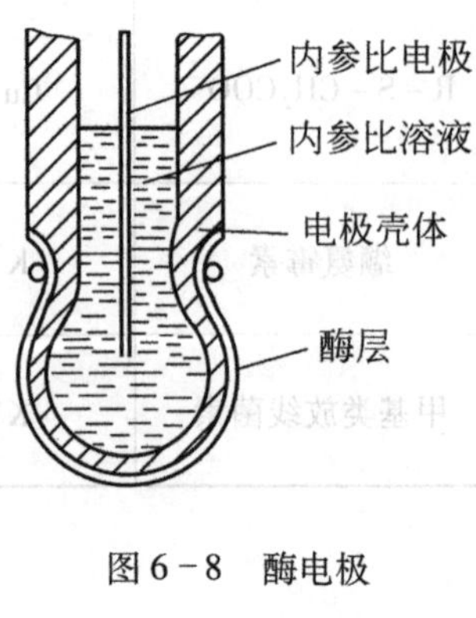

图6－8　酶电极

研制酶电极的关键是找到合适的酶反应。许多复杂的化合物（特别是有机化合物）在酶的催化作用下，都能分解为简单的化合物或离子（如 CO_2、NH_4、F^-、NO_3 以及 S^{2-} 等）。这些物质可以用离子选择电极测定，例如将脲酶固定在氨电极上，它可使尿素 $CO(NH_2)_2$ 分解为 NH_3 和 CO_2：

$$CO(NH_2)_2 + H_2O \xrightarrow{\text{脲酶}} 2NH_3 + CO_2$$

通过用氨气敏电极检测反应所生成的 NH_3 就可以间接检测尿素的含量。

酶电极在生物、生理过程及医学研究中有着广泛的应用。其优点是专属性好，缺点是寿命短且制作比较困难。

四、离子选择性电极的性能

理想的离子选择性电极应具有高灵敏度、响应的线性范围宽，并具有高选择性，可用下述参数表明其响应特性。

1. 检测限和线性范围

若以离子选择性电极的电极电位 φ 作纵坐标。被测离子 M 活度的负对数 $-\lg\alpha_M$ 为横坐标，可绘出离子选择性电极的校准曲线 $\varphi-\lg\alpha_M$，如图 6-9 所示。当被测离子活度减少到一定程度，电极电位趋于一恒定值（φ_A），此校准曲线直线部分（CD 段）称为离子选择性电极响应的线性范围。CD 直线段的延长部分与 φ_A 水平线的交点 A 所对应的活度数值 α_A，即为离子选择性电极的检测限，也就是它的灵敏度，它表示离子选择性电极能够有效地检测待测离子的最低活度（或浓度）。

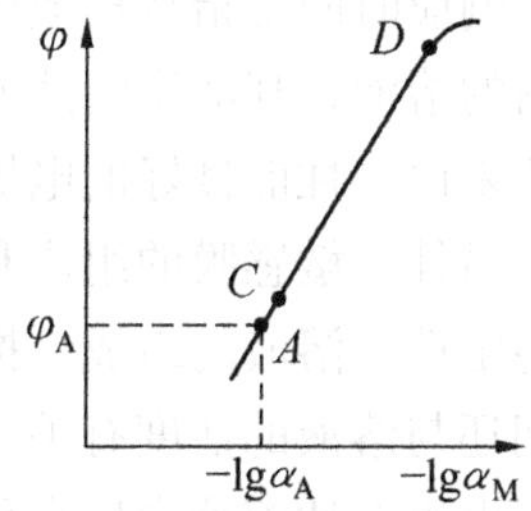

图 6-9　离子选择性电极校准曲线

2. 选择性系数

电极选择性主要由电极膜的活性材料的性质决定。理想的离子选择性电极最好只对一种特定的离子产生电位响应，但目前尚未有此种绝对专属的离子选择性电极，即电极会不同程度地受到干扰离子的影响。

若被测离子用 i 表示、干扰离子用 j 表示，其具有的电荷分别为 n_i、n_j，在干扰离子存在下，表达膜电位的通式为：

$$\varphi_M = K \pm \frac{0.059}{n_i}\lg[\alpha_i + (\alpha_j)^{\frac{n_i}{n_j}} \cdot K_{i,j}]$$

式中 α_i、α_j 分别为被测离子和干扰离子的活度，$K_{i,j}$ 为干扰离子 j 对待测离子 i 的选择性系数。$K_{i,j}$ 可理解为当其他条件相同时，提供相同膜电位的待测离子活度 α_i 和干扰离子活度 α_j 的比值。

$$K_{i,j} = \frac{\alpha_i}{(\alpha_j)^{\frac{n_i}{n_j}}}$$

$K_{i,j}$ 可用来估算不同离子的相对响应值与干扰离子的最大允许量。如硝酸根（NO_3^-）离子选择性电极的选择系数 $K_{NO_3^-,ClO_4^-} = 10^3$，说明此电极对 ClO_4^- 的响应比对 NO_3^- 的响应灵敏 1 000 倍，ClO_4 严重干扰 NO_3^- 的测定。

$K_{i,j}$ 值愈小，表明干扰离子 j 对待测离子 i 的干扰愈小，表明此离子选择性电极的选择性愈好。由 $K_{i,j}$ 可以计算干扰离子引起的测定相对误差 E：

$$E(\%) = \frac{(\alpha_j)^{\frac{n_i}{n_j}} \cdot K_{i,j}}{\alpha_i} \times 100\%$$

【例 6－1】NO_3^- 离子选择性电极的 $K_{NO_3^-,SO_4^{2-}} = 4.1 \times 10^{-5}$，若在 0.5 mol/L H_2SO_4 溶液中测 NO_3^- 含量，实测 $\alpha_{NO_3^-} = 8.2 \times 10^{-4}$ mol/L，则在 SO_4^{2-} 干扰离子存在下引起的测量相对误差是：

$$E(\%) = \frac{(\alpha_{SO_4^{2-}})^{\frac{1}{2}} \cdot K_{NO_3^-,SO_4^{2-}}}{\alpha_{NO_3^-}} \times 100\%$$

$$= \frac{(0.5)^{\frac{1}{2}} \times 4.1 \times 10^{-5}}{8.2 \times 10^{-4}} \times 100\% = 3.5\%$$

一些膜电极的选择性系数见表 6－4。

3. 响应时间

响应时间是指从构成电池的两个电极一起插入溶液的瞬间起（或从已与两电极处于平衡的溶液，其活度突然变化的瞬间起），到电动势值与稳定值相差 1 mV 所需要的时间。一般来说，性能良好的电极，其响应时间应不超过 1 min。

另外，敏感膜的组成和性质、膜的厚度、表面光洁度、参比电极的稳定性、液接电位的稳定性、溶液的组成、搅拌速度和温度等因素，都会对响应时间产生影响。此外，响应时间还与溶液的活度有关。

电极在浓溶液中比在稀溶液中响应要快，溶液越稀，响应时间越长。若有多个溶液要测定时，测定次序应尽可能从稀溶液到浓溶液。在应用离子选择性电极进行连续自动测定时，尤其需考虑电极响应的时间因素。

第五节　直接电位法

一、溶液 pH 值的测定

直接电位法测定溶液 pH 值的装置如图 6－10 所示。通常以玻璃电极作指示电极；饱和甘汞电极作外参比电极，浸入试液中，组成原电池，使用酸度计来测量电池的电动势。即：

pH 玻璃电极 | 待测液($\alpha_{H^+} = x$) ‖ 饱和甘汞电极(SCE)

电池的电动势 $E_{池}$ 可表示为：

$$E_{池} = 常数 + 0.059pH \quad (25℃)$$

常数项难以测定和计算，在实际测定未知溶液的 pH 值时，常用标准 pH 缓冲溶液进行比较，即先用已知 pH 值的缓冲溶液测出电池的电动势 E_s，再在相同条件下测定未知液电池的电动势 E_x

$$E_s = 常数 + 0.059pH_s$$

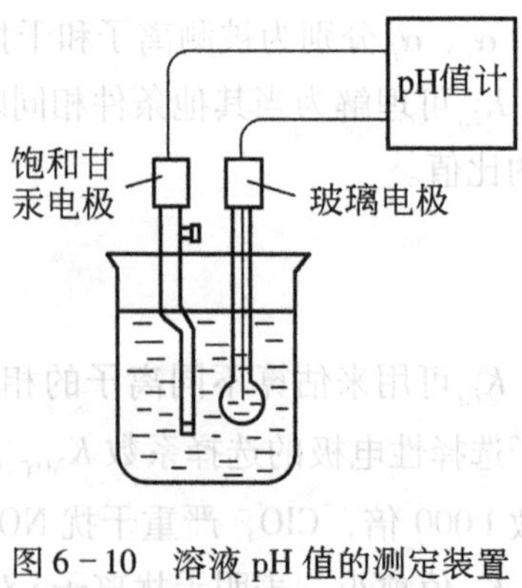

图 6－10　溶液 pH 值的测定装置

$$E_x = \text{常数} + 0.059\text{pH}_x$$

两式相减，得
$$\text{pH}_x = \text{pH}_s + \frac{E_x - E_s}{0.059}$$

【例 6－2】25℃时用 pH 玻璃电极测得 pH＝4.00 缓冲溶液 $E_s = 212$ mV，测得试液的 $E_x = 90$ mV，求试液的 pH 值。

解：根据 $\text{pH}_x = \text{pH}_s + \frac{E_x - E_s}{0.059} = 4.00 + \frac{90\times10^{-3} - 212\times10^{-3}}{0.059} = 1.93$

被测溶液的 pH 值是以标准缓冲溶液的 pH 值为标准，故标准溶液应严格按要求认真配制。表 6－5 列出我国国家标准局颁发的 6 种 pH 值标准缓冲溶液在 0～60℃的 pH_s 值。

表 6－5　pH 标准缓冲溶液的 pH_s 值

温度（℃）	0.05mol/L 四草酸氢钾	25℃饱和酒石酸氢钾	0.05mol/L 邻苯二甲酸氢钾	0.025mol/L 磷酸二氢钾＋0.025mol/L 磷酸氢二钾	0.01mol/L 硼 砂	25℃饱和 $Ca(OH)_2$
0	1.668		4.006	6.981	9.458	13.416
5	1.669		3.999	6.949	9.391	13.210
10	1.671		3.996	6.921	9.330	13.011
15	1.673		3.996	6.898	9.276	12.820
20	1.676		3.998	6.879	9.226	12.637
25	1.680	3.559	4.003	6.864	9.182	12.460
30	1.684	3.551	4.010	6.852	9.142	12.292
35	1.688	3.547	4.019	6.844	9.105	12.130
40	1.694	3.547	4.029	6.838	9.072	11.975
50	1.706	3.555	4.055	6.833	9.015	11.697
60	1.721	3.574	4.087	6.837	9.968	11.426

二、离子活度的测定

用离子选择性电极测定溶液中离子活度（或浓度）与用 pH 指示电极测定溶液的 pH 值相似。用离子选择性电极作指示电极，饱和甘汞电极作参比电极，浸入试液中组成工作电池。测量电池的电动势，即可求得待测离子的活度（或浓度）。例如，用氟离子电极测定 F^- 活度时组成如下的电池：

（－）Hg，Hg_2Cl_2 | KCl（饱和）‖ 试液 | LaF_3 | NaF，NaCl | AgCl，Ag（＋）

|←膜→|

|←——甘汞电极——→|　|←——氟离子电极——→|

若忽略液接电位，则电池的电动势

$$E_{\text{电池}} = K - 0.059\lg\alpha_{F^-}$$

式中 K 为常数，K 与薄膜和内、外参比电极的电极电位有关。它们在固定的实验条件下是恒定的。从上式可知，通过测量电池的电动势可以测定待测离子的活度。

测定离子活度（浓度）的方法主要有工作曲线法、直接比较法和标准加入法。

1. 工作曲线法

配制一系列浓度不等的标准溶液，将离子选择性电极和参比电极插入试液中，分别测定电池电动势，以电动势 E 为纵坐标、标准溶液的浓度 c（或活度 α_i）的对数为横坐标，作 $E-\lg c_i$ 或 $E-\lg\alpha_i$ 曲线（见图 6－11）。然后在同样的条件下测定未知液的电动势 E，根据 E 值从图上查 $\lg\alpha_i$。当离子的浓度较低时，$E-\lg c_i$ 曲线为一条直线Ⅰ；而浓度较高时，曲线向下弯曲Ⅱ。这是因为一般是要求测定离子的浓度，而实际测得的是活度，活度 α 与浓度 c 的相互关系为：

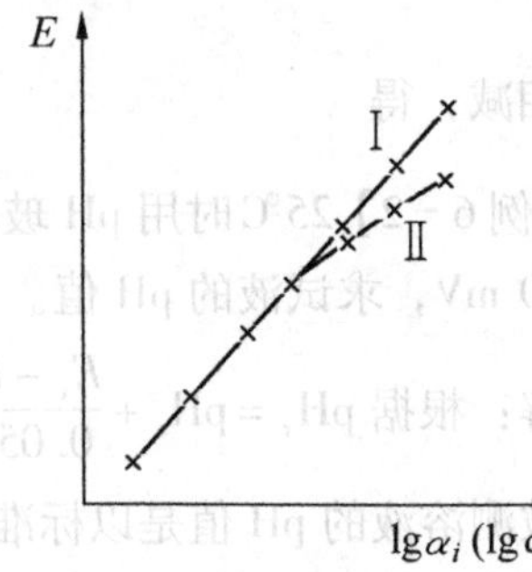

图 6－11　标准曲线

Ⅰ—lgα；Ⅱ—lgc

$$\alpha = \gamma \cdot c$$

离子的浓度很低时，溶液中各离子之间的相互作用力很小，活度系数 γ 接近于1，得到的是一条直线Ⅰ；浓度较高时活度系数 γ 变小，$E-\lg c_i$ 曲线向下偏离为Ⅱ。浓度越高，各离子之间的相互作用越强，活度系数越小，偏离也就越严重。

常用来校正标准曲线偏离的方法有离子强度调节剂法。离子强度调节剂是浓度较大的电解质溶液（此电解质应对待测离子无干扰），将它加入到标准溶液和试样溶液中去，使它们的离子强度都很大且接近相同，活度系数基本相同。同样可以校正因活度系数不一致而产生的误差。

标准曲线法不容易制作，一般适合于大批量同类样品的测定；而对于个别样品的测定，可用直接比较法。

2. 直接比较法

待测液与标准液（与被测离子浓度相近）在相同条件下，分别测电池电动势，对标准液 c_s 有：

$$E_s = 常数 \pm \frac{2.303RT}{nF}\lg c_s$$

对待测液 c_x 有：

$$E_x = 常数 \pm \frac{2.303RT}{nF}\lg c_x$$

因为 E_s、E_x 及 c_s 已知，解方程组可求出 c_x。

值得注意的是，必须使待测液和标准液离子强度及其他测定条件相同。

3. 标准加入法

标准加入法是先取一份待测试液组成工作电池，测得电池的电动势 E_1：

$$E_1 = K' + \frac{2.303RT}{nF}\lg c_x$$

式中 c_x 是试液的浓度。设试液的体积为 V_0（mL），在此试液中准确加入浓度为 c_s（约为 c_x 的100倍）、体积为 V_s（约为 V_0 的1/100）的标准溶液，混合均匀后，测得工作电池的电动势 E_2

$$E_2 = K' + \frac{2.303RT}{nF}\lg\left(\frac{c_x V_0 + c_s V_s}{V_0 + V_s}\right)$$

由于两次测量在同一体系中进行，所以 $\varphi^{\ominus}$、液接电位、试液的活度系数等基本一致。设

$$\Delta c = \frac{c_s V_s}{V_0 + V_s},\ S = \frac{2.303RT}{nF},\ \Delta E = E_2 - E_1$$

则

$$\Delta E = S\lg\left(1 + \frac{\Delta c}{c_x}\right) \qquad \left(\frac{V_0}{V_0 + V_s} \approx 1\right)$$

即

$$c_x = \frac{\Delta c}{10^{\frac{\Delta E}{S}} - 1}$$

【例6-3】一含镉未知溶液25.00 mL，用液膜电极和一参比电极测得电池电动势为0.428 V；加入2.80×10^{-2} mol/L Cd^{2+}标准溶液0.20 mL后，测得电池的电动势为0.458 V。试计算溶液中Cd^{2+}离子的浓度。

解：设未知液的浓度为c_x，因为

$$\Delta c = \frac{c_s V_s}{V_0 + V_s} = \frac{2.80 \times 10^{-2} \times 0.20}{25.00 + 0.20} = 2.22 \times 10^{-4}(\text{mol/L})$$

$$\Delta E = 0.458 - 0.428 = 0.030(V)$$

$$S = 0.059/n = 0.059/2 = 0.0295$$

所以

$$c_x = \frac{\Delta c}{10^{\frac{\Delta E}{S}} - 1} = \frac{2.22 \times 10^{-4}}{10^{\frac{0.030}{0.0295}} - 1}\text{mol/L}$$

解得

$$c_x = 2.36 \times 10^{-5}(\text{mol/L})$$

三、影响电位法测定的因素

以电位法测量试液中待测离子的活度，需要考虑影响测定准确度的各种因素，以选择合适的测定条件。影响电位法准确度的因素，主要有温度、电动势测量误差、共存离子的干扰及响应时间。

1. 温度

从能斯特方程中的系数RT/nF可以看出，温度影响到标准曲线的斜率RT/nF的大小，还影响到离子选择性电极的测量系统的性能、敏感膜活性物质的溶解度等。因此，在测量时要进行温度补偿，控制标准溶液与试液的温度一致。pH酸度计上装有温度补偿调节旋钮，使用前必须将此旋钮调至与室温相应的温度值上，以补偿由于溶液温度不同时对测量结果产生的影响。

2. 电动势的测量

测量仪器的精度、离子选择性电极和参比电极的性能等测量系统方面的影响，使电池电动势的测量产生误差ΔE。

浓度的相对误差为：

$$\frac{\Delta c}{c} = \frac{n \cdot \Delta E}{0.02568 \times 1000} \approx 0.04n\Delta E$$

可见，相对误差与电池电动势测量误差ΔE及被测离子所带电荷数n有关。

例如，当$n=2$、$\Delta E=1$ mV时，相对误差$\frac{\Delta c}{c}=0.04 \times 2 \times 1 \times 100\% = 8\%$。

因此，测量电位所用的仪器必须具有很高的灵敏度和相当的准确性。如直接电位法的测量误差为2%，对于浓度很低的溶液，已经达到了比较高的准确度；而对于浓度较高的溶液，则可采用准确度更高的电位滴定法，可使误差小于0.2%。

3. 干扰离子

溶液中共存的干扰离子的影响主要表现在两个方面：

（1）能与待测离子的反应生成一种在电极上不发生响应的物质。例如，F^-电极测定F^-时，共存的Al^{3+}及Fe^{3+}能与F^-形成稳定的配合物，使游离F^-活度降低，而电极对此种配合物无响应，因此产生负误差。

（2）能直接与电极发生作用。例如，用氟离子选择性电极测定时，若试液中存在大量的柠檬酸根离子（Ct^{3-}），就会发生如下反应：

$$\underset{\text{（敏感膜）}}{LaF_3\text{（固）}} + Ct^{3-}\text{（水）} \rightleftharpoons LaCt\text{（水）} + 3F^-\text{（水）}$$

由于该反应的发生使试液中F^-活度增加，而使测定结果偏高。

消除干扰离子影响的办法是加入掩蔽剂。此外，还可根据情况采用加入氧化剂（或还原剂）或调节溶液pH值等方法消除干扰离子。必要时，进行分离干扰离子。

4. 溶液离子强度的影响

离子选择性电极测量的是溶液中待测离子的活度，而分析结果往往以浓度表示，若以活度当作浓度进行计算，两者之间的差别将引起误差。误差的大小与溶液的离子强度有关，离子强度越大，待测离子的活度越小，误差越大。在实际工作中，由于配制标准活度溶液有困难，还不能采用活度系数来计算待测离子的浓度，一般采用对控制试液与标准溶液的离子强度基本一致，这样就可用活度代替浓度。

5. 溶液的pH值

因为H^+或OH^-能影响某些测定，所以必须控制溶液的pH值，必要时，应使用缓冲剂。以F^-测定为例，当pH>8时，LaF_3单晶膜表面发生如下反应：

$$LaF_3 + 3OH^- \rightleftharpoons La(OH)_3 + 3F^-$$

上述反应的生成物F^-为电极所响应而造成的正误差。

消除pH值的影响，可采用加pH缓冲溶液的方法。离子强度调节剂中的pH缓冲溶液起到了这一作用。

6. 搅拌

离子选择性电极的响应时间一般很短（<1 min）。通过对溶液搅拌，可加速离子的扩散，使待测离子到达电极表面的速率加快，缩短电极的响应时间。

根据具体情况选择适当的搅拌速度。特别对低浓度溶液测量时，即使缓慢地搅拌，电动势读数也不稳定。这时，可采用定时搅拌、静止读数或定时读数。同时应注意，标准溶液和试液必须在相同条件下测定，以减小误差。

第六节 电位滴定法

电位滴定法是通过测定工作电池电动势变化来确定终点的电位分析法。

一、电位滴定法的基本原理及装置

电位滴定法与直接电位法一样，以指示电极、参比电极与试液组成电池。不同的是需要加入滴定剂进行滴定，并测量滴定过程中指示电极电位的变化。在化学计量点附近，由于被滴定物质的浓度发生突变，指示电极的电位产生突跃，根据电极电位的突跃就可以判断滴定终点。

电位滴定法的装置见图 6－12，在试液中插入指示电极和参比电极组成一个工作电池，在烧杯上方固定一支滴定管。为加快反应速度，用电磁搅拌器进行搅拌。在滴定过程中，每加入一次滴定剂后，测量一次电动势直到超化学计量点为止。这样就得到一系列的滴定剂用量 V 和相应的电动势 E 的数值。通过作图法或计算法来确定滴定终点。

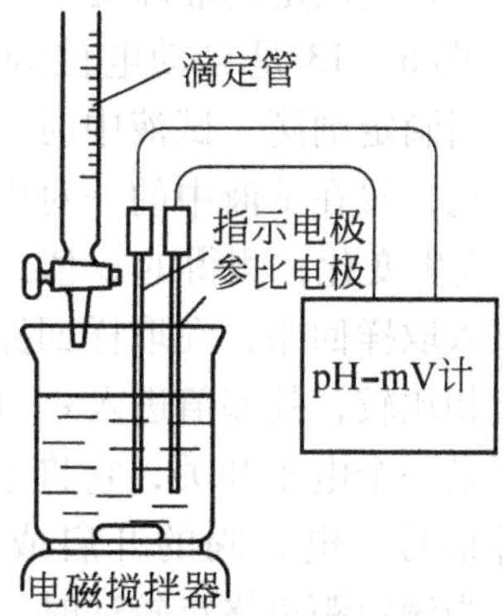

图 6－12　电位滴定基本仪器装置

二、电位滴定法的类型

电位滴定法若按化学反应类型可分为：

1. 酸碱滴定

由于在酸碱滴定中发生变化的是溶液中的 H^+ 活度，所以常用的指示电极为 pH 玻璃电极，饱和甘汞电极作参比电极。而目前使用最多的是由玻璃电极和饱和甘汞电极合二为一的复合电极，测定的灵敏度高，即使有微小的 pH 值变化，也能观察出来。

对于 $c_a \cdot K_a < 10^{-8}$ 或 $c_b \cdot K_b < 10^{-8}$ 的弱酸或弱碱或不易溶于水而溶于有机溶剂的酸（碱），可以在非水体系中滴定，很多非水滴定都可以用电位滴定法指示终点。如在丙酮介质中可以滴定高氯酸、盐酸、水杨酸的混合物等。用于电位滴定的非水溶剂有乙酸、乙腈、乙醇、甲醇、液氨、硝基苯、二甲亚砜、N，N－二甲基甲酸胺、硝基甲烷及吡啶等。

2. 氧化还原滴定

一般采用惰性金属电极（Pt、Au、Hg 等）作为指示电极，其中最常用的是 Pt 电极作为指示电极，饱和甘汞电极、钨电极、玻璃电极作为参比电极，例如 $K_2Cr_2O_7$ 滴定 Fe^{2+}。所用 Pt 电极为了指示灵敏应保持光亮，如被玷污或氧化，可用 10% HNO_3 浸洗以除去。

3. 沉淀滴定

以沉淀反应为基础的电位滴定中，以银电极、硫化银薄膜电极等离子选择性电极为指示电极，应根据不同的沉淀反应选用不同的指示电极，以银电极使用最广。如用 $AgNO_3$ 滴定卤离子时，可以用银电极作指示电极；用 $K_4Fe(CN)_6$ 滴定 Pb^{2+}、Cd^{2+}、Zn^{2+}、Ba^{2+} 等离子时，可用 Pt 电极作指示电极；以甘汞电极、玻璃电极为参比电极。因此，参比电极和指示电极是相对的，在某个测定中作为参比电极而在另一测定中可以为指示电极。

4. 络合滴定

络合滴定法中使用的指示电极通常有金属电极或离子选择性电极。指示电极常用 Pt 电极、汞电极、银电极、氟离子等离子选择性电极。用 $La(NO_3)_3$ 滴定 F^- 时，可用 F^- 选择性电极作指示电极。

三、自动电位滴定法

自动电位滴定法是将电位滴定的过程由仪器自动控制，实现自动滴定，以减少操作的误差，提高测定的准确度。

图6-13是自动电位滴定仪的电路示意图。当滴定剂滴入试液中时，被测离子浓度发生变化，浸在试液中的一对电极两端的电位差φ即发生变化，测得的φ值经调制放大器放大后进入取样回路，在取样回路中与滴定终点的电位相比较，其差值进入e-t转换器。e-t转换器是一个电子开关，它将差值转换成相应的脉冲信号，电磁阀的开启或关闭脉冲信号控制：当滴定距离终点较远时，测得的φ值和终点电位相差较大，电磁阀吸通时间长，滴定剂流出速度快；随着滴定剂的加入逐渐接近终点，差值逐渐减少，电磁阀吸通时间缩短，滴定剂的流速减慢；滴定到预定终点后10 s左右（以确保滴定反应达到平衡），由仪器中的延迟电路自动关闭电磁阀，终止滴定，读取滴定管中消耗的滴定剂体积数。自动电位滴定操作简便、快速，准确度高，应用广泛，常见的滴定反应均可由自动滴定计进行。

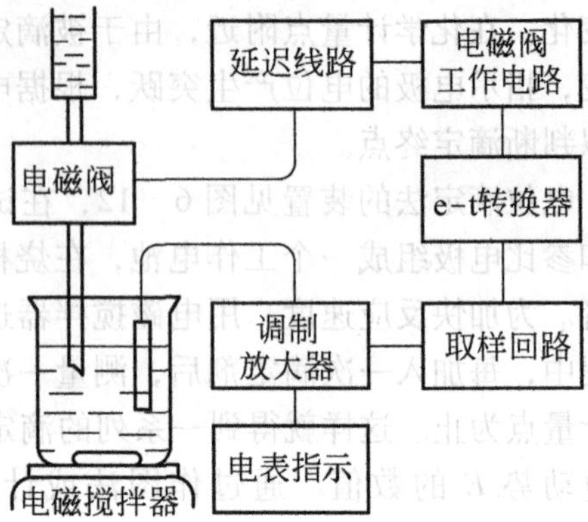

图6-13 ZD—2自动电位滴定计原理

四、电位滴定终点的确定

滴定曲线的作图法有三种，即$E-V$曲线、$\frac{\Delta E}{\Delta V}-V$曲线、$\frac{\Delta^2 E}{\Delta V^2}-V$曲线，如图6-14所示。

（1）$E-V$曲线：一般情况下绘制$E-V$曲线，如图6-14a曲线的转折点即为滴定终点。如果终点电位突跃不陡又不对称，则终点难以确定，这时可绘制$\Delta E/\Delta V-V$曲线。

（2）$\Delta E/\Delta V-V$曲线（一次微商曲线），如图6-14b，曲线呈尖峰状，曲线的最高点对应于滴定终点。但曲线的最高点是由实验点的连线外推而得的，会有一定误差。

（3）$\Delta^2 E/\Delta V^2-V$曲线（二次微商曲线）较为准确，因为既然一次微商的极大点是终点，那么二次微商$\Delta^2 E/\Delta V^2=0$的时候对应的体积也就是终点，见图6-14c。

【例6-4】用0.1000 mol/L $AgNO_3$溶液滴定10.00 mL NaCl溶液，以银电极为指示电极，饱和甘汞电极作参比电极。表6-6列出滴定过程

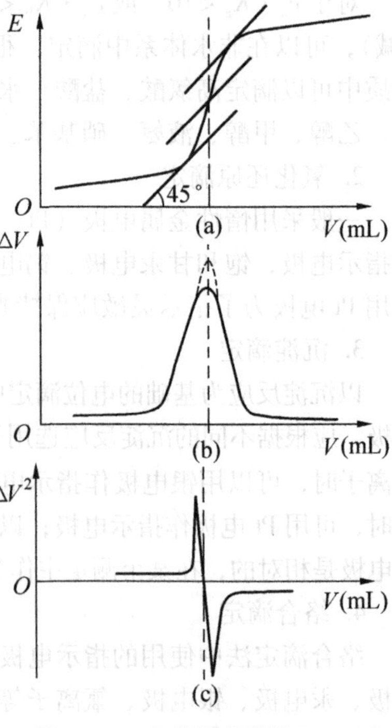

图6-14 电位滴定曲线

的实验数据。

如果应用二次微商法时，也可不作图，而用计算法确定终点，非常方便。

解：表6－6中，当加入11.30 mL时，

$$\Delta^2 E/\Delta V^2=\frac{\left(\frac{\Delta E}{\Delta V}\right)_{11.35}-\left(\frac{\Delta E}{\Delta V}\right)_{11.25}}{V_{11.35}-V_{11.25}}=\frac{530-260}{11.35-11.25}=2\,700$$

当加入11.40 mL时，

$$\Delta^2 E/\Delta V^2=\frac{\left(\frac{\Delta E}{\Delta V}\right)_{11.45}-\left(\frac{\Delta E}{\Delta V}\right)_{11.35}}{V_{11.45}-V_{11.35}}=\frac{250-530}{11.45-11.35}=-2\,800$$

所以化学计量点附近微小体积 ΔV 的变化能引起 $\Delta E/\Delta V$ 的很大变化值，并由正极大值至负极大值，中间必有一点为零，即 $\Delta E/\Delta V=0$ 处，恰为等量点。可用内插法计算。

从图6－15可得：

$$\frac{11.40-11.30}{-2\,800-2\,700}=\frac{V_{终点}-11.30}{0-2\,700}$$

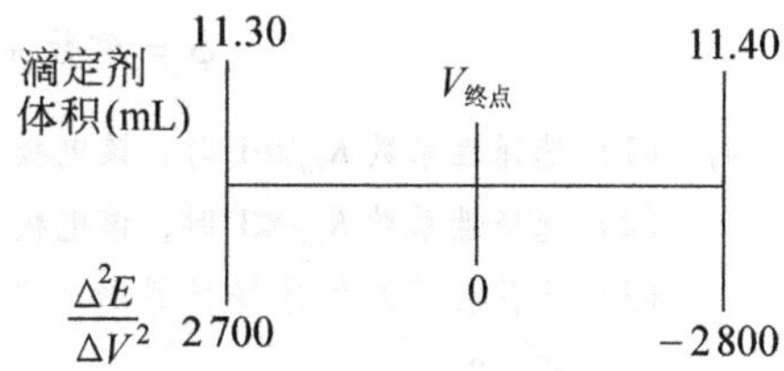

图6－15 $\frac{\Delta^2 E}{\Delta V^2}$与 V_{AgNO_3} 关系

$$V_{终点}=11.30+\frac{0-2\,700}{-2\,800-2\,700}\times 0.10=11.30+0.05=11.35\ (\text{mL})$$

表6－6 以0.1000 mol/L $AgNO_3$ 电位滴定 NaCl 溶液

V_{AgNO_3} (mL)	E（对SCE）(mV)	ΔE (mV)	ΔV (mL)	$\frac{\Delta E}{\Delta V}$	$\bar{V}$ (mL)	$\Delta\left(\frac{\Delta E}{\Delta V}\right)$	$\frac{\Delta^2 E}{\Delta V^2}$
0.10	114						
		16	4.90	3.3			
5.00	130						
		15	3.00	5.0	6.50		
8.00	145						
		23	2.00	11.5	9.00		
10.00	168						
		34	1.00	34	10.50		
11.00	202						
		8	0.10	80	11.05		
11.10	210					60	600
		14	0.10	140	11.15		
11.20	224					80	800
		26	0.10	260	11.25		
11.30	250					270	2 700
		53	0.10	530	11.35		
11.40	303					−280	−2 800
		25	0.10	250	11.45		
11.50	328					−178	−593
		36	0.50	72	11.75		
12.00	364						
		25	1.00	25	12.50		
13.00	389						
		12	1.00	12	13.50		
14.00	401						

思考题

1. 何谓指示电极和参比电极？对它们有何要求？举出两种常用的指示电极和参比电极。

2. 以pH玻璃电极为例说明膜电位的产生机理。玻璃电极的电位为什么能响应溶液中H^+活度的变化？

3. 根据膜电位理论及玻璃电极的特性，说明应如何正确使用玻璃电极？

4. 举例说明离子选择电极的基本结构和各部件的作用。

5. 说明电位分析法的基本原理和基本装置。

6. 某离子选择电极的电位与活度的关系式为：

$$\varphi = 常数 + \frac{2.303RT}{F}\lg(\alpha_i + K_{i,j} \cdot \alpha_j)$$

问：(1) 选择性系数$K_{i,j} \gg 1$时，该电极主要响应离子及干扰离子是什么？

(2) 选择性系数$K_{i,j} \ll 1$时，该电极主要响应离子及干扰离子又是什么？

(3) 为什么说电位选择性系数可作为衡量电极对某一离子响应特性和某些离子干扰程度的指标？

7. 离子选择性电极定量方法有哪些？各运用于何种情况？

8. 电位滴定确定终点的方法有哪几种？如何正确选择指示电极？

习题

1. 下面电池：

玻璃电极 | H^+ $(\alpha = x)$ ‖ 饱和甘汞电极

在25℃时，测得pH = 4.00的缓冲溶液的电池电动势为0.209 V，测得3个未知液的电动势分别为(a) 0.312 V；(b) 0.088 V；(c) 0.017 V，计算每个未知溶液的pH值。

2. 有下面电池：

镁离子液膜电极 | Mg^{2+} ‖ SCE

(1) 当$c_{Mg^{2+}} = 1.15 \times 10^{-2}$ mol/L时，测得电池电动势为0.275 V；换上未知浓度的Mg^{2+}溶液后，在相同离子强度下测得电动势为0.412 V，计算未知溶液Mg^{2+}的浓度。

3. 用液膜电极测定溶液中Ca^{2+}浓度：

参比电极 ‖ Ca^{2+}溶液 | 钙离子电极

在0.0100 mol/L的Ca^{2+}溶液中，测得电池电动势为0.250 V，然后测定未知浓度的Ca^{2+}试液时，电池电动势为0.271 V，两种溶液离子强度相同，计算未知Ca^{2+}溶液的浓度。

4. 用标准加入法测定Cu^{2+}的浓度，在100.0 mL铜盐溶液中加入0.100 mol/L硝酸铜溶液1.00 mL后，电池电动势增加4 mV，求原溶液中Cu^{2+}的浓度。

5. 一个天然水样中大约含有1300 μg/mL Mg^{2+}和400 μg/mL Ca^{2+}，用Ca^{2+}选择电极测定此水样中Ca^{2+}的浓度，问测量误差有多大？(已知Ca^{2+}电极对Mg^{2+}的选择性系数为0.014)

6. 用0.1000 mol/L $AgNO_3$电位滴定10.00 mL NaCl溶液，已知终点附近的电动势变化如下表所示，计算试液中Cl^-的浓度。

V_{AgNO_3}(mL)	10.00	11.00	11.10	11.20	11.30	11.40	11.50	12.00
(mV)	149	183	194	233	316	340	351	389

7. 将0.2000 g牙膏样品置于50 mL的氟离子强度调节剂中，煮沸萃取氟化物，萃取液冷却后，定量转移至100 mL的容量瓶中，用去离子水稀释至刻度。移取25.00 mL放入一烧杯中插入氟离子选择性电极和参比电极，平衡后测得电池电动势为176 mV。加入0.10 mL 0.500 mg/mL的氟离子标准溶液后，电池电动势为155 mV。计算原牙膏样品中F^-的质量分数。

实验七 洗手液pH值的测定

一、实验要求

1. 掌握pH值的直接电位法测定原理及方法；

2. 掌握酸度计的使用。

二、基本原理

由pH玻璃电极（指示电极）和饱和甘汞电极（参比电极）插入溶液组成测定pH值的工作电池。在一定条件下，电池电动势E是试液中pH值的线性函数。测量E时，若参比电极接正，则

$$E = K + 0.059\ \text{pH}(25℃)$$

上述能斯特公式中K值与仪器、指示电极和参比电极有关，它难于用理论方法计算出来，但在一定的实验条件下是常数。通常需要用与待测溶液pH值接近的标准缓冲溶液进行校正，抵消K值对测量的影响。

三、仪器与试剂

1. 仪器

PHS－3C型精密pH计；pH复合电极；小塑料杯；胶头滴管。

2. 试剂

（1）标准缓冲溶液甲。

称取在115 ℃烘干2 h的邻苯二甲酸氢钾（$KHC_8H_4O_4$）10.12 g，溶于不含CO_2的去离子水中，转移至1 L容量瓶，用不含CO_2的去离子水稀释至刻度，摇匀，转入塑料瓶中(也可用市售袋装标准缓冲溶液试剂按规定配制)。

（2）标准缓冲溶液乙。

称取在115 ℃下烘干2 h的磷酸二氢钾（KH_2PO_4）3.40 g和磷酸氢二钠（Na_2HPO_4）3.55 g溶于不含CO_2的去离子水中，转移至1 L容量瓶，用不含CO_2的去离子水稀释至刻度，摇匀，贮于塑料瓶中。

（3）标准缓冲溶液丙。

称取硼酸钠（$Na_2B_4O_7 \cdot 10H_2O$）3.81 g，溶于不含CO_2的去离子水中，转移至1 L容量瓶，用不含CO_2的去离子水稀释至刻度，贮于塑料瓶中。

以上pH标准缓冲溶液应贮于塑料瓶中密封保存，通常能稳定2~3个月。如发现混浊、发霉、沉淀等现象时不能继续使用。其pH值随温度不同而稍有差异，参见表6－7。

表6-7 不同温度时标准缓冲溶液的pH值

温度（℃）	标准缓冲溶液		
	$KHC_8H_4O_4$	$KH_2PO_4 + Na_2HPO_4$	$Na_2B_4O_7 \cdot 10H_2O$
0	4.01	6.98	9.46
2	4.01	6.97	9.43
5	4.01	6.95	9.39
8	4.01	6.93	9.35
10	4.00	6.92	9.33
12	4.00	6.91	9.31
15	4.00	6.90	9.27
18	4.00	6.89	9.24
20	4.00	6.88	9.22
23	4.01	6.87	9.20
25	4.01	6.86	9.18
28	4.01	6.85	9.16
30	4.01	6.85	9.14
33	4.02	6.84	9.12
35	4.02	6.84	9.10
40	4.03	6.84	9.07

四、实验步骤

1. 电极的外观检查

pH复合电极应无裂纹。

2. 酸度计的校正

（1）仪器开机，接好电极，拉下橡皮套，露出电极上端的小孔，用蒸馏水清洗电极。

（2）把选择开关调到pH挡，调仪器温度显示为水温。

（3）用“标准缓冲溶液乙”润洗电极，电极插入小塑料杯中的“标准缓冲溶液乙”，调定位钮至仪器显示乙的标准pH值。

（4）用pH试纸判断的样品酸碱性。

如样品是酸性，操作如下：用蒸馏水清洗电极，再用“标准缓冲溶液甲”润洗电极，接着电极插入小塑料杯的“标准缓冲溶液甲”，调斜率钮至仪器显示甲的标准pH值。

如样品是碱性，操作如下：用蒸馏水清洗电极，再用“标准缓冲溶液丙”润洗电极，接着电极插入标准缓冲溶液丙，调斜率钮至仪器显示丙的标准pH值。

3. 样品pH值的测定

（1）试样处理：称取洗手液样品5.00 g，加入50.0 mL蒸馏水，用玻棒搅拌均匀。此为未知样溶液。

（2）先用蒸馏水清洗电极，再用样品溶液润洗电极，接着电极浸入小塑料杯的样品溶液，用手摇动数次测量杯使电极与溶液充分接触，待稳定后，直接读取仪器显示的pH值。

(3) 平行测定两次，即重复上述步骤的酸度计校正后，测定样品pH值。

五、数据记录与处理

日期________________；水温________℃；仪器名称及型号________________。

测定次数	1	2
样品pH值		
样品平均pH值		
极差ΔpH		

六、思考题

1. 用酸度计测pH值时，为什么必须用标准缓冲溶液校正仪器？校正时应注意什么？
2. pH复合电极在使用前应如何处理？为什么？

实验八　离子选择电极测牙膏中氟含量

一、实验要求

1. 掌握氟离子选择电极测定牙膏中微量氟的原理；
2. 学习标准加入法定量方法。

二、基本原理

当氟离子选择电极（指示电极）和饱和甘汞电极（参比电极）插入试液中时，组成测量原电池。在一定温度下，当溶液中离子强度保持不变，电池电动势E与F^-的浓度c_{F^-}的对数成直线关系。

$$E = K - S \times \lg c_{F^-}$$

式中，K为截距电位，包括内外参比电极电位、液接电位、不对称电位和离子活度系数的对数项等，一定测量条件下是常数。S为电极响应斜率，其理论值和实际值常有出入，为避免引入误差，最好自行测定，可由稀释一倍的方法测得。

为保持溶液中总离子强度不变，通常在标准溶液与试样溶液中同时加入等量的总离子强度调节剂。当F^-浓度在10^{-2}～10^{-6}mol/L范围内时，可用标准加入法测定。

三、仪器与试剂

1. 仪器

PHS-3C型精密pH计；氟离子选择电极；饱和甘汞电极。

100 mL容量瓶；10 mL吸量管；1 mL吸量管。

2. 试剂

100.0 μg/mL 氟离子标准溶液：准确称取 120 ℃烘干 2 h 并冷却的 NaF 0.2210 g，溶于去离子水，转入 1 L 容量瓶中，稀释至刻度，贮于聚乙烯瓶中。

总离子强度调节缓冲剂（TISAB）：于 1 L 烧杯中加入 500 mL 去离子水和 57 mL 冰醋酸，58 g NaCl，12 g $Na_3C_6H_5O_7 \cdot 2H_2O$（柠檬酸钠），搅拌至溶解。将烧杯放在冷水浴中，缓缓加入 6 mol/L NaOH 溶液（约 125 mL），直到 pH 在 5.0～5.5 之间，放至室温，转入 1 L 容量瓶中。用去离子水稀释至刻度。

四、实验步骤

1. 仪器的准备

（1）氟电极使用前在 10^{-3}mol/L NaF 溶液中浸泡 1～2 h，进行活化。再用去离子水清洗电极到空白电位，即氟电极在去离子水中的电位，约 300 mV（此值各支电极不一样），电极内装电解质溶液，为防止晶片内侧附着气泡而使电路不通，在电极使用前，可让晶片朝下，轻击电极杆，以排除晶片上可能附着的气泡。

（2）仪器开机，接好电极，用蒸馏水清洗电极。选择开关调到 mV 挡，预热 20 分钟以上。

2. 标准加入法定量分析

（1）空白溶液的制备：取 1 个 100 mL 容量瓶，加入 TISAB 溶液 10.00 mL，用去离子水稀释至刻度，摇匀。

（2）准确称取牙膏样品 0.1000 g 左右，用少量水溶解后转移至 100 mL 容量瓶，加入 TISAB 溶液 10.00 mL，用去离子水稀释至刻度，摇匀后全部转入洁净干燥的 500 mL 塑料烧杯中，插入洁净干燥的氟离子选择电极和饱和甘汞参比电极，使电极与溶液充分接触，待稳定后，测定电动势 E_1。

（3）向被测试液中准确加入 100.0 μg/mL 的氟离子标准溶液 1.00 mL，搅拌均匀，使电极与溶液充分接触，待稳定后，测定其电动势 E_2。

（4）电极响应斜率 S 的测定：将空白溶液全部加到测过 E_2 的试液中，搅拌均匀，使电极与溶液充分接触，待稳定后，测定其电动势 E_3。

五、数据记录和处理

1. 数据记录

日期__________；水温________℃；仪器名称及型号________________。

牙膏质量 m（g）	E_1（mV）	E_2（mV）	E_3（mV）	c_s（μg/mL）	V_s（mL）	V_0（mL）

2. 计算公式及数据处理

加入 F^- 标准溶液后溶液质量浓度的变化值 Δc（μg/mL） $\Delta c = \frac{c_S V_S}{V_0 + V_s}$	
加入 F^- 标准溶液后溶液电动势的变化值 ΔE（V） $\Delta E = E_2 - E_1$	
电极相应斜率 S（V） $S = \frac{E_3 - E_2}{\lg 2}$	
100 mL 容量瓶牙膏溶液中 F^- 质量浓度 c_x（μg/mL） $c_x = \frac{\Delta c}{10^{\frac{\|\Delta E\|}{S}} - 1}$	
牙膏中氟含量 $= \frac{c_x \times 100.0\ \text{mL}}{(m \times 10^6)\ \mu\text{g}} \times 100\%$	

六、思考题

1. 用氟电极测 F^- 质量浓度的原理是什么？
2. 总离子强度调节缓冲剂是由哪些组分组成的？各组分的作用怎样？

实验九　混合液中 I^- 和 Cl^- 的连续电位滴定

一、实验要求

1. 巩固电位滴定法的理论知识；
2. 了解利用物质溶解度差异进行分步沉淀电位滴定的原理；
3. 熟悉电位滴定法操作。

二、基本原理

I^- 和 Cl^- 混合溶液，可以用 $AgNO_3$ 标准溶液进行连续滴定。这是因为 AgI 和 AgCl 的溶解度都很小，$K_{SP,AgI} = 8.3 \times 10^{-17}$，$K_{SP,AgCl} = 1.8 \times 10^{-10}$，而且二者的溶度积常数相差足够大，在滴定过程中，首先生成溶度积小的 AgI 沉淀，溶液中 I^- 浓度随着 AgI 的不断析出而降低，当 Ag^+ 达到使 $[Ag^+] \times [Cl^-] > K_{SP,AgCl}$ 时，AgCl 才开始沉淀。所以用 $AgNO_3$ 滴定 I^- 和 Cl^- 时不需分离，测得的两个电位突跃很明显。

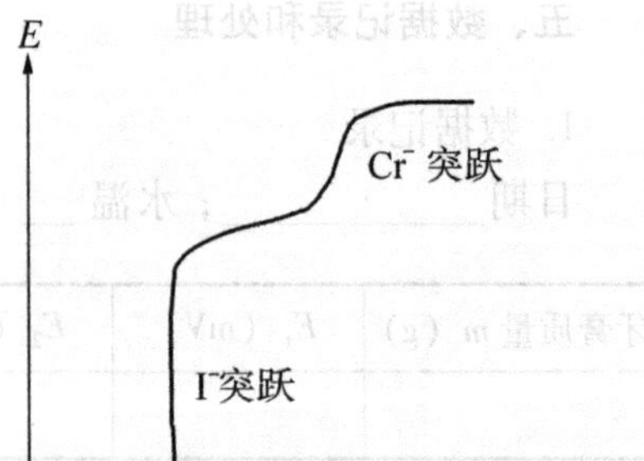

图 6－16　电位滴定曲线

指示电极可用银电极，饱和甘汞电极作参比电极。

$$E = K - S\lg[I^-]$$

$$E = K - S\lg[Cl^-]$$

卤化银沉淀易吸附溶液中的离子（包括 Ag^+ 和卤素离子）而带来误差，在试液中加入 KNO_3，可减小对 Ag^+ 及卤素离子的吸附作用而使误差减小。

三、仪器与试剂

1. 仪器

PHS－3C 型精密 pH 计；电磁搅拌器；铁芯搅棒；银电极；饱和甘汞电极。

25 mL 酸式滴定管；25 mL 移液管；100 mL 烧杯。

2. 试剂

0.01000 mol/L $AgNO_3$ 标准溶液：溶解 1.6987 g $AgNO_3$ 于不含 Cl^- 的蒸馏水中，转移于 1L 容量瓶，用蒸馏水稀释至刻度，摇匀后转入干燥的棕色试剂瓶中，置暗处保存。

KNO_3 固体；6 mol/L HNO_3。

四、实验步骤

（1）接通 PHS－3C 型精密 pH 计的电源，选用 mV 挡，预热 20 min 以上。

（2）移取 25.00 mL 试液于 100 mL 烧杯中，用蒸馏水稀释至 50 mL，加入 2 滴 6mol/L HNO_3 溶液和 1 g KNO_3。放入铁芯搅棒，接通电磁搅拌器的电源，开动搅拌。

（3）用砂纸打磨银电极，并用蒸馏水清洗，镜头纸擦干；饱和甘汞电极用蒸馏水清洗后，镜头纸擦干。将两电极浸入溶液中，并与测量仪器连接。

（4）粗滴。将 $AgNO_3$ 标准溶液装入酸式滴定管，并调节液面 0.00 mL，记录初始电动势。然后每加 2.00 mL $AgNO_3$ 溶液记录一次电动势值。计算间隔 2.00 mL $AgNO_3$ 的电动势差值，以最大值判断电动势突跃范围。前一个突跃是 I^-，后一个是 Cl^-，共有两个。

（5）细滴。用砂纸打磨银电极，并用蒸馏水清洗，镜头纸擦干；饱和甘汞电极用蒸馏水清洗后，镜头纸擦干。将两电极浸入另一份试液中，并与测量仪器连接。此为正式滴定。

$AgNO_3$ 溶液从滴定管 0.00 mL 滴加到第一个 I^- 突跃范围起始点，记录此时电动势。然后每加 0.10 mL $AgNO_3$ 溶液记录一次电动势值，直至过第一个突跃范围。

然后，$AgNO_3$ 溶液继续滴加到第二个 Cl^- 突跃范围起始点，记录此时电动势。然后每加 0.10 mL $AgNO_3$ 溶液记录一次电动势值，直至过第二个突跃范围。

计算间隔 0.10 mL $AgNO_3$ 的电动势差值，以最大值判断电动势突跃范围。共有两个。

五、数据记录及处理

1. 数据记录

日期＿＿＿＿＿＿＿；水温＿＿＿＿℃；仪器名称及型号＿＿＿＿＿＿＿。

$AgNO_3$ 体积 V(mL)		E（mV）	ΔE（mV）	ΔV（mL）	$\frac{\Delta E}{\Delta V}$	$\Delta\left(\frac{\Delta E}{\Delta V}\right)$	$\frac{\Delta^2 E}{\Delta V^2}$
I^-							
Cl^-							

2. 用二次微商法求两个滴定终点 V_{I^-} 和 V_{Cl^-}。

3. 计算试样中 I^- 和 Cl^- 的质量浓度（mg/L）。

①试样中 I^- 的质量浓度（mg/L）$= \frac{c_{硝酸银} \times V_{I^-}}{V_{试样}} \times M_{I^-} \times 1\,000$ mg/g

式中 $c_{硝酸银}$—— $AgNO_3$ 标准溶液浓度，mol/L；

V_{I^-}—— I^- 消耗的 $AgNO_3$ 标准溶液体积，mL；

$V_{试样}$—— 试样体积，25.00 mL；

M_{I^-}——I^- 的摩尔质量，126.9 g/mol。

②试样中 Cl^- 的质量浓度（mg/L）$= \frac{c_{硝酸银} \times V_{Cl^-}}{V_{试样}} \times M_{Cl^-} \times 1\,000$ mg/g

式中 $c_{硝酸银}$——$AgNO_3$ 标准溶液浓度，mol/L；

V_{Cl^-}——Cl^- 消耗的 $AgNO_3$ 标准溶液体积，mL；

$V_{试样}$—— 试样体积，25.00 mL；

M_{Cl^-}——Cl^- 的摩尔质量，35.5 g/mol。

六、思考题

1. 通过本实验你能体会电位滴定法的哪些优点？

2. 为什么可用 pH 玻璃电极作参比电极？用饱和甘汞电极作参比电极时为什么要加外盐桥？

实验十　重铬酸钾电位滴定硫酸亚铁铵溶液

一、实验要求

1. 学习氧化还原电位滴定的基本原理和实验操作；

2. 掌握二次微商法确定终点。

二、基本原理

电位滴定法是一种用电位法来确定终点的容量分析法。进行电位测量时，由指示电极和参比电极插入待测溶液中组成一个工作电池。随着滴定剂的不断加入，由于滴定反应，待测离子或与之有关的离子浓度不断变化，指示电极电位也发生相应的变化，在终点附近，由于离子浓度的突跃，而产生电位突跃，因此测量电池电动势的变化，就能确定滴定终点。

用 $K_2Cr_2O_7$ 溶液滴定 Fe^{2+} 的反应为

$$Cr_2O_7^{2-} + 6Fe^{2+} + 14H^+ = 2Cr^{3+} + 6Fe^{3+} + 7H_2O$$

两个电位的氧化型都是离子，这类氧化还原滴定可用惰性金属铂电极作指示电极、饱和甘汞电极作参比电极组成原电池。在滴定过程中由于滴定剂（$Cr_2O_7^{2-}$）的加入，待测离子氧化态（Fe^{3+}）和还原态（Fe^{2+}）的活度（或浓度）比值发生变化，铂电极的电位亦发生变化，在化学计量点附近发生电位突跃，可用二次微商法确定终点。

三、仪器和试剂

1. 仪器

PHS-3C 型精密 pH 计；电磁搅拌器；铁芯搅棒；铂电极；饱和甘汞电极。

25 mL 酸式滴定管；25 mL 移液管；100 mL 烧杯。

2. 试剂

0.0167 mol/L $K_2Cr_2O_7$ 溶液：准确称取 4.9032g 在 120℃ 干燥过的 $K_2Cr_2O_7$ 溶于蒸馏水中，转移到 1 L 容量瓶中，用蒸馏水稀释至刻度。

H_2SO_4，H_3PO_4 混合酸（1∶1）。

氧化还原指示剂：2 g/L 邻苯氨基苯甲酸或 5 g/L 邻菲罗啉硫酸亚铁溶液。

四、操作步骤

（1）接通 PHS-3C 型精密 pH 计的电源，选用 mV 挡，预热 20 min 以上。

（2）铂电极处理。将铂电极浸入 0.2 mol/L HNO_3 溶液中煮沸 5 min，必要时可用氧化焰燃烧铂片数分钟，再用 0.2 mol/L HNO_3 煮沸。使用前用 HCl 溶液浸泡片刻后洗涤干净。为了指示灵敏，铂电极应保持清洁光亮。

（3）100 mL 烧杯中加入（NH_4）Fe_2（SO_4）$_2$ 样品溶液 25.00 mL，混合酸 10 mL，稀释至 50 mL。加一滴氧化还原指示剂，将烧杯放搅拌台上，将两个电极浸入溶液并放入一根铁芯搅棒，电极对正确连接于测量仪器上。

（4）粗滴。将 $K_2Cr_2O_7$ 标准溶液装入酸式滴定管，并调节液面 0.00 mL，记录初始电动势。然后每加 2.00 mL $K_2Cr_2O_7$ 溶液记录一次电动势值。计算间隔 2.00 mL $K_2Cr_2O_7$ 的电动势差值，以最大值判断电动势突跃范围。

（5）细滴。两电极洗净擦干后浸入另一份试液中，并与测量仪器连接。此为正式滴定。

$K_2Cr_2O_7$ 溶液从滴定管 0.00 mL 滴加到突跃范围起始点，记录此时电动势。然后每加 0.10 mL $K_2Cr_2O_7$ 溶液记录一次电动势值，直至过突跃范围。计算间隔 0.10 mL $K_2Cr_2O_7$ 的电动势差值，以最大值判断电动势突跃范围。

五、数据记录及处理

1. 数据记录

日期__________；水温________℃；仪器名称及型号____________。

$K_2Cr_2O_7$ 体积 V(mL)	E（mV）	ΔE（mV）	ΔV（mL）	$\frac{\Delta E}{\Delta V}$	$\Delta\left(\frac{\Delta E}{\Delta V}\right)$	$\frac{\Delta^2 E}{\Delta V^2}$

2. 用二次微商法求滴定终点 $K_2Cr_2O_7$ 的体积。

3. 计算样品 Fe^{2+} 的浓度（mol/L）

$$试样中\ Fe^{2+}\ 的浓度(mol/L) = \frac{6 \times c_{重铬酸钾} \times V_{重铬酸钾}}{V_{试样}}$$

式中 $c_{重铬酸钾}$——$K_2Cr_2O_7$ 标准溶液浓度，0.0167 mol/L；

$V_{重铬酸钾}$——Fe^{2+} 消耗的 $K_2Cr_2O_7$ 标准溶液体积，mL；

$V_{试样}$—— 试样体积，25.00 mL。

六、思考题

1. 为什么开始滴定和离滴定终点较远处，每次可加入较多的滴定剂，而在滴定终点附近，每次加入量应尽可能少些？

2. 本实验采用两种滴定终点指示法，哪一种指示灵敏准确且不受试液底色的影响？

3. 为什么氧化还原电位滴定可用铂电极和碳电极作指示电极？

第七章　伏安分析法

第一节　概　　述

伏安分析法是以测定电解过程中所得的电压-电流曲线为基础的电化学分析方法。通常将以滴汞电极为工作电极的伏安分析法称为极谱分析。它包括经典极谱法和近代极谱法。所谓经典极谱法是以滴汞电极为工作电极，以测量它的电压-电流曲线为基础的分析方法。而近代极谱法则是以非滴汞电极或非汞电极为工作电极的。习惯上，往往把伏安分析和极谱分析二词混用。

经典极谱法是捷克化学家 J. Heyrovsy 创立的。1918 年，Heyrovsy 从事研究电解质溶液中汞表面张力随电位变化的电毛细曲线，在其装置的线路中串入一灵敏的检流计，研究电流与电位的关系，于是便创立了极谱法。并经数十年的不懈努力，于 1959 年获诺贝尔化学奖。

半个世纪以来，极谱分析法在理论研究和实际应用上都得到了很大的发展。为克服经典极谱的局限性，先后出现了单扫描示波极谱、交流极谱、方波极谱、脉冲极谱、方波伏安法、溶出伏安法、半微分半积分极谱、催化极谱和交流示波极谱等新型快速灵敏的极谱技术和方法，从而大大提高了测定的灵敏度和准确度。某些极谱分析法的检测下限可达 10^{-11} mol / L，甚至更低，这使极谱分析法成为一种很重要的电分析方法。

极谱分析法是伏安分析法的重要内容和基础，因此本章重点介绍极谱分析法的基本知识和理论，此外，也讨论一些较新的技术和方法，如线性扫描极谱法、脉冲极谱法、催化极谱、溶出伏安法等。

一、经典极谱分析法的优点

（1）极谱法是一种快速的微量分析法。用极谱法通常能测定浓度在 10^{-2}～10^{-5} mol/L 的物质，相对误差一般在 2%～5%。在特定条件下，可分析浓度稀至 10^{-8}～10^{-9} mol/L 的物质，是一种重要的微量分析方法。

（2）在合适的条件下，可在一份试液中同时测定几个组分。如同时测定 Cu^{2+}、Cd^{2+}、Ni^{2+}、Zn^{2+}、Mn^{2+}，而不必预先分离。

（3）样品可重复使用。进行极谱测定时，通过的电流很小（几个微安），因此，经过分析后的溶液，基本上没有什么变化，可反复进行测定。

（4）应用广泛。凡在滴汞电极上可起氧化或还原反应的物质，大部分可以用极谱法测定；一些不起氧化或还原反应的物质也可设法应用间接法如络合吸附波等进行测定。既可测定无机物质，也可测定有机物质。

在无机分析方面，适合于纯金属、合金、矿物及化学试剂中微量杂质的测定。如纯锌中微量 Cu、Pb、Cd；钢铁中微量 Cu、Ni、Co、Mn、Cr；铝镁合金中的微量 Cu、Pb、Cd、Zn、Mn；矿石中微量 Cu、Pb、Cd、Zn、W、Mo、V、Se、Te，铂族元素等的测定。

在有机分析方面，不饱和烃类、卤化物、醛类、酮类、醌类、不饱和酸、硝基及亚硝基化合物，偶氮及重偶氮化合物和过氧化物等都能用经典极谱法测定。如酒类中醛、酮的测定，农药的测定等。其他在生理学、药物学及医学方面都有应用。

极谱分析还可用于研究溶液中氧化还原反应的机理及其动力学，用于测定配合物的稳定常数、化学反应的速率常数等。

二、经典极谱分析法的缺点

(1) 分析速度慢。测定时间为5～15 min。按照经典极谱理论，汞滴滴下时间以2～5 s为宜，因此电压扫描速度不宜过快，电压扫描速度一般以1 V/（5～15 min）为宜。

(2) 分析灵敏度受残余电流（主要是充电电流）影响很大。

(3) 分辨率低。除非两种被测物质的半波电位相差100 mV以上，否则要准确测量各个物质的波高会有困难。另外，当试样中含有的大量组分比待测定的组分更易还原时，应用经典极谱法测定会遇到困难。随着现代科学技术的发展，材料科学、生理学和医学、环境科学等领域向分析化学提出了更高的要求。一个是分析灵敏度要高，另一个是分析速度要快，这些正好是经典极谱分析的弱点。因而作为分析工具，经典极谱法正被现代极谱法所代替。

第二节 极谱分析法的基本原理

一、基本概念

1. 极化、极化电极和去极化电极

当电流通过电极-溶液界面时，电极电位偏离平衡电势的现象叫做极化。

电流通过时，由于电子交换反应，电极表面附近的反应物浓度 c_0 低于本体浓度 c_M，而引起电极电位偏离无电流通过时的平衡电势的现象，称为浓差极化，参考图7－1。

电流通过时，电极电势偏离平衡电势越大，极化程度就越大。当电极电位完全随外加电压的改变而改变时，或者当电极电位改变很大而电流改变很小，即 di/dE 值很小时，这种电极称为极化电极。当电极电位的数值保持不变，即不随外加电压的改变而改变，或者当电极电位改变很小而电流改变很大，即 di/dE 值很大时，这种电极称为去极化电极。若某物质能在电极上发生氧化反应或还原反应，使电极电势维持在其平衡值附近，这样的物质叫做去极剂。

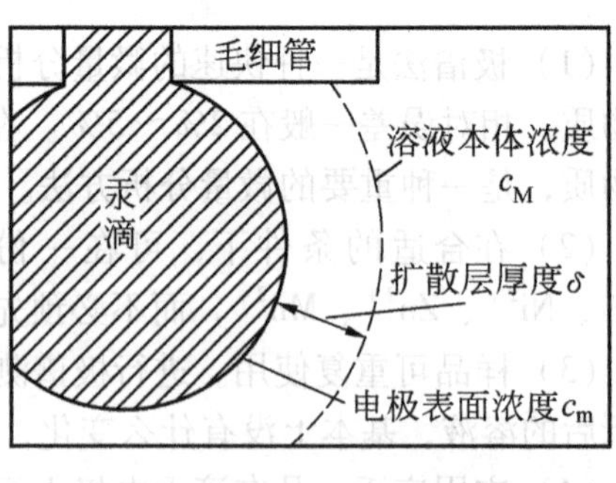

图7－1 汞滴周围的浓差极化

2. 扩散电流、极限电流和残余电流

极谱法是一种在特殊条件下进行的电解分析法，其特殊性表现在两个电极上：一个面积很大的参比电极和一个面积很小的滴汞电极。滴汞电极的面积很小（见图7-2），电流密度很大，当达到离子的分解电压时，离子迅速还原，使电极表面的离子浓度减少，与溶液主体的离子浓度有了差别，于是电极的电位偏离可逆电极的电位，而引起浓差极化。此时，电极附近出现浓度梯度，形成很薄的扩散层，引起离子从溶液主体向电极表面扩散（见图7-3）。电流受离子扩散速度控制，因此这种电流称为扩散电流。当电极表面上的离子浓度几乎等于零时，达到完全的浓差极化，在电极表面上还原的离子数目决定于离子从溶液主体向电极表面扩散的速度，有多少离子扩散到电极表面，就有多少离子还原。电流的大小完全受离子的扩散速度所控制，即电流不随外加电压增加而增加，而是达到某一极限值，称为极限电流。这时滴汞电极的电位完全随外加电压的变化而变化，因此滴汞电极是极化电极。而参比电极（例如甘汞电极）的面积很大，电流密度很小，电极表面上的离子浓度几乎不变化，即不出现浓差极化现象，其电极电位在电解过程中保持恒定，不随外加电压的变化而变化，因此参比电极是去极化电极。在进行极谱分析时，外加电压虽未达到被测物质的分解电压，但仍有微小的电流通过电解池，这种电流称为残余电流（见图7-4）。

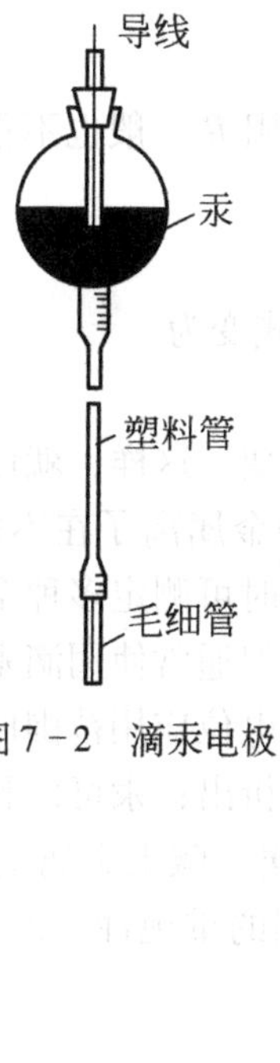

图7-2　滴汞电极

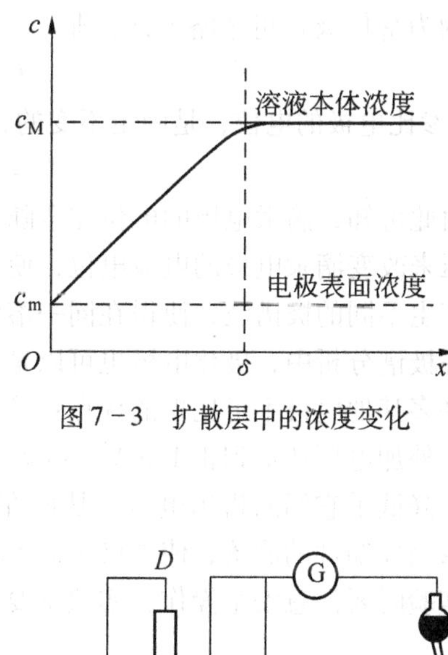

图7-3　扩散层中的浓度变化

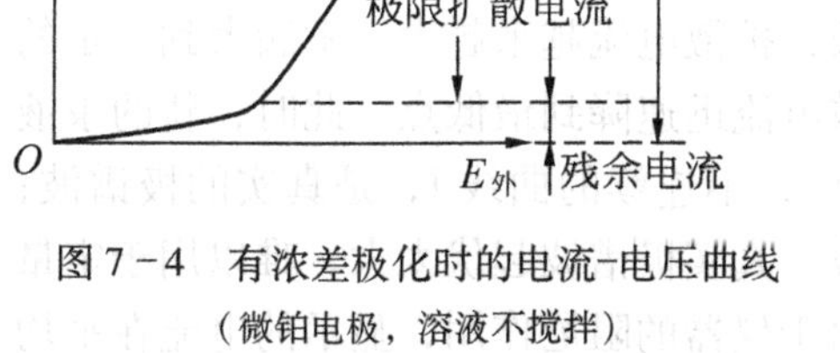

图7-4　有浓差极化时的电流-电压曲线

（微铂电极，溶液不搅拌）

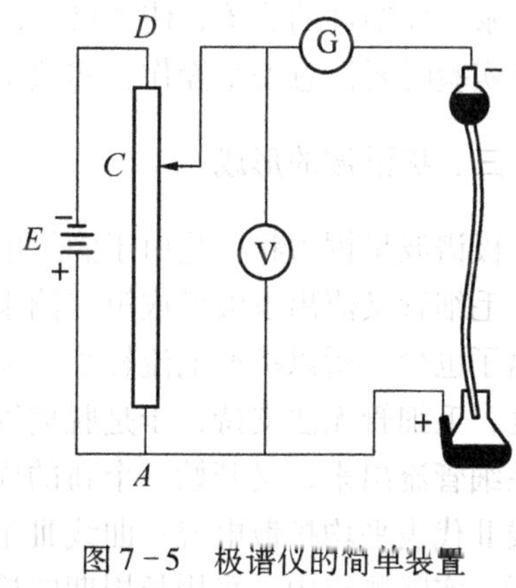

图7-5　极谱仪的简单装置

二、极谱法的装置

为极谱法而设计的极谱仪各式各样，尽管它们的线路极为复杂，但其基本装置都是相同的，极谱仪的装置原理图如图 7－5 所示。它可分为三个部分：

（1）外加电压。包括直流电源 E、滑线电阻 AD 和伏特计 V。随接触点 C 的滑动，可调节加在电解池上的电压，其数值由伏特计指示。

（2）记录电流。包括电流计 G 和分流器（未画出），用以测量通过电解池的电流。

（3）电解池。包括一个面积很大的参比电极、一个面积很小（约 $10^{-2}\,cm^2$）的滴汞电极，以及待测的溶液。滴汞电极的上端为一储汞瓶（见图 7－2），瓶中的汞通过橡皮管或塑料管进入内径约 0.05 mm 的玻璃毛细管，然后由毛细管滴入电解池的溶液中。改变汞滴高度可以得到合适的汞滴滴下时间，一般为 2 ～ 8 s。参比电极一般用饱和甘汞电极或氯化银电极。

如果以滴汞电极为阴极，其电极电位为 φ_{de}，以甘汞电极为参比电极，其电极电位为 φ_{SCE}，则它们与外加电压 U、外电解电流 i 和电路中总电阻 R（包括溶液电阻）的关系可表示为：

$$U = \varphi_{SCE} - \varphi_{de} + iR$$

在极谱分析中，通过溶液的电流很小，只有几个微安，总电阻 R 一般也不很大，因此，iR 项（约为毫伏级）可忽略不计，即

$$U = \varphi_{SCE} - \varphi_{de}$$

φ_{SCE}为参比电极的电位，是固定不变的，可假设为零，则上式变为

$$U = -\varphi_{de}(\text{vs. SCE})$$

由此可知，滴汞电极的电位完全随外加电压的改变而改变。这样，就可以通过控制外加电压来改变滴汞电极的电极电位，使具有不同还原电位的金属离子在不同的电位析出，从而产生不同的极谱波，使得在同一溶液中不经预分离就同时可测定多种金属元素。

在极谱分析中，极化电极也可以是其他的固体微电极，但通常使用滴汞电极，因为它具有许多其他电极不可比拟的优点：滴汞电极的超电压大，电位应用范围广，如在酸性溶液中，外加电压从负到正 1.3 V（vs. SCE）时还不会有氢气析出；汞可以和许多金属生成汞齐，降低了它们的析出电位，从而在碱性溶液中的碱金属、碱土金属也可进行极谱分析；汞滴周期性的滴落，使电极表面不断更新，保证了数据的重现性。但汞的蒸汽有毒，所以实验时要注意安全操作，实验室要保持通风。

三、极谱波的形成

极谱波呈锯齿状，是由于滴汞电极的汞滴周期性滴落引起的波动。第一滴汞掉下的同时，毛细管又流出汞液形成第二滴汞滴。刚开始时汞滴的表面积很小，扩散到汞表面的金属离子也少，所以扩散电流较小。随着汞滴的生长，扩散电流越来越大。汞滴大到一定的程度，毛细管无法支持，于是脱离管口掉下，扩散电流迅速降到最低点。此时，新的汞液从毛细管流出来，又开始一个新的周期。图 7－6 中，不连续的曲线Ⅰ，是真实的极谱波；虚线Ⅱ代表平均扩散电流；曲线Ⅲ是记录的极谱波。真实极谱波起伏太大，难以用于定量分析。实际测定中，采用长周期的检流计记录，由于仪器的阻尼作用，显示的电流在平均

扩散电流上下振荡，所得的极谱波是波动幅度不大的连续曲线（见图7-7）。

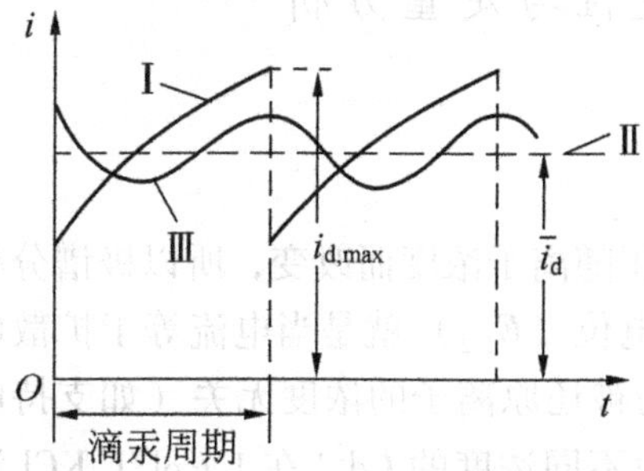

图7-6 滴汞电极的电流-时间曲线

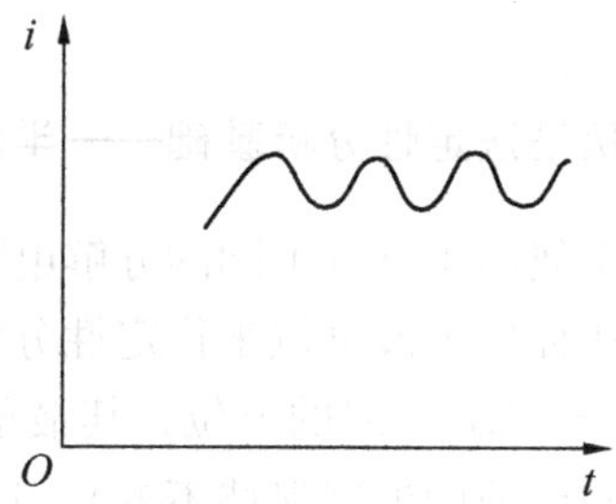

图7-7 长周期检流计记录的电流-时间曲线

在极谱分析中，用极谱波的高度代表极限扩散电流，测量扩散电流的大小就是测量极谱波的高度 h。因此，准确地测量极谱波的高度对保证分析结果准确度具有重要的意义。

极限扩散电流的大小等于极限电流减去残余电流，极限扩散电流的高度等于极限电流的高度减去残余电流的高度。对于波形良好的极谱波，极限电流与残余电流相互平行，可以采用平行线法（见图7-8a）：通过极谱波的残余电流和极限电流的锯齿波纹的中心部分作两条相互平行的直线 AB 和 CD，两线间的垂直距离 h 即为极谱波高。对于不规则的波形，可用三切线法（见图7-8b）：作残余电流和极限电流的延长线，交极谱波的切线于 P 和 F 两点，过 P 和 F 两点作横坐标轴的平行线 PR 和 FQ，两平行线之间的垂直距离 h 即为极谱波高。

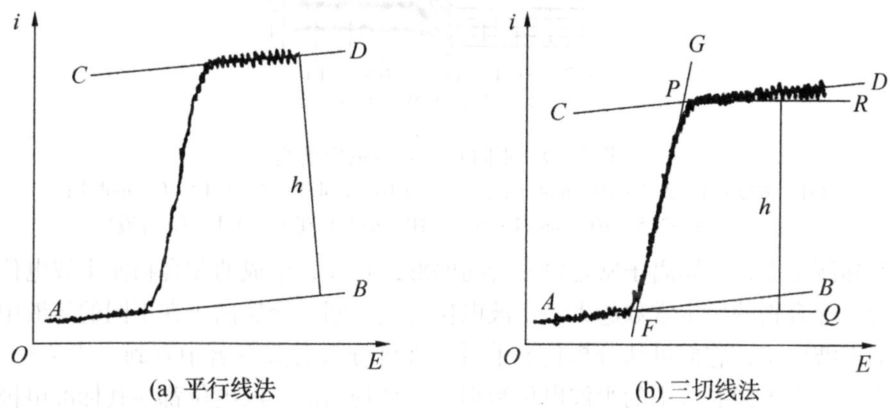

(a) 平行线法　　(b) 三切线法

图7-8 极谱波高的测量

在计算中，并不需要知道极限扩散电流的绝对值，只需测量记录仪或记录纸上波的高度，以毫米或记录纸的格表示。

第三节 极谱分析法的定性与定量分析

一、极谱法定性分析基础——半波电位

不同金属离子具有不同的分解电压，但分解电压随离子浓度而改变，所以极谱分析不用分解电压而用半波电位来作定性分析。所谓半波电位（$E_{1/2}$）就是当电流等于扩散电流的一半（$i = 1/2 i_d$）时的电位，其最重要的特征是与被还原离子的浓度无关（如支持电解质的浓度与溶液的温度保持不变）。这种关系可以由不同浓度的 Cd^{2+} 在 1 mol/L KCl 溶液中的极谱图来说明（见图 7－9）。由图可见，半波电位与浓度无关；分解电压 $U_{分}$ 则受浓度的影响。

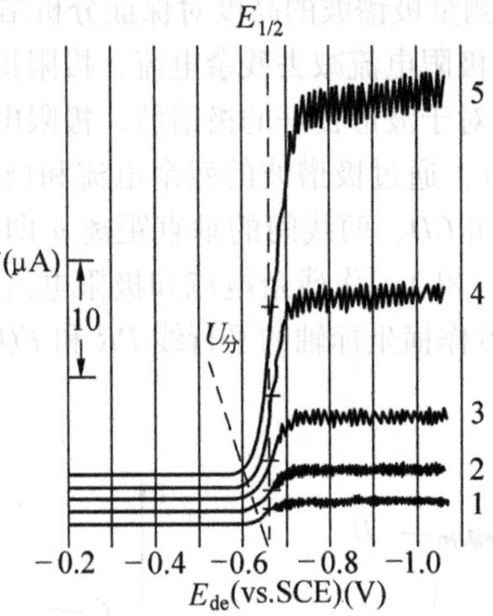

图 7－9 不同 Cd^{2+} 浓度的极谱波

Cd^{2+} 浓度：1—2.8×10^{-4} mol/L；2—5.5×10^{-4} mol/L；3—1.1×10^{-3} mol/L；4—2.5×10^{-3} mol/L；5.5×10^{-3} mol/L 在 1 mol/L KCl 溶液中

在实际测定中，金属离子常常以配合物的形式存在，生成的配合物使半波电位向负的方向移动，配合物的稳定常数越大，半波电位越负。同一金属离子在不同的溶液中，可能有不同的半波电位，它们可从分析化学手册或极谱分析有关专著中查到。表 7－1 列举了部分金属离子在不同底液中的半波电位数据。每种物质的半波电位都与其标准电极电位存在密切的关系。

表 7－1 某些金属离子在不同介质中的半波电位

金属离子	1 mol/L KCl	1 mol/L HCl	1 mol/L KOH（NaOH）	1 mol/L NH_3^+ 1 mol/L NH_4Cl
Al^{3+}	−1.75			
Fe^{3+}	>0	>0		
Fe^{2+}	−1.30		1.46 (−0.9)	1.49 (−0.34)

续表 7-1

金属离子	1 mol/L KCl	1 mol/L HCl	1 mol/L KOH（NaOH）	1 mol/L NH_3^+ 1 mol/L NH_4Cl
Cr^{3+}	-0.85	(-0.99)	-0.92	-1.43
	-1.47	-1.26		-1.71
Mn^{2+}	-1.51		-1.70	-1.66
Co^{2+}	-1.30		-1.43	-1.29
Ni^{2+}	-1.10			-1.10
Zn^{2+}	-1.00		-1.48	-1.35
Cd^{2+}	-0.64	-0.64	-0.76	-0.81
Cu^{2+}	+0.04	+0.04	-0.41	-0.24
	-0.22	-0.22		
Bi^{3+}		-0.09	-0.6	

应该说明的是，利用半波电位定性有一定的局限性，这是因为：极谱可使用的电位范围有限；在同一极谱图上，可以同时出现的极谱波只有几个；在同一条件下，金属离子的极谱波容易相互接近或重叠，无法区别。所以极谱法主要用作定量分析。但是可以通过半波电位，了解测定条件下试样中各种物质产生极谱波的电位，从而选择适当的分析条件。例如有干扰物质共存时，可加入适当的掩蔽剂，使干扰物质的极谱波与待测物质的极谱波不在同一位置出现，避免共存物质的干扰，这在极谱分析中有重要的意义。如选用适当的支持电解质，使混合物中各组分的极谱波不产生重叠，就有可能实现几种物质的同时测定。

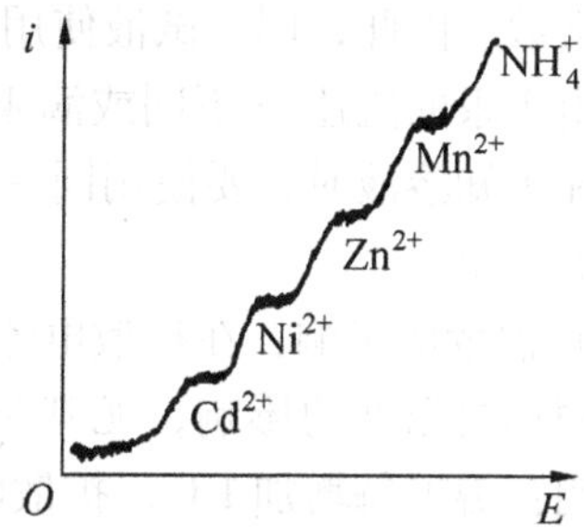

图 7-10　含 Cd^{2+}、Ni^{2+}、Zn^{2+} 及 Mn^{2+} 的 NH_3-NH_4Cl 溶液的极谱图

例如：在 NH_3 及 NH_4Cl 溶液中可测定 Cd^{2+}、Ni^{2+}、Zn^{2+} 及 Mn^{2+} 等离子（见图 7-10）。

二、极谱法定量分析

1. 扩散电流方程式

扩散电流方程式是指表达极限扩散电流与在滴汞电极上进行电极反应的物质浓度之间定量关系的式子。

极谱方法是以测量滴汞电极的扩散电流为定量分析基础的，在一定电位下，受扩散控制的电解电流可表示为：

$$i = K(c - c_0)$$

式中，K 为比例常数，c_0 为电极表面被测金属离子的浓度，c 为溶液本体中被测金属离子的浓度，当外加电压继续增加使滴汞电极的电位变得更负时，c_0 将趋近于零，此时：

$$i_d = Kc$$

即扩散电流正比于溶液中被测金属离子的浓度而达到极限值，不再随外加电压的增加而改变。

上式比例常数 K，称为尤考维奇（Ilkovic）常数。

$$K = 607nD^{1/2}m^{2/3}\tau^{1/6}$$

故
$$i_d = 607nD^{1/2}m^{2/3}\tau^{1/6}c$$

上式即为扩散电流方程式，或称为尤考维奇（Ilkovic）方程式。式中 i_d 为平均极限扩散电流（单位为 μA），代表汞滴自形成至落下过程中汞滴上的平均电流；n 为电极反应中电子的转移数；D 为电极上起反应的物质在溶液中的扩散系数（单位为 cm^2/s）；m 为汞流速度（单位为 mg/s）；τ 为在测量 i_d 的电压时的滴汞周期（单位为 s）；c 为在电极上起反应的物质的浓度（单位为 mol/L）。

从尤考维奇方程式可知，当其他各项因素不变时，极限扩散电流与被测物质的浓度成正比。这是极谱定量分析的基础。

2. 影响扩散电流大小的因素

从扩散电流方程式可以看出，影响扩散电流大小的因素有：

（1）毛细管特性的影响：扩散电流方程式表明，平均极限扩散电流 i_d 与 $m^{2/3}\tau^{1/6}$ 成正比，汞的流速 m 或滴汞周期 τ 的任何变化将会引起极限扩散电流 i_d 的变化。$m^{2/3}\tau^{1/6}$ 称为毛细管常数。因此，同一试液使用不同的毛细管或同一毛细管在不同的高度下进行极谱分析时，由于汞的流速 m 不同或滴汞周期 τ 不同，得到的极限扩散电流也不相同。分析标准溶液和未知溶液时，要使用同一支毛细管，并在相同的汞柱高度下记录极谱图，才能得到准确的结果。

（2）温度的影响：在扩散电流方程式中，除电极反应转移电子数 n 不受温度影响外，其余各项均受温度的影响，尤其是待测组分在溶液中的扩散系数 D 受温度的影响较大。实验证明：温度每增加 1℃，扩散电流约增加 1.3%。因此必须控制电解池的温度，使其波动不超过 ±0.5℃。

在实际测定中，由于标准溶液与试液在同一条件下进行测定，两者之间的温度差别很小，产生的影响可以忽略不计。

（3）溶液组成的影响：溶液中的离子强度、溶液的粘度、介电常数等因素影响到扩散系数 D。溶液的组成不同，粘度也不同，溶液的粘度越大，扩散系数越小，扩散电流 i_d 也越小。所以在极谱分析中，要求标准溶液的组成和试样溶液的组成基本上一致。

3. 定量分析方法

在极谱图上，极限电流扣除残余电流后，即得极限扩散电流。极限扩散电流的大小与溶液中被测组分的浓度成正比。由极限扩极电流的大小（极谱波的高度），可以计算出被测组分的含量。常用极谱定量分析方法有直接比较法、工作曲线法和标准加入法等。

（1）直接比较法：对于浓度为 c_s 的标准溶液和浓度为 c_x 的未知溶液，在相同的实验条件下分别测得其波高为 h_s 和 h_x，然后根据波高与欲测离子浓度成正比可得：

$$h_s = kc_s$$

$$h_x = kc_x$$

则
$$c_x = c_s h_x / h_s$$

此法要求试样溶液和标准溶液的浓度和组成基本一致，否则误差较大。

（2）工作曲线法：配制一系列含有不同浓度的欲测离子的标准溶液，在相同的实验条件下，分别测定极限扩散电流（波高），绘制极限扩散电流（波高）-浓度的工作曲线。此工作曲线应是一条直线。分析未知试样时，在相同的实验条件下测得其波高，然后从工作曲线上求出相应的浓度。此法在分析同一类型的大批量试样时较为方便。

(3) 标准溶液加入法：当分析少数几个或个别未知试样时，可采用标准溶液加入法。此法是先取一定体积 V_0 的未知溶液，其浓度为 c_x，记录其极谱图，测得波高为 h_0，然后加入浓度为 c_s 的标准溶液 V_s（$V_s \ll V_0$），在同一实验条件下测得波高为 H。根据下列关系可求出未知溶液的浓度 c_x。因为

$$h = kc_x$$

故

$$H = \frac{k(V_0 c_x + V_s c_s)}{V_0 - V_s}$$

$$c_x = \frac{V_s c_s h}{(V_0 + V_s)H - V_o h}$$

由于加入标准溶液前后试液的组成基本保持一致，基本消除了底液不同所引起的误差，所以该法的准确度较高。

第四节　干扰电流及其消除方法

极限扩散电流与被测物质的浓度成正比是极谱定量分析的根据。但是，在极谱分析中，除了扩散电流之外，还有其他因素所引起的电流，如残余电流，迁移电流，极大、氧波和氢波等现象。这些电流与被测物质浓度无关，但影响测定的准确性，因此称为干扰电流，必须除去。

一、残余电流

残余电流包括电解电流和充电电流。电解电流是由于溶液中存在比被测物质更容易在电极表面还原的微量杂质所引起的，溶解在水中的微量氧气、水及试剂中存在的极微量的金属离子，都可能引起残余电流。当使用的水和试剂都很纯时，电解电流是很微小的，因此在分析微量组分时，要十分注意水和试剂的纯度。

充电电流又称为电容电流，它是由于滴汞表面与溶液间形成双电层，在与参比电极连接后，随着汞滴表面周期性变化而发生的充电现象所引起的（见图 7－11）。

溶液中，滴汞电极不与外加电压或其他电极相连时，滴汞电极不带电荷，电极电位和溶液的电位一致。

当电解池接上极谱装置后，接触臂 C 与电阻的端点 A 接通，滴汞电极和甘汞电极短路。甘汞电极表面带有正电荷，与滴汞电极短路时，甘汞电极就向滴汞电极充电，使滴汞电极表面带正电荷，并从溶液中吸引负离子，在滴汞电极表面形成双电层。

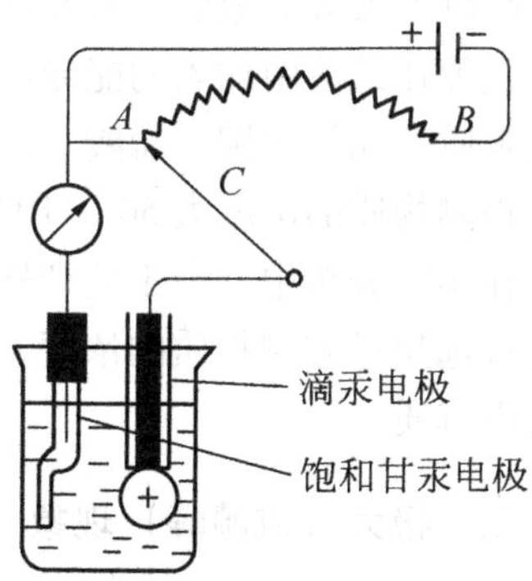

图 7－11　充电电流的产生

假如汞滴不继续增大，汞滴的表面积保持不变，则当滴汞电极的电位达到甘汞电极的电位时，甘汞电极上的正电荷便停止输入，双电层的充电过程将在一瞬间结束，电容电流只存在很短的时间。然而在实际上，随着汞滴逐渐增大，汞滴的表面积在不断地扩大，所以必须

持续不断地向滴汞充电，方能使其电荷密度保持一定的数值，并使滴汞电极的电位具有与甘汞电极相同的电位。同时，汞滴呈周期性滴落，每一滴汞落下时都带走了自己的双电层，第一颗汞滴下后，第二颗汞滴又形成了自己的双电层，汞滴在连续不断地生成、长大和落下，形成了连续不断的充电电流。

在图 7－12 中，曲线 *ab* 段表示：当外加电压逐渐增大时，由于滴汞电极与外加电压的负极相连，汞滴从外加电压取得负电荷，抵消了一部分正电荷，所以汞滴的正电荷逐渐减少，因而充电电流逐渐减少；当电压达到图中 *b* 点时，汞滴上的正电荷完全消失，汞滴不带电荷(这一点称为零电点)，充电电流就消失。曲线 *bc* 段表示：当外加电压继续增大时，汞滴上带负电荷，充电电流又产生了，不过这时的充电电流的方向与零电点前正好相反，为负电流，由滴汞电极向甘汞电极充电；当外加电压增大时，充电电流也随着增大。

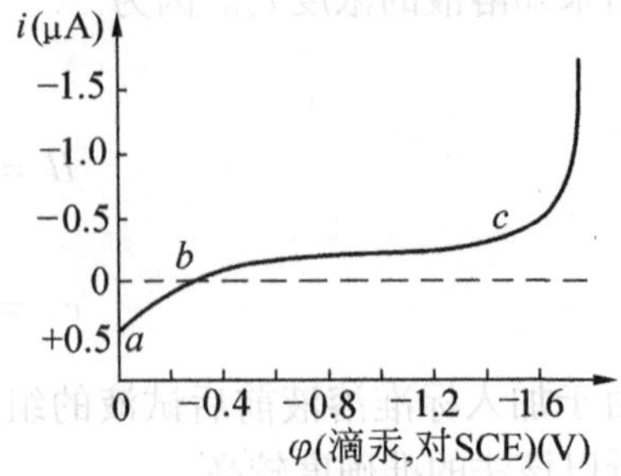

图 7－12　0. 1 mol/L KCl 溶液的电容电流

测定微量的组分时，充电电流会造成很大的影响，它将会掩盖微量物质电解时所产生的扩散电流，因此，应该设法消除。

二、迁移电流

在极谱分析测定时，必须消除溶液中被测离子的对流和迁移。在静止的溶液中，一般不会产生对流。迁移电流是由于电解池电极的静电作用力，使离子向电极运动而产生的电流。在电解过程中，阳极带正电，阴极带负电，将分别对试液中的被测离子产生静电吸引力或排斥力，造成正、负离子的迁移。被测离子的迁移使更多的金属离子到达阴极，测得的电流比只有扩散电流时要大。

迁移电流的大小与被测离子的浓度之间无一定的比例关系，干扰被测离子的测定，所以必须消除。消除的办法是在试液中加入大量的强电解质，例如 KCl，它在溶液中电离成为大量的正、负离子，正极的静电引力对溶液中所有的负离子都有作用，负极的静电引力对溶液中所有的正离子都有作用，分散了静电引力对被测离子的作用力，使到微量被测离子的静电引力大大减弱，从而消除了迁移电流的影响。

这种在试液中加入的能导电、但在分析条件下不能发生电解反应的惰性物质，称为支持电解质，如氯化钾、盐酸、硫酸等。为了有效地消除迁移电流，一般支持电解质的浓度要比被测物质的浓度大 50 ～ 100 倍。

在实际分析中，由于处理样品所用的酸、碱溶剂以及溶液中存在的大量其他物质，其浓度远远超过被测物质的浓度，它们可以起到支持电解质的作用，所以一般不用另外加入支持电解质。

三、极大（或畸峰）现象

在极谱分析过程中，刚开始测定时，有时会出现一个很大的极谱峰；当电极的电位更负时，这种现象消失，电流趋向于正常。这种在电流-电压曲线上出现的不正常电流峰，称为极谱极大（见图7-13）。

极大现象产生的原因可能是汞滴在成长过程中，它的表面产生了切向运动，致使电极表面附近的溶液被搅动，大量的金属离子被带到电极表面，所以电流急剧增加。当电流上升到极大值后，此时在电极表面附近的被测离子因为迅速减少，浓度已趋近于0，达到完全浓差极化，电流就立刻下降到扩散电流区域。

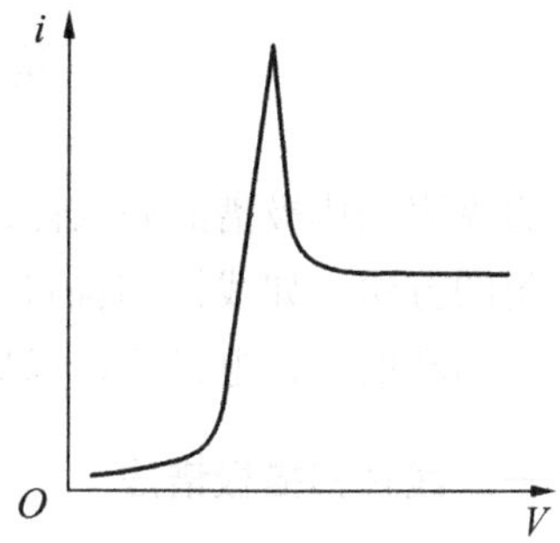

图7-13　极大现象

极大现象影响扩散电流的测定，常加入少量表面活性物质加以抑制。这些物质称为极大抑制剂。常用的极大抑制剂有明胶、聚乙烯酸等。但必须注意，极大抑制剂的存在会降低被测组分的扩散系数，影响扩散电流，使用时用量要少，一般不超过0.01%。

四、氧波

在试液中溶解的少量氧很容易在滴汞电极上还原，产生两个极谱波：

第一个波：　$E_{1/2} = -0.2\ V$（vs. SCE）

$$O_2 + 2H^+ + 2e \longrightarrow H_2O_2 \quad （酸性溶液）$$

$$O_2 + 2H_2O + 2e \longrightarrow H_2O_2 + 2OH^- \quad （中性或碱性溶液）$$

第二个波：　$E_{1/2} = -0.8\ V$（vs. SCE）

$$H_2O_2 + 2H^+ + 2e \longrightarrow 2H_2O \quad （酸性溶液）$$

$E_{1/2} = -1.1\ V$（vs. SCE）

$$H_2O_2 + 2e \longrightarrow 2OH^- \quad （中性或碱性溶液）$$

氧的半波电位处于极谱分析的重要区域，氧波会叠加在被测物质的极谱波上而产生干扰，因此必须除去溶液中的溶解氧。除氧的方法有以下两种：

（1）通入对极谱分析无干扰的惰性气体除氧。一般可将 N_2、H_2 或 CO_2 通入溶液约10 min以驱除氧。N_2 或 H_2 可用于所有溶液，而 CO_2 只能用于酸性溶液。

（2）用化学方法除氧。例如，在中性或碱性溶液中，可加入 SO_3^{2-} 除去溶液中溶解的氧；在pH为3.5～8.5的溶液中，可加入抗坏血酸除氧；在强酸性溶液中，可加入 Na_2CO_3 产生 CO_2；加入纯铁粉或硫酸亚铁产生 H_2 以除氧。

五、氢波

极谱分析一般是在水溶液中进行的，溶液中的氢离子在足够负的电位时，会在滴汞电极上还原，产生氢波。

在酸性溶液中，氢离子在-1.2～-1.4 V（视酸度的大小）处开始还原，故半波电位比-1.2 V更负的物质就不能在酸性溶液中测定。

在中性或碱性溶液中，氢离子浓度大为降低，氢离子在更负的电位下才开始还原，因此氢波的干扰作用大为减少。

第五节 近代极谱法简介

为克服经典极谱的局限性，主要从两方面入手：一是改进记录极谱电流的方法，即信号采集的方法，如线性扫描极谱；改变扫描电压的方法，如脉冲极谱。二是开发新的方法，研制新的工作电极等，以提高测定灵敏度，如溶出伏安法。

一、线性扫描极谱法

将一快速线性变化电压施加于电解池上，并根据所得的电流-电压曲线进行分析的方法，称为线性扫描伏安法。记录快速扫描的电流-电压曲线需要响应快的示波器、$x-y$ 函数仪或数字显示仪。如果以滴汞电极作为极化电极，示波器记录电流-电压曲线的线性扫描伏安法，称为线性扫描示波极谱法或单扫描示波极谱法（过去称为示波极谱法）。国产JP—1 型和 JP—2 型示波极谱仪属于这种类型的仪器。

1. 线性扫描极谱的工作原理及分析原理

线性扫描极谱的工作原理如图 7－14a 所示。在极谱电解池两个电极上加一个随时间作线性变化的直流电压 U（锯齿波）（见图 7－15）。所得的极谱电解电流在电阻 R 上产生一个电位降 iR，将此 iR 电位降经放大后加到示波器的垂直偏向板上，同时将加在电解池两个电极上的电压经放大后加到示波器的水平偏向板上。这样就可在示波器的荧光屏上观察到完整的 $i-U_{de}$ 曲线，如图 7－14b 所示，对于电极反应可逆的物质，得到的电流-电压曲线呈明显的尖峰形；对于不可逆的物质，则没有尖峰，波高很低，有时甚至不起波。

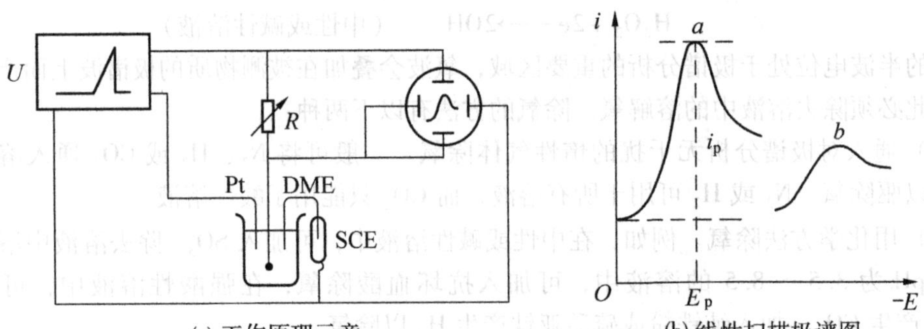

(a) 工作原理示意　　(b) 线性扫描极谱图

图 7－14　线性扫描极谱

（a. 可逆；b. 不可逆）

线性扫描极谱图呈峰形的原因，是由于加入的电压变化速度很快，当达到去极化剂的分解电压时，该物质在电极上迅速地还原，产生很大的电流。由于去极化剂迅速地在电极上还原，使其在电极附近的浓度急剧地降低，而溶液主体中的去极化剂又来不及扩散到电极，因此电流迅速下降，直至电极反应速度与扩散速度达到平衡而形成峰电流。

图 7－14b 中尖峰所对应的电位，称为峰电位，以 E_p 表示。它在一定实验条件下（温度、底液组成固定），仅决定于去极化剂的性质，因而可作为定性分析的根据。对于可逆

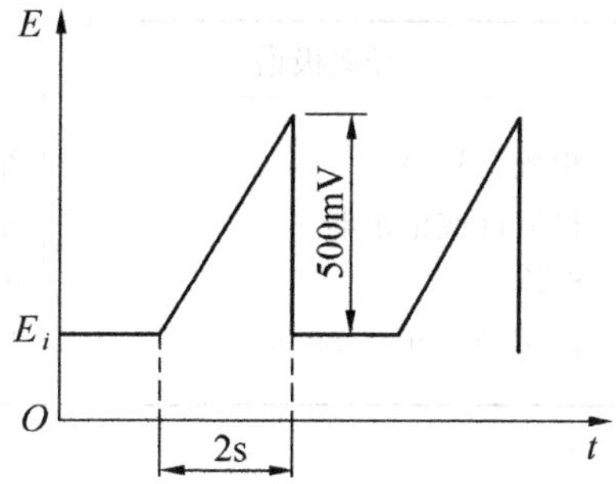

图 7－15　线性扫描示波极谱中电压-时间曲线

（E_i 为起始电位）

还原波，峰电位 E_{pc} 与相应经典极谱的半波电位 $E_{1/2}$ 的关系为：

$$E_{pc} = E_{1/2} - 1.1(RT/nF) = E_{1/2} - (28/n) \quad (25℃)$$

对于可逆氧化波：

$$E_{pc} = E_{1/2} + 1.1(RT/nF) = E_{1/2} + (28/n) \quad (25℃)$$

对于电极面积一定的线性扩散的可逆波，峰电流 i_p 与去极化剂浓度的关系，可有：

$$i_p = 2.69 \times 10^5 n^{3/2} D^{1/2} v^{1/2} Ac$$

式中，U 为电压扫描速度，A 为电极面积，其他与尤考维奇（Ilkovic）公式相同。由上式可见，在一定条件下，如果电极面积和扫描速度固定，峰电流与去极化剂浓度成正比。

从上式可见：①在一定实验条件下，峰电流 i_p 与去极化剂的浓度 c 成正比，这是定量分析的根据；②在一定条件下，i_p 与 $v^{1/2}$ 成正比。由于线性扫描速度比经典极谱快得多，因而 i_p 比经典极谱中的极限扩散电流要大得多。但并不是扫描速度越快越好，因为扫描速度越快，充电电流也越大。

对于不可逆波，由于电极反应速度小，在扫描速度快时，电极反应跟不上扫描速度，因而灵敏度低。

线性扫描极谱法适用于测定工业废水和生活污水。对于饮用水、地面水和地下水，需富集后方可测定。例如镉、铜、锌、镍与氨形成稳定的络离子均有良好的极谱性能，其峰电位值（相对于饱和甘汞电极），如表 7－2 所示。

表 7－2　隔、铜、锌、镍的峰电位值

元　　素	Cd^{2+}	$Cu^{+} \to Cu^{0}$	$Cu^{2+} \to Cu^{+}$	Zn^{2+}	Ni^{2+}
E_p（V）（vs. SCE）	－0.8	－0.55	－0.25	－1.35	－1.1

2. 线性扫描极谱与经典极谱的区别

线性扫描极谱法与前述经典极谱法同是根据电流-电压曲线来进行分析的。但两者有区别，线性扫描示波极谱和经典极谱的区别见表 7－3。

表 7 - 3　线性扫描示波极谱和经典极谱的区别

项　　目	经典极谱	线性扫描示波极谱
扫描速度	很慢，3 mV/s	很快，250 mV/s
记录装置	检流计或记录器	示波器
电流-电压曲线形状	S 形	峰形
记录图形的滴汞数	许多滴（40 ～ 80 滴）	1 滴

3. 线性扫描极谱的特点

（1）灵敏度比经典极谱高，检测限可达 10^{-6} ～ 10^{-7} mol/L，这与扫描速度有关。

（2）测量峰高比测量波高，易于得到较高的精度。

（3）分析速度快，只需几秒至十几秒就可完成一次测量。

（4）分辨率高，此法可分辨两个半波电位相差 35 ～ 50 mV 的离子。

（5）前波干扰小，数百甚至近千倍的前放电物质存在时，不影响后还原物质的测定。这是由于在电压扫描前有 5s 的静止期，相当于电极表面附近进行了电解分离。

（6）由于氧波为不可逆波，干扰作用也就大大降低。因此分析前往往可以不除去溶液中的溶解氧。

二、脉冲极谱法

经典的极谱分析法是向电解池提供均匀而缓慢升高的直流电压，测定通过电极的电流得到极谱波。影响因素主要是充电电流，脉冲极谱法是在研究消除充电电流方法的基础方向上发展起来的一种新极谱技术。

1. 基本原理

依脉冲电压施加方式不同，脉冲极谱法分为常规脉冲极谱法和微分脉冲极谱法。常规脉冲极谱法所施加的方波脉冲幅度是随时间而线性增加的（见图 7 - 16），得到的每个脉冲的 $i-E$ 曲线与经典极谱法的 $i-E$ 曲线相似（见图 7 - 17）；微分脉冲极谱法是在直流线性扫描电压上叠加一个等幅方波脉冲，得到的极谱波呈峰形。

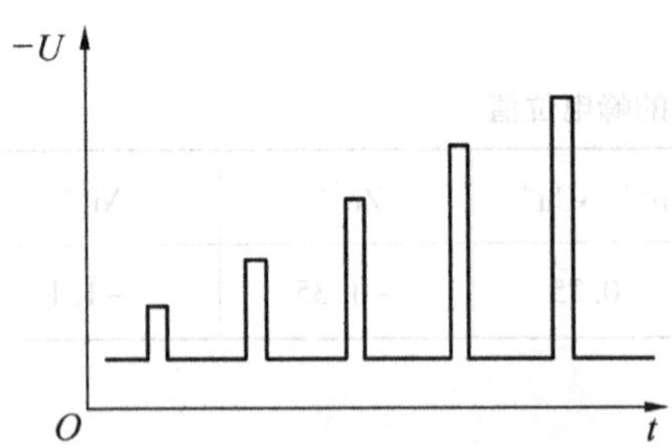

图 7 - 16　常规脉冲极谱施加的电压波形

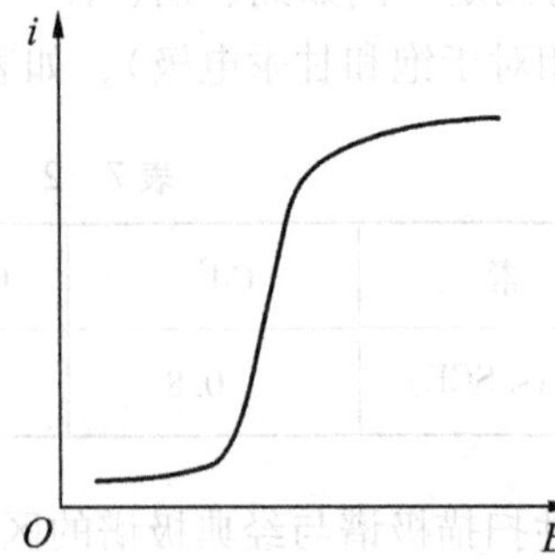

图 7 - 17　常规脉冲极谱图

脉冲极谱采取降低脉冲频率的方法消除了充电电容的影响。即在每滴汞上只加一频率为 12.5 Hz 的脉冲电压。因脉冲极谱中脉冲电压的延续时间较长，滴汞电极上产生的充电电容会很快衰减至0，而电解产生的法拉第电流受被还原物质的扩散速度所控制，它将随着被还原物质在电极上的反映而慢慢地衰减。因此，电解电流衰减的速度比充电电流衰减的速度要慢得多（见图7－18）。这样，若电解时不是连续地进行测定，而是等到充电电流衰减到可以忽略的程度以后再测定，则测得的电流不再包括充电电流。

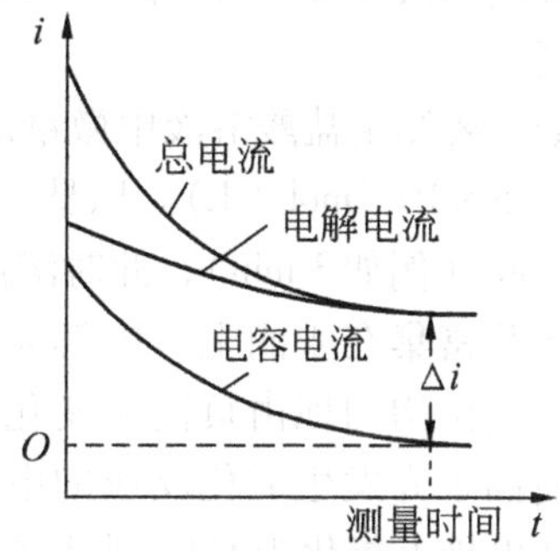

图7－18　脉冲极谱的电流-时间曲线

降低频率还可以降低毛细管电流。毛细管噪声电流 t^{-n}（$n>1/2$）衰减，其衰减速率比法拉第电流衰减速率快，比充电电流衰减速率慢。由于脉冲极谱的脉冲电压延续时间较长，因此，在脉冲电压后期记录电流时，不仅充电电流衰减至可以忽略不计，而且毛细管电流也衰减至可以忽略不计，这样记录的电流仅为法拉第电流，消除了毛细管电流的影响，其灵敏度亦有所提高。

降低脉冲电压频率，还可以提高不可逆体系测定的灵敏度。

2. 脉冲极谱法的特点

（1）极高的灵敏度。由于充电电流和毛细管电流得到充分衰减，可以将衰减了的法拉第电流充分放大，因此能达到很高的灵敏度。检出限可达到 10^{-8}～10^{-9} mol/L。

（2）分辨率高。可分辨半波电位或峰电位相差25 mV的相邻两极谱波。还有良好的抗干扰能力。

（3）支持电解质的浓度可减小至0.02 mol／L，减小了底液的影响。

三、溶出伏安法

1. 基本原理

溶出伏安法是将电化学富集和溶出测定有机地结合在一起的一种方法。这种方法是通过预电解，使被测定的物质富集在电极上，然后施加反向电压使富集在该电极上的物质重新溶出，根据溶出过程中所得到的伏安曲线来进行定量分析。由此可见，此法包括预电解和溶出测定两个过程。预电解在恒电位和搅拌溶液的条件下进行，搅拌溶液是为了保证去极剂不断地从主体溶液向电极输送。预电解是为了富集。富集之后停止搅拌，让溶液静止30～60 s后再进行溶出。如果电极电位随时间线性变化，则溶出曲线呈峰形，根据溶出伏安曲线的峰电流可进行定量分析。

（1）阳极溶出法。阳极溶出法又称反向溶出法，其基本过程分为两步：先将待测金属离子在比其峰电位更负一些的恒电位下，在工作电极上预电解一定时间使之富集。然后，将电位由负向正的方向扫描，使富集在电极上的物质氧化溶出，并记录其氧化波。根据溶出峰电位确定被测物质的成分，根据氧化波的高度确定被测物质的含量。其全过程可表示为：

$$M^{n+}+ne(+Hg)\underset{\text{溶出}}{\overset{\text{富集}}{\rightleftharpoons}}M(Hg)$$

电解还原是缓慢地富集，溶出是突然地释放，因而作为信号的法拉第电流大大增加，从而使方法的灵敏度大为提高。采用差分脉冲伏安法，可进一步消除干扰电流，提高方法的灵敏度。

例如，要测定盐酸溶液中微量的 Cu^{2+} （5×10^{-7}mol / L）、Pb^{2+}（1×10^{-6}mol / L）及 Cd^{2+} （5×10^{-7}mol / L）。以悬汞（固定的汞滴）电极作为阴极，首先在 −0.8 V 下电解一定时间（例如3 min），此时溶液中一部分 Cu^{2+}、Pb^{2+}、Cd^{2+} 离子在悬汞电极上还原，生成汞齐并富集在汞滴上。电解完毕后，悬汞电极的电位均匀地由负向正变化，首先达到可以使镉汞齐发生氧化反应的电位，此时镉重新从电极上氧化为 Cd^{2+} 进入溶液中，产生很大的氧化电流（正电流）。但当电位继续变正时，由于电极表面层的镉已被氧化得差不多了，而电极内部的镉又来不及扩散出来，故电流减小，因此得到峰形溶出曲线（如图 7 − 19 所示）。同样，当电位继续变正，达到铅汞齐和铜汞齐的氧化电位时，也将得到相应的溶出峰。溶出曲线的峰高与溶液中金属离子的浓度、电解富集时间、电解时溶液的搅拌速度、悬汞电极的大小及溶出时的电位变化速度等因素有关。当其他条件不变时，峰高与溶液中金属离子的浓度成比例，故可用以进行定量测定。

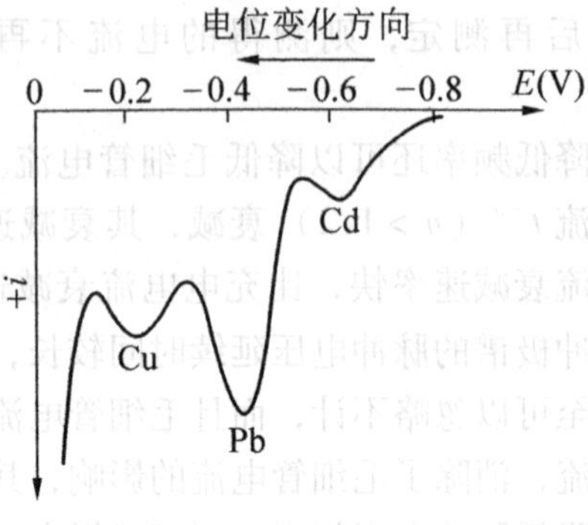

图 7 − 19　1.5 mol/L HCl 中微量 Cu^{2+}、Pb^{2+}、Cd^{2+} 的溶出伏安图
（悬汞电极，−0.8 V 电解 3 min）

像上述这种在较负的电极电势富集，向更正的电势扫描溶出的方法叫做阳极溶出伏安法。因为溶出伏安法的第一过程是对微量元素进行电解富集，电极不能采用滴汞电极，只能采用静止的悬汞电极。近年来采用镀汞膜的玻璃态石墨电极，以利于汞齐中的金属迅速氧化，从而得到更大的溶出电流。

（2）阴极溶出法。若应用阴极溶出反应，则称为阴极溶出伏安法。在阴极溶出法中，被测离子在预电解的阳极过程中形成一层难溶化合物，然后当工作电极向负的方向扫描时，这一难溶化合物被还原而产生还原电流峰。

阴极溶出伏安法适用于能与电极金属离子生成难溶化合物的阴离子、有机阴离子和具有特殊官能团的化合物的测定。

例如氯、溴、碘、硫离子的测定，从含有不少于 10^{-6}mol/L Cl^-、Br^-、I^- 的硝酸钾溶液中，在电位分别为 0.35，0.35，0.1（V）时，卤离子能沉积在汞电极的表面上。从含有不少于 5×10^{-8}mol/L S^{2-} 的 1 mol/L NaOH 溶液中，在 −0.5 V 时则沉积出硫化亚汞。图 7 −20 和图 7 −21 代表氯化亚汞、溴化亚汞、碘化亚汞、硫化亚汞的典型的溶出极化曲线以及其最大阴极电流对于相应阴离子浓度的依赖性，除碘化亚汞外的所有场合，沉积化合物溶出的最大电流正比于相应阴离子的浓度。

2. 溶出伏安法的特点

（1）极高的灵敏度。溶出伏安法的最大优点是灵敏度极高。这种方法由于将被测物由稀的试液中富集到极微小体积的电极中或电极上，而使得法拉第电流大大增加，灵敏度大大提高。阳极溶出法检出限可达 10^{-12}mol/L，阴极溶出法可达 10^{-9}mol/L，可与无火焰

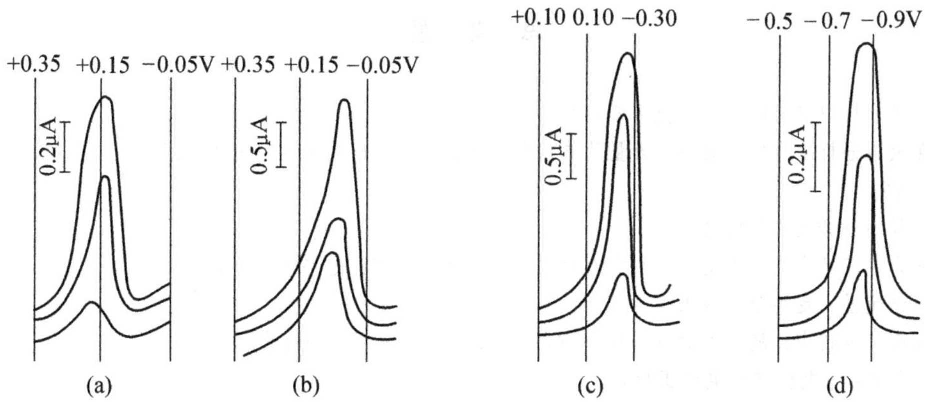

图 7-20　从 0.05 mol/L KNO_3 溶液中沉积出氯化亚汞

（a）溴化亚汞；（b）碘化亚汞；（c）从 1 mol/L NaOH 溶液沉积出的硫化亚汞；（d）溶出极化曲线

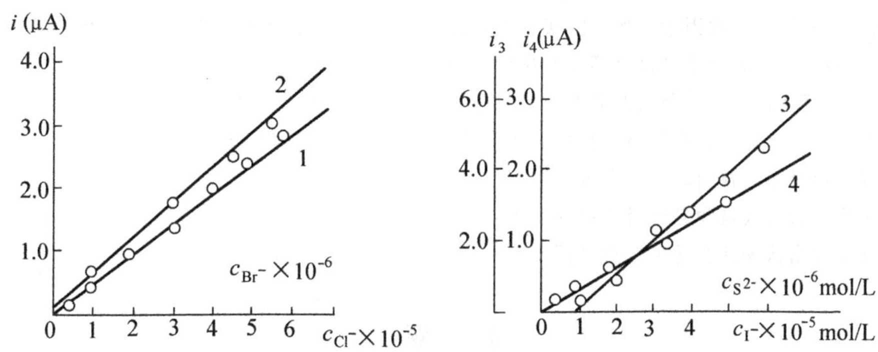

图 7-21　氯化亚汞（1）、溴化亚汞（2）、碘化亚汞（3）和硫化亚汞（4）的最大溶出电流相对应 Cl^-、Br^-、I^- 和 S^{2-} 的浓度依赖关系

原子法相媲美。

（2）仪器结构简单，价格便宜，便于推广。

（3）应用范围广。阳极溶出伏安法主要应用于痕量金属元素的分析，可用它进行测定的元素有 40 多种，它一次能同时测定多个元素，已广泛地应用于超纯金属、半导体材料、矿石、食品检验、血液、尿、天然水、环境保护等方面痕量元素的测定。此外，该法还可以用来研究海洋和环境样品中金属在水体中的物象分配，进行化学分类。这对于开发海洋资源的研究，以及环境科学中玷污物转移规律的研究都是十分重要的。阴极溶出伏安法主要用于阴离子的测定，该法可以测定 20 多种元素和一些有机离子。

（4）操作较严格，重现性较差。由于溶出伏安法的分析溶液浓度很低，因此需要熟练和严格的操作技术，除了电化学知识外，涉及微量和超微量分析的技术，只有在严格的实验条件下，才能得到可靠的实验结果。

思 考 题

1. 极谱分析中使用的滴汞电极有哪些特点？

2. 在极谱分析中为什么要加入大量的支持电解质？加入电解质后电解池的电阻降低，但电流不会变大，为什么？

3. 试简述极谱波的形成过程。

4. 残余电流产生的原因是什么？它对极谱分析有什么影响？怎样消除残余电流？

5. 极谱定量、定性分析的依据是什么？有哪几种定量方法？

6. 在极谱分析中，随着外加电压从小到大增加，问下列情况各发生什么变化：

(1) 饱和甘汞电极（接电源正极）的电位；

(2) 滴汞电极（接电源负极）的电位；

(3) 通过电解池的电流；

(4) 电极表面反应物的浓度；

(5) 溶液本体中反应物的浓度。

7. 影响极限扩散电流的因素有哪些？实验中如何消除这些因素的影响，以保证分析的准确度？

8. 极谱分析中主要的干扰电流有哪些？应如何消除？

9. 充电电流产生的原因是什么？它对微量组分的测定会产生什么影响？

10. 什么是半波电位？它在极谱分析中有何作用？如何测定物质的半波电位？

11. 常规脉冲极谱怎样消除电容电流的影响？

12. 比较线性扫描极谱和普通极谱的异同点。

13. 什么是溶出伏安法？通常分为哪两类？

习 题

1. 在 0.1 mol/L KNO_3 底液中含有浓度为 1.00×10^{-3}mol/L 的 $PbCl_2$，测得极限扩散电流为 8.76μA，从滴汞电极滴下 10 滴汞需时 43.2 s，称得其重量为 84.7 mg，试计算 Pb^{2+} 的扩散系数。

2. 在 1 mol/L NaOH 底液中，0.0040 mol/L 的 TeO_3^{2-} 在滴汞电极上还原产生一个可逆极谱波。汞在毛细管中的流速为 1.50 mg/s，汞滴落下的时间为 3.15 s，测得其扩散电流为 61.9μA。若 TeO_3^{2-} 的扩散系数为 $0.75\times10^{-5}cm^2/s$，那么在这样的条件下，碲被还原到什么状态？

3. 3.000 g 锡矿试样以 Na_2O_2 熔融后溶解，将溶液转移至 250 mL 容量瓶中，稀释至刻度。吸取稀释后的试液 25 mL 进行极谱分析，测得扩散电流为 24.9μA。然后在此液中加入 5 mL 浓度为 6.0×10^{-3}mol/L 的标准锡溶液，测得扩散电流为 28.3μA。计算矿样中锡的质量分数。

4. 溶解 0.200 g 含镉试样，测得其极谱波高为 41.7 mm，在相同条件下测得含镉 150，250，350，500（μg）的标准溶液的波高分别为 19.3，32.1，45.0，64.3（mm）。计算试样中镉的质量分数。

实验十一　阳极溶出伏安法

——水中微量 Pb^{2+}、Cd^{2+}、Zn^{2+} 的连续测定

一、实验要求

1. 了解阳极溶出伏安法的基本原理；
2. 学习阳极溶出伏安法的实验方法。

二、基本原理

阳极溶出伏安法是极谱分析的一个发展，灵敏度很高，是检测衡量物质的有效手段。其分析过程是先把被测物质在预定电势下富集在工作电极上，然后进行电极电势扫描，使已富集的物质重新溶出。由于经过预先富集，所以可得到较大的溶出电流，从而使灵敏度得到提高。阳极溶出伏安法所用的工作电极多种多样，本实验使用旋转玻璃碳电极。

玻璃碳电极与滴汞电极不同，滴汞电极的表面能保持新鲜状态，但玻璃碳电极表面固定，在分析过程中表面状态不能改变，易受玷污。因此，必须注意更新电极表面才能得到良好的重现性。本实验通过对水样中微量 Pb^{2+}、Cd^{2+}、Zn^{2+} 的测定来了解这一分析方法的特点和操作技术。

阳极溶出伏安法的试液中含有一定量的 Hg^{2+} 离子，当旋转玻璃碳电极的电势为富集电势 -1.0 V（vs. SCE）时，试液中的 Pb^{2+}、Cd^{2+}、Zn^{2+} 和 Hg^{2+} 离子同时被电解还原，并形成汞齐富集在电极表面：

$$M^{2+} + 2e \longrightarrow M(Hg)$$

式中 M^{2+} 代表被测离子。电解富集一定时间后，进行阳极电势扫描，产生相应的氧化电流，在记录仪上便得到 3 个电流峰，峰高与被测离子浓度、电解富集时间、搅拌速度、电极面积、扫描速度等因素有关。当以上实验条件固定时，峰高与被测离子浓度成正比，这是定量分析的依据。

三、仪器与试剂

1. 仪器

JP3—1 型示波极谱仪；ATA—1 型旋转玻璃碳电极。

吸量管：0.5mL；5mL；移液管：25 mL；

高纯 N_2 气钢瓶 8 600 kPa　2.2 L/min。

2. 试剂

Pb^{2+}、Cd^{2+}、Zn^{2+} 混合标准溶液，均为 1.0×10^{-3}mol/L。

水样，0.01 mol/L $Hg(NO_3)_2$，1 mol/L HCl，1 mol/L NH_4Ac，氨水，95% 乙醇。

四、实验步骤

1. 电极处理

打开 ATA—1 型旋转玻璃碳电极电源，把选择开关打到“手动”挡，调节速度约为 1 000 r/min。用湿滤纸接触电极表面约 1 min 以抹去表面脏物，再分别用氨水和 95% 乙醇浸洗电极约 1 min。每步操作前都要用蒸馏水冲洗电极。

2. 仪器准备

把 JP3—1 型极谱仪打到“二电极”，溶液离开电极（注意：任何时候打开或关闭极谱仪前都必须先顺次做这两步工作，否则会损坏仪器），打开电源，设置各相应选择开关状态如下：

“正常”“常规”“模拟”“阳极”“mA”，再设置适当的灵敏度，使实验时 i_p 的高度约为荧光屏的一半。按下“初始电位”键，调节“初始电位”旋钮使初始电位为 -1.4 V，再按下“终止电位”键，调节终止电位为 0.1 V。然后按下面步骤进行仪器校正。

（1）仪器起动：按下面操作起动仪器扫描，然后进行 Y 轴和 X 轴的校准。

按键	显示	键入参数	意义
置数	A	0	连续扫描
模拟多扫			开始扫描

（2）Y 增益的校准：在仪器不断扫描时，把“斜度补偿”向左旋到底，调节“零点补偿”使输出电压等于 0，调节“Y 位移”使示波管上扫描线处于 0 处，再调节“零点补偿”使输出电压等于 5 V。此时扫描线应与屏上端线重合，否则，调节“Y 增益”使扫描线向示波管上端线靠近约一半的距离。反复以上操作直到扫描线分别处于上下端线为止。

（3）X 增益的校准：调节“X 位移”使扫描线处于屏的 X 轴中央，调节“X 增益”使扫描线正好等于屏的宽度。

（4）然后打向“数字”，再按下面步骤输入参数：

按键	显示	键入参数	意义
置数	A——	9	使用“数字”功能的标志
置数	B——	5	敲击延时为 6 s
置数	C——	10	阶梯延时 2.5 ×10 ms
置数	D——	240	电解富集 240 s
置数	E——	60	电极清洗 60 s
JX			参数存贮

3. 试液准备

用吸量管吸取 50 mL 水样到电解池中，加 1 mL 0.01 mol/L Hg^{2+} 溶液，用试纸检查 pH（1～6 皆可）。加入约 1 g NH_4Ac，装上电解池，通 N_2 除 O_2。

4. 电解富集和阳极溶出

在电极旋转和通 N_2 气的情况下，把电极状态打向“三电极”，按下“初始电位”键使电位显示初始电位值。调节“零点补偿”旋钮使输出电压指向约 0 V 处，再调节“Y

位移”使光标处于示波管的下端，按“变时多扫”键使仪器开始工作。这时“电解”和“搅拌”指示灯同时发亮表示电解在进行，经 240 s 后，“搅拌”灯灭，30 s 后“电解”灯灭（此时应注意调节输出电压至约 0 V 处）。电位从初始值向终止值扫描，在示波显示器上显示出溶出峰。电位停留在初始电位处，“搅拌”灯再次亮起，表示电极清洗开始，60 s 后清洗结束。仪器将重新开始富集溶出循环。连续扫描 4 次记录 4 条曲线的峰电流和峰电位。要求高度相差不得大于 10%，否则应多做两次。

5. 标样的加入和峰高的测量

当一次扫描结束，电位停留在终止电位处 60 s，此时可用吸量管向试液加入 200 μL Pb^{2+}、Cd^{2+}、Zn^{2+} 标样，同法进行电解溶出，记录峰电流 I_p，共做 4 次。

五、水样离子浓度的计算

按下式分别计算水样中 Pb^{2+}、Cd^{2+}、Zn^{2+} 的浓度：

$$c_M = \frac{i_p \cdot c_s \cdot V_s}{(V + V_s) \cdot I_p - V \cdot i_p}$$

式中 c_M——水样中离子的浓度；

V——水样的体积；

V_s——标准溶液浓度；

c_s——加入标准溶液的体积；

i_p——加入标准溶液前峰电流；

I_p——加入标准溶液后的峰电流。

六、数据处理

电流（μA）		Ⅰ	Ⅱ	Ⅲ	Ⅳ	平均值
加标前	i_p（Pb^{2+}）					
	i_p（Cd^{2+}）					
	i_p（Zn^{2+}）					
加标后	I_p（Pb^{2+}）					
	I_p（Cd^{2+}）					
	I_p（Zn^{2+}）					

标液浓度 c_s（mol/L）		标液体积 V_s（mL）	水样体积 V（mL）	测定结果 c_M（mol/L）
Pb^{2+}				
Cd^{2+}				
Zn^{2+}				

实验十二 单扫描极谱法
——废水中镉的测定

一、实验要求

单扫描极谱又称线性扫描伏安法，由于其电位扫描速度快，以往用示波器来观察 $i-E$ 曲线，因此，习惯上称它为示波极谱。该法的特点是在汞滴生长后期（最后两秒）进行快速扫描，在一滴汞期间完成一个极谱图。它与经典极谱法比较，具有快速、灵敏、分辨率好以及前放电物质影响较小等优点。本实验通过测定废水中的镉来学习该法的分析技术，加深对其工作原理和特点的理解。

二、基本原理

Cd^{2+} 在多种底液中都有良好的极谱波。本实验用 1 mol/L HCl 作底液，半波电势为 -0.67 V（vs. SCE），电极反应为

$$Cd^{2+} + 2e + Hg = Cd\ (Hg)$$

波高与浓度成正比，据此进行定量分析。由于线性扫描伏安法的电势扫描速度较快，不可逆的氧波影响不大，当被测物质浓度较大时可不必除氧。氧的存在使基线变斜，可用"斜度补偿"旋钮调平以便测量波高。JP_3—1 型示波极谱仪能显示常规图形和导数图形，后者能提高分辨率，对连续测定两种以上元素有利。实验时可分别用常规和导数两挡，分别观察其图形和测量其峰高，加以比较。

三、仪器与试剂

1. 仪器

JP_3—1 型示波极谱仪。

2. 试剂

2 mol/L HCl 溶液；Cd^{2+} 标准溶液：0.5 mg/mL；Cd^{2+} 未知液，含 1 mol/L HCl。

四、实验步骤

取 6 个 50 mL 容量瓶，用吸量管分别准确加入 0.00，2.00，4.00，6.00，8.00，10.00（mL）Cd^{2+} 标准溶液，再用量筒于各瓶中加入 25 mL 2 mol/L HCl，用水定容，由浓至稀顺次倾入电解池中进行测定（先由最浓的溶液来选择适当的灵敏度挡，以便用同一灵敏度挡完成全部试液的测定），测定步骤如下：

把汞瓶升至适当高度，二电极用蒸馏水冲洗干净后浸入被测定溶液中，调节贮汞瓶的高度使滴汞周期大于 7 s。

把极谱仪电源开关打开，预热 5 min 后即可使用。

阳极—阴极选择开关置于阴极挡；

二电极—三电极选择开关暂时置于二电极挡；

模拟—数字选择开关置于模拟挡；

零点补偿旋钮和斜度补偿旋钮向左旋到底，实验过程中，根据需要调节；

按动起始电压键，调节起始电压旋钮至显示 -0.3 V，再按动终止电压键，等显示变化停止后，调节终止电压旋钮至显示出 -0.9 V；

微分控制开关和阻尼控制开关均弹出；

调节 X 位移、Y 位移、X 增益、Y 增益、辉度和聚焦旋钮，把荧光屏上“s”字样调到荧屏中央，使其横向占 4 个小格、纵向占 8 个小格，亮度适中，聚焦尽可能清晰。

键盘操作：

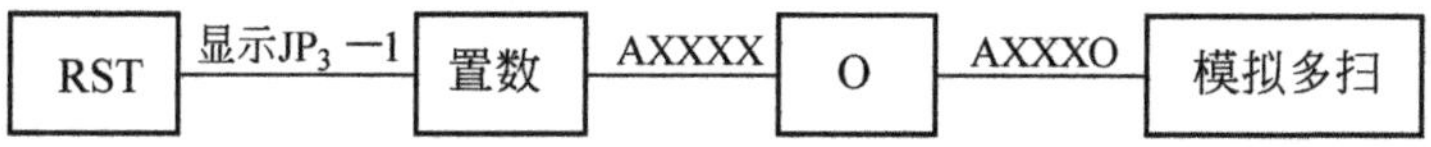

此时可以看到荧屏上不断地扫描出峰形曲线，通过灵敏度调节，可以得到适当高度的 $i-E$ 曲线，记录其高度（读数时，把“二电极/三电极”选择开关扳向三电极，读数毕再扳回二电极，这样有利于保护仪器）。注意：若扫描曲线超出荧光屏范围（称为饱和现象），要降低灵敏度（即提高电流倍率）；若扫描光点偏上或偏下，可以通过零点补偿旋钮调节适中。

最后测定未知液（未知液已含 HCl 支持电解质，可直接倾入电解池进行测定）。

注意事项：

（1）开机、关机或电解池脱离电极系统（如更换溶液）时，一定要将“二电极—三电极”选择开关置于“二电极”，以避免极化效应和仪器内部电路损坏。

（2）关机后，应将整套仪器与电源断开。

（3）保持仪器和工作台的整洁，注意防潮。

五、数据处理

按下面公式把峰高换算为电流值（μA），绘制工作曲线，从曲线求出未知液 Cd^{2+} 的含量（mg/50 mL）。

$$\text{电流值} = \text{仪器灵敏度} \times \frac{\text{波高（格）}}{50\text{（格）}}$$

完成下面实验报告表格。

表7-4　废水中镉的测定

Cd^{2+}含量（mg/50 mL）	常　规		
	波 高（格）	仪器灵敏度	电流值（μA）
0.00			
1.00			
2.00			
3.00			
4.00			
5.00			
未知样			
测定结果（mg/mL）			

六、思考题

1. 为什么单扫描极谱的 $i-E$ 曲线显得光滑无锯齿状，而普通极谱波却带锯齿状？
2. 解释普通极谱波呈台阶状而单扫描极谱波却显呈不对称峰形的原因。

第八章　气相色谱法

第一节　色谱分析法概述

色谱法也称色层法、层析法，是一类重要的分离分析方法。

1903 年，俄国植物学家茨维特（M. S. Tswett）将叶绿素提取液倾入装有碳酸钙微粒的玻璃柱中，继而以石油醚淋洗柱子，结果使不同的色素在柱中得到分离而形成不同颜色的谱带，色谱法由此得名。柱内的填充物称为固定相，沿柱流动的液体称为流动相。色谱法正是利用不同物质在固定相与流动相之间分配能力的不同，经过反复的分配，实现了多组分混合物的分离。色谱法很快得到迅速发展，分离对象早已不限于有色物质，但色谱一词却沿用至今。如今的色谱分析法已是将色谱分离过程与适当的检测手段相结合，集分离与测试于一体的，连续、自动的测试技术。

色谱分析法是近代分析化学中发展最为迅速的技术之一，目前已有多种类型的色谱分析法，同时亦有多种分类方法。

一、按流动相和固定相的物理状态分类

作为色谱流动相的物质，可以是气体、液体或超临界流体，所以色谱法可分为气相色谱和液相色谱。而固定相有两种聚集态（固态或液态），色谱分析法分类见表 8－1。

表 8－1　基于流动相和固定相物理状态的分类法

流动相	固定相	名称（缩写）	
气体	固体	气-固色谱（GSC）	气相色谱
气体	液体	气-液色谱（GSL）	
液体	固体	液-固色谱（LSC）	液相色谱
液体	液体	液-液色谱（LLC）	

二、按分离所依据的物理化学原理分类

色谱按分离所依据的物理化学原理可分为吸附色谱、分配色谱、离子交换色谱和尺寸排阻色谱法等，见图 8－1。

1. 吸附色谱

包括气-固吸附色谱和液-固吸附色谱。其固定相多为具有大比表面积的多孔吸附剂。试样的分离主要是基于固定相对不同组分吸附性能的差异。

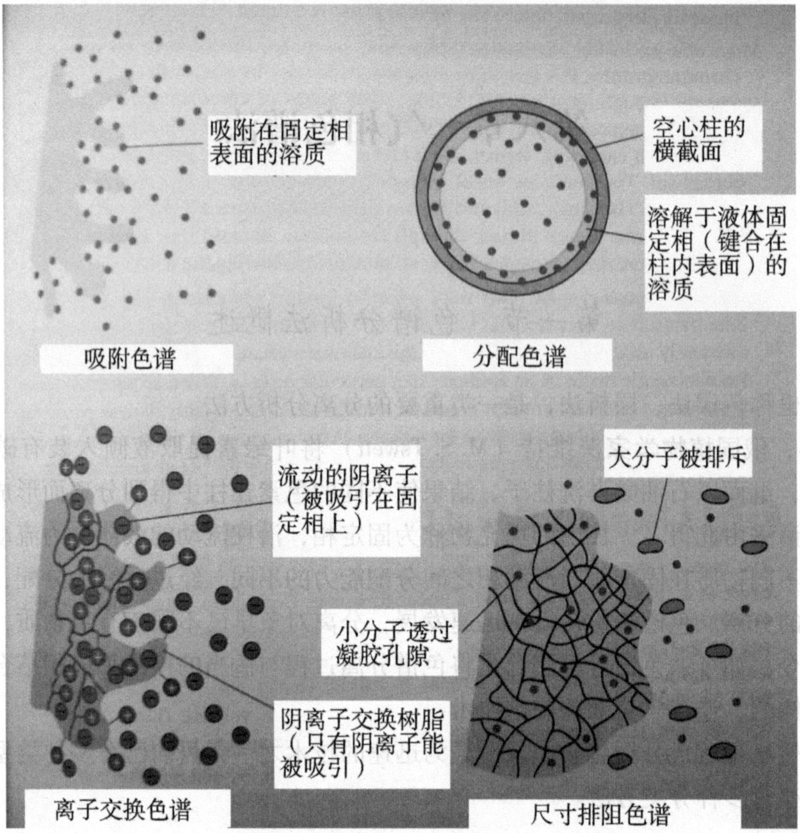

图 8－1　色谱的主要类型

2. 分配色谱

其包括气-液分配色谱和液-液分配色谱。试样的分离主要是基于不同组分在流动相和固定相之间相对溶解能力的差异而实现的。固定相是涂布在惰性支持体上或毛细管内壁的不挥发性液体。分配色谱法是色谱法中应用最广泛，因而亦是最重要的一种色谱分析法。

3. 离子交换色谱

离子交换色谱法使用具有离子交换功能团的材料作固定相，简称离子色谱法。试样的分离主要是基于各组分与固定相进行离子交换能力的差异实现的。

4. 尺寸排阻色谱法

它又可分为凝胶过滤色谱法和凝胶渗透色谱法。前者主要用于水溶性生物高分子的分离，后者主要用于合成高分子材料的分离。两者的固定相与流动相都不相同，但都是基于各组分分子尺寸的大小不同来实现分离的。由于分离机理相同，所以统称为尺寸排阻色谱法。

三、按固定相的形状分类

按固定相的形状分类，色谱法可分为柱色谱、薄层色谱和纸色谱。其中柱色谱法又分为填充柱色谱法和毛细管柱色谱法。

本章介绍气相色谱法柱色谱。即气-液色谱和气-固色谱法。

第二节 气相色谱分析

一、气相色谱法的特点

以气体作为流动相的色谱分析方法称为气相色谱法。气相色谱法是一种应用很广泛的定性、定量分析方法，具有下列特点。

1. 分离效率高，分析速度快

由于气体粘度小，用其作为流动相时样品组分在两相之间可很快进行分配；并且通过盛有固定相管柱的阻力小，即可用较长的色谱柱，使分配系数相差很小的组分，可在较短时间内分离开。如长 50 m 涂有 OV—101 的空心柱，理论板数可高至 20 万板，用于分析汽油样品时，在 2 小时内就可获得 200 多个色谱峰。一般常规样品分析，用长约 2 m，理论板数约 4 000 板的填充柱，可在 20 分钟内完成。

2. 样品用量少，检测灵敏度高

由于样品是在气态下分离和在气体中进行检测，有许多高灵敏度的检测器可供使用，虽样品用量少也能检测出来，如气体样品可为 1 mL，液体样品为 0.1 μL，固体样品可为几微克，用热导池检测器可检测出含量仅为百万分之十几的组分，氢火焰离子化检测器可检测出百万分之几的组分，电子俘获检测器与火焰光度检测器可检测出十亿分之几的组分。

3. 选择性好

可选择对样品组分有不同作用力的液体、固体作为固定相，在适当的操作温度下，使组分的分配系数有较大差异，从而将物理、化学性质相近的组分分离开，如恒沸混合物、沸点相近的物质、简单的同位素、空间异构体、同分异构体、旋光异构体等。

4. 应用范围广

在色谱柱温度条件下，可分析有一定蒸气压且热稳定性好的样品。一般可直接进样分析气体和易于挥发的有机化合物，对于不易挥发或极易分解的物质，可转化成易挥发和热稳定性好的衍生物进行分析，部分物质可采取热裂解的办法，分析裂解后的产物，据统计，气相色谱法可以分析有机物其中的 20%～30%，而这些有机物正是应用最广的一部分。

二、气相色谱法在分析方面应用的领域

1. 石油工业方面

汽油馏分全分析，对原油中的正构烷烃、植烷等进行定量分析及作某些产品规格的测试等（如 PONA 值和模拟蒸馏测定）。

2. 环境监测方面

主要用于大气与水质的分析，对环境的质量进行评价，其分析的对象为各种有机与无机污染物。

3. 临床化学方面

血与尿等体液的分析日益受到重视，常用气相色谱分析法分析的化合物有脂肪酸、氨基酸、甘油三酸酯、甾族化合物、糖类、蛋白质、维生素、巴比妥酸等。这些化合物大多

数须制备成易挥发的衍生物后才可进行分析。

4. 药物与药剂方面

用于鉴定药物的组成与质量，检测生物体的代谢产物。

5. 农药方面

分析极微量的含卤素农药、含氮农药、含磷农药。

6. 食品方面

酒类、果汁、油脂、乳酪、糖蜜及食品添加剂、残毒物等常用气相色谱法进行分析。

第三节 气相色谱分析流程及分离过程

一、气相色谱分析流程

气相色谱分析的基本分析流程如图 8-2 所示。

1. 气相色谱仪

气相色谱仪由六个主要部分组成：载气系统、进样系统、分离系统、检测系统、温度控制系统、记录系统。

气相色谱分析流程为：钢瓶中的气体经减压、净化、计量，到达进样系统，在进样系统与试样混合，携带试样进入分离系统进行分离，分离后的组分依次流出，由载气带入检测器，检测器将组分的浓度（或质量）转变为电信号，由记录仪记录，得到气相色谱图。

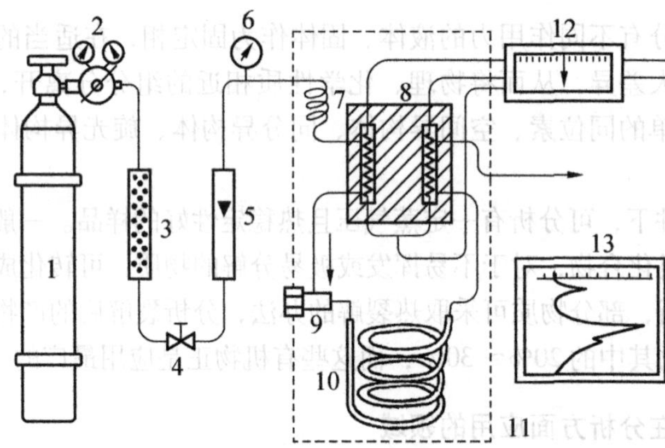

图 8-2 气相色谱装置及流程图

1—载气瓶；2—减压阀；3—净化干燥管；4—针形阀；5—流量计；6—压力表；7—预热管；8—检测器；9—进样器和气化室；10—色谱柱；11—恒温箱；12—测量电桥；13—记录仪

2. 气相色谱仪各部件的作用

（1）载气系统：载气系统为气相色谱仪提供稳定的流动相。常用的载气有氮气、氢气及氩气等，贮存载气的钢瓶内压高达 15 MPa，需要经过减压阀降到 50～400 kPa。市售的气体含有微量水分等杂质，应经过净化干燥管除去。载气系统的流程为：钢瓶、减压阀→净化干燥管→针形阀→流量计→压力表。

（2）进样系统：进样系统包括进样器与气化室。试样通过进样器进入色谱仪。对于液体试样，可以用微量注射器［一般用1，10，50，100（μL）］进样；对气体试样，可以通过六通阀进样或注射器进样，为了获得更好的重现性，大多采用六通阀。六通阀有直拉式及旋转式，其工作原理相同。

图8－3为直拉式六通阀。直拉式六通阀为长形四方块体，中间有一圆形金属拉杆，拉杆上套有四个橡皮圈，推入时，试样气体进入定量管（见图8－3a）；将拉杆拉出时，载气将定量管中的试样气体带入气化室（见图8－3b）。

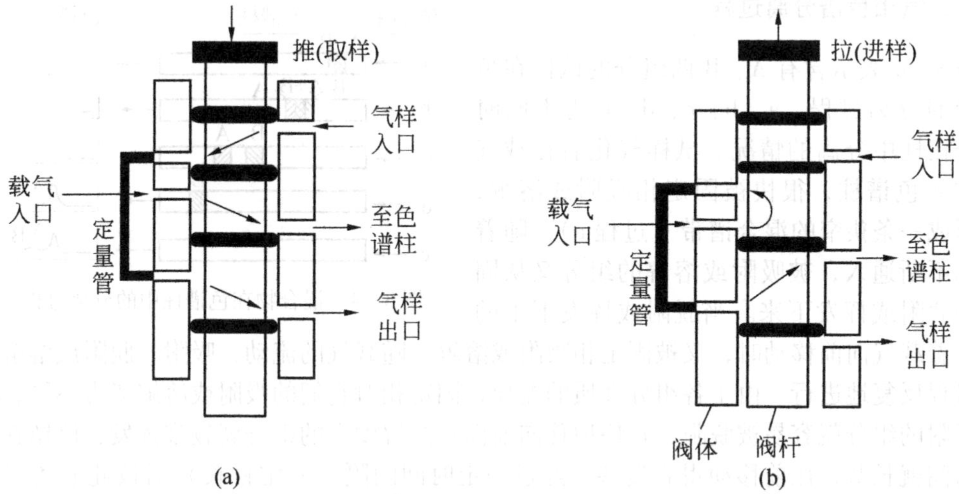

图8－3　直拉式六通阀取样、进样位置

试样由进样器进入气化室，气化室由温控装置控制恒温，温度足以使试液中各组分瞬间气化成为蒸汽。气化室实际上是一个加热器。气化后的试样与载气混合，进入色谱柱。

（3）分离系统：试样经过分离系统后，各组分相互分离。分离系统包括色谱柱、柱箱。色谱柱置于色谱柱箱中，色谱柱箱由温控装置控制恒定的温度，以防止试样在色谱柱中冷凝成液体而无法分离。

色谱柱是色谱分析仪的关键部分，混合物中各组分的分离是在其中完成的。色谱柱有两种柱型。

①填充色谱柱：装有颗粒状固定相的色谱柱，称为填充柱。填充有两种类型：以固体吸附剂为固定相的填充柱，称为气-固色谱填充柱；以固定液为固定相的填充柱，称为气-液色谱填充柱。填充色谱柱的内径一般为3～6 mm，长1～10 m，可由不锈钢、铜、玻璃和聚四氟乙烯等材料制成。

②毛细管色谱柱：毛细管柱又名空心柱，它是在毛细管内壁涂布固定液的色谱柱，或称开口柱。内径0.2～0.5 mm，长30～50 m，可由不锈钢或玻璃制成。毛细管柱有很高的分离效能，理论塔板数可高达数万个。

（4）检测系统：检测系统包括检测器与微电流放大器。检测器的作用是将载气中各组分的浓度转化为可以记录的电信号。经过色谱柱分离的各组分，依次流经检测器，检测器对载气中试样组分的瞬间浓度产生响应的电信号，并经微电流放大器放大，输入记录仪记录。

（5）温度控制系统：温度控制系统是气相色谱仪的重要组成部分，温度影响色谱柱的选择性和分离效率，也影响检测器的灵敏度和稳定性。所以色谱柱、检测器、气化室都要进行温度控制。三者最好分别恒温，但不少气相色谱仪的色谱柱、检测器置于同一恒温室中，效果也很好。气化室的温度控制是为了使液体或固体样品迅速气化完全，气化室的温度要高于样品的沸点，但温度不宜过高，否则会使样品组分分解。

(6) 记录系统：记录仪依电信号的大小绘出曲线，称为色谱峰或色谱图。现代色谱仪一般带有计算机，各种色谱参数由键盘控制，测量结果如色谱图或色谱峰的保留时间、高度、宽度、面积等，由屏幕显示或由打印机输出。

二、气相色谱分离过程

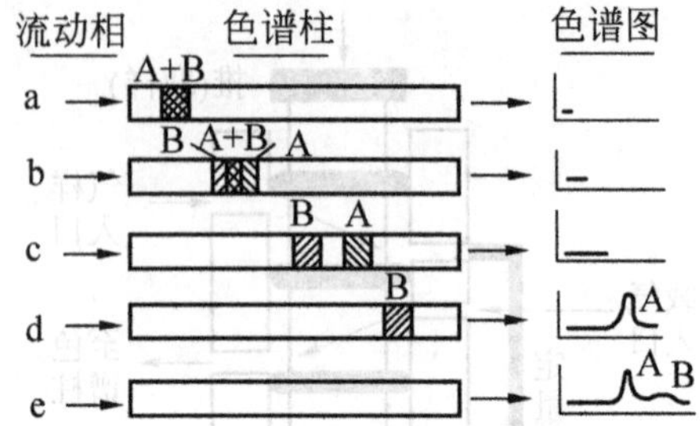

图 8－4　混合物在色谱柱中的分离过程

图 8－4 表示含有 A、B 两组分的试样在色谱柱中的分离过程。a、b、c、d、e 为不同时间组分在柱中分离的情况。试样气化后在载气带下进入色谱柱，很快被固定相吸附或溶解，首先形成一条狭窄的混合谱带（过程 a）。随着载气的不断通入，被吸附或溶解的组分又从固定相中脱附或挥发下来。当脱附或挥发下来的组分随着载气向前移动时，又被固定相吸附或溶解。随载气的流动，吸附—脱附或溶解—挥发过程反复地进行。由于各组分性质的差异，固定相对它们的吸附或溶解能力不同，较难被吸附的组分就容易被脱附，较快地移向前面；溶解度大的组分就较难挥发，停留在柱中的时间就长些，往前移动得就慢些。经过一定时间间隔（一定柱长）后彼此分离（过程 b、c），它们最终在载气的载带下，按时间顺序流出色谱柱（过程 d、e），然后由检测器测出色谱峰。

第四节　气相色谱法术语

1. 色谱图

进样后记录仪记录下来的检测器响应信号随时间或载气流出体积而分布的曲线图（即色谱柱流出物通过检测器系统时所产生的响应信号对时间或载气流出体积的曲线图），称为色谱图。如图 8－5 所示。

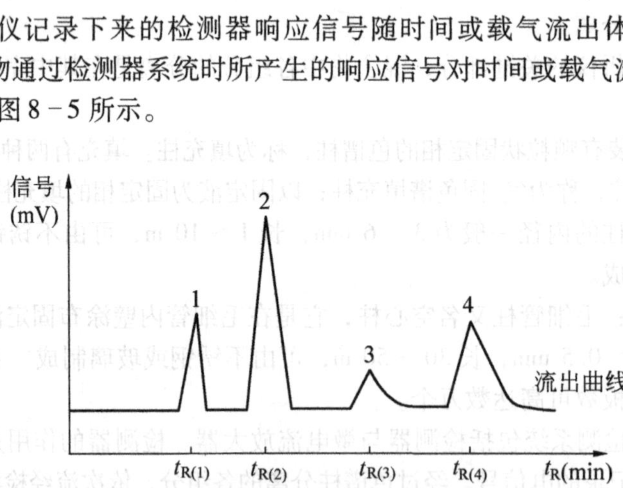

图 8－5　色谱图

2. 色谱流出曲线

色谱图中，检测器随时间绘出的响应信号曲线为色谱流出曲线。以流出曲线绘制的曲线称色谱峰。正常的色谱峰是对称的峰形曲线（见图8－7）。不正常的色谱峰有拖尾峰和前延峰两种。前延陡峭，后延拖尾的不对称色谱峰称拖尾峰（见图8－6a）；前延平坦后延陡峭的不对称色谱峰称前延峰（见图8－6b）。

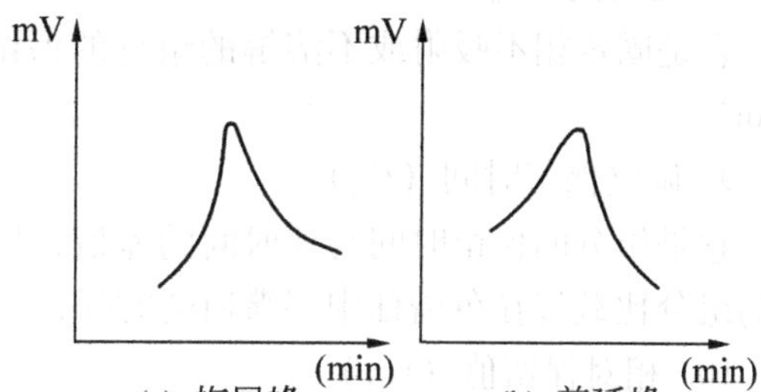

(a) 拖尾峰　　(b) 前延峰

图8－6　拖尾峰和前延峰

3. 基线

当没有组分进入检测器时，色谱流出曲线是一条只反映仪器噪声随时间变化的曲线（即在正常操作条件下，仅有载气通过检测器系统时所产生的响应信号曲线），称为基线。操作条件变化不大时，常可得到如同一条直线的稳定基线。

4. 峰高（h）

色谱峰最高至峰底的垂直距离，称为峰高。如图8－7中的AB就是该色谱峰的峰高，常用符号h表示（从峰底向上至0.5 h处的峰高，称为半峰高；至0.607 h处的峰高，称为拐点峰高）。

5. 峰宽（Y）

沿色谱峰两侧拐点处所作的切线与峰底相交两点之间的距离，称为峰宽（也称基底宽度）。如图8－7的IJ，常用符号Y表示。

6. 半峰宽（$Y_{1/2}$）

峰高为0.5 h处的峰宽GH，称为半峰宽，常用符号$Y_{1/2}$表示。

7. 保留时间（t_R）

进样后组分流入检测器的浓度达到最大值的时间（即组分从进样到出现峰最大值所需的时间），称为该组分的保留时间，在图8－7中OB的时间距离，就是该组分的保留时间，常用$t_{R(组分名)}$（或简写为t_R）表示，单位为分（min）。

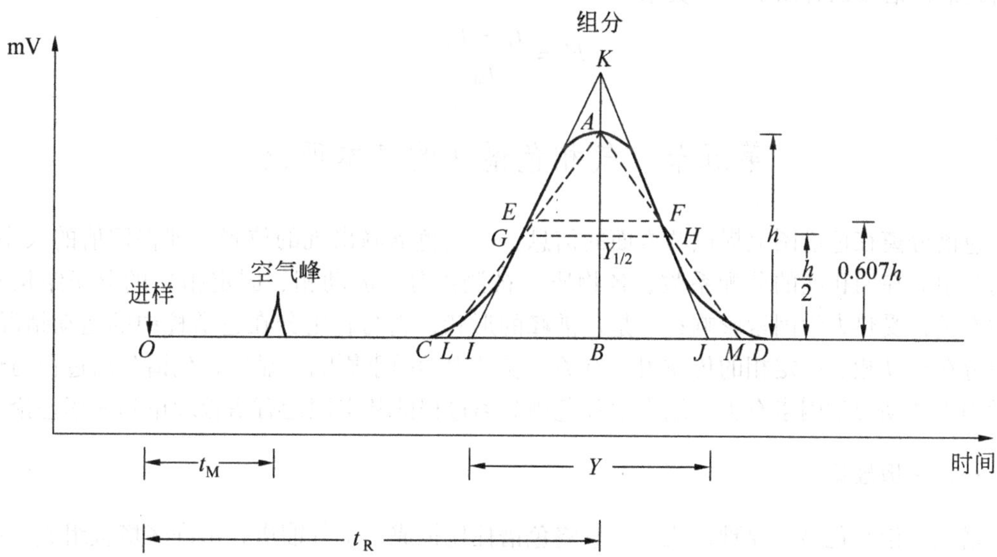

图8－7　对称的色谱峰

8. 死时间（t_M）

它是固定相不吸附或不溶解的组分的保留时间，称为死时间，用 t_M 表示，单位为分（min）。

9. 调整保留时间（t'_R）

它是组分的保留时间与死时间的差值，用 $t'_R = t_R - t_M$ 表示。它表示与固定相发生作用的组分比载气在色谱柱中多滞留的时间，实际上是组分在固定相中所滞留的时间。

10. 相对保留值（$r_{2,1}$）

它是组分 2 与组分 1 的调整保留时间的比值，用 $r_{2,1}$ 表示，是一个无因次量：

$$r_{2,1} = \frac{t'_{R_2}}{t'_{R_1}}$$

11. 分配系数

在平衡状态时，组分在固定相与流动相中的浓度比。如在给定柱温下组分在流动相与固定相间的分配达到平衡时，对于气-固色谱，组分的分配系数为：

$$K = \frac{\text{每平方米吸附剂表面所吸附的组分量}}{\text{柱温及柱平均压力下每毫升载气所含组分量}}$$

对于气-液色谱，分配系数为：

$$K = \frac{\text{每毫升固定液中所溶解的组分量}}{\text{柱温及柱平均压力下每毫升载气所含组分量}} = \frac{c_L}{c_G}$$

式中，c_L 与 c_G 分别是组分在固定液与载气中的浓度。

12. 容量因子（k'）

在平衡状态时，组分在固定液与流动相中的质量比：

$$k' = \frac{m_L}{m_G}$$

它与其他色谱参数有以下一些关系：

$$k' = \frac{t_R - t_M}{t_M}$$

第五节　气相色谱法的基本理论

色谱分离在色谱图上提供两方面的信息：一是色谱峰出现的位置，即保留值的大小，它与各组分在两相间的分配系数、各物质（被测组分、流动相、固定相）的分子结构和性质有关，受热力学因素影响；二是色谱峰的形状，它与各组分在色谱柱中的运动情况、各组分在流动相、固定相的传质阻力有关，受动力学因素影响，显然，色谱分离过程与热力学因素和动力学因素有关。用来解释色谱分离过程的基本理论有塔板理论和速率理论。

一、塔板理论

塔板理论是色谱重要理论之一。它将色谱柱比拟成一个分馏塔，由许多塔板组成，塔板间距离（亦称理论塔板高度）为 H。在每个塔板上，组分在流动相与固定相间达成一次平衡。经过多次平衡后，分配系数小即挥发度大的组分，先离开分馏塔；分配系数大即挥发度小的组分则后离开分馏塔，从而实现组分间的分离。只要色谱柱相应的塔板数满足要求，即使分配系数仅有微小差异的组分也能得到很好的分离。显然，对一定的柱长 L，每达成一次分配平衡所需的理论塔板高度愈小，理论塔板数 n 愈大，柱效能就愈高，所以，对一定的柱长 L，可用理论塔板数 n 来描述柱的分离效能：

$$n = \frac{L}{H}$$

由塔板理论所导出的 n 的计算式为：

$$n = 5.54 \times \left(\frac{t_R}{Y_{1/2}}\right)^2 = 16 \times \left(\frac{t_R}{Y}\right)^2$$

由上式可知，组分保留时间愈长，峰形愈窄，理论塔板数就愈大（见图 8-8）。由于 t_R 中包含了时间 t_M，为消除其影响，提出用有效理论塔板数 $n_{有效}$ 或有效理论塔板高度 $H_{高度}$ 来有效地衡量柱效能的高低：

$$n_{有效} = 5.54 \times \left(\frac{t'_R}{Y_{1/2}}\right)^2 = 16 \times \left(\frac{t'_R}{Y}\right)^2$$

式中，$n_{有效}$ 为有效塔板数；$H_{有效}$ 为有效塔板高度；t'_R 为调整保留时间；$Y_{1/2}$ 为半峰宽；Y 为基线峰宽。

【例 8-1】一组分在 12.2 m 长色谱柱上得到的色谱峰保留时间 $t_R = 407$ s，峰底宽 $Y = 13$ s，计算此色谱柱的理论塔板数 n 和理论塔板高度 H。

$$n = 16 \times \frac{t_R^2}{Y^2} = 16 \times \frac{407^2}{13^2} = 15\,683(\text{块})$$

$$H = \frac{L}{n} = \frac{12.2\text{m}}{15\,683} = 0.778 \text{ mm}$$

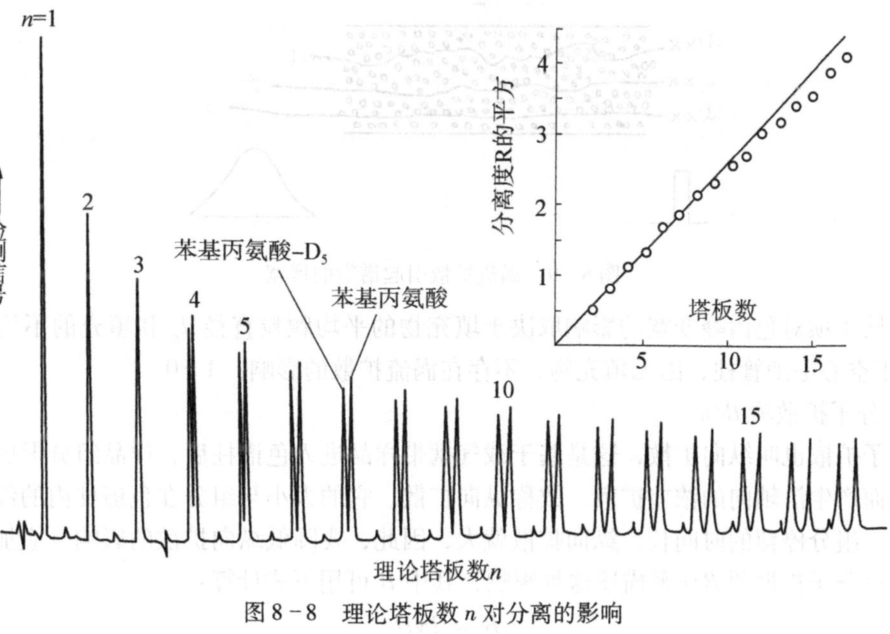

图 8-8　理论塔板数 n 对分离的影响

二、速率理论

塔板理论形象地描述了组分在色谱柱中的分配平衡和分离过程，它在解释色谱流出曲线的形状、保留值以及在计算评价柱效能等方面是成功的。但它不能解释同一色谱柱在不同载气流速下柱效能不同等实验事实。虽然在计算理论塔板的公式中包含了色谱峰宽项，但塔板理论本身不能说明为什么色谱峰会变宽，也未能指出哪些因素影响塔板高度，从而未能指明如何才能减少组分在柱中的扩散和提高柱效的方法，其原因是塔板理论没有考虑到各种动力学因素对色谱柱中传质过程的影响。速率理论在塔板理论的基础上指出，组分在色谱柱中运行的多路径及浓度梯度造成的分子扩散，以及在两相间质量传递不能瞬间实现平衡，是造成色谱峰展宽、使柱效能下降的原因。速率理论可用范第姆特方程描述：

$$H = A + B/\bar{u} + C\bar{u}$$

式中，$\bar{u}$为流动相的线速度，A、B、C 为与柱性能有关的常数，下面分别讨论各项的物理意义。

1. 涡流扩散项 A

填充柱中固定相的颗粒大小、形状往往不可能完全相同，填充的均匀性也有差别。组分在流动相载带下流过柱子时，会因碰到填充物颗粒和填充的不均匀性，而不断改变流动的方向和速度，使组分在气相中形成紊乱的类似涡流的流动，如图 8－9 所示。涡流的出现使同一组分分子在气流中的的路径长短不一，因此，同时进入色谱柱的组分到达柱出口所用的时间也不相同，从而导致色谱峰的展宽。以涡流扩散项 A 表示：

$$A = 2\lambda d_p$$

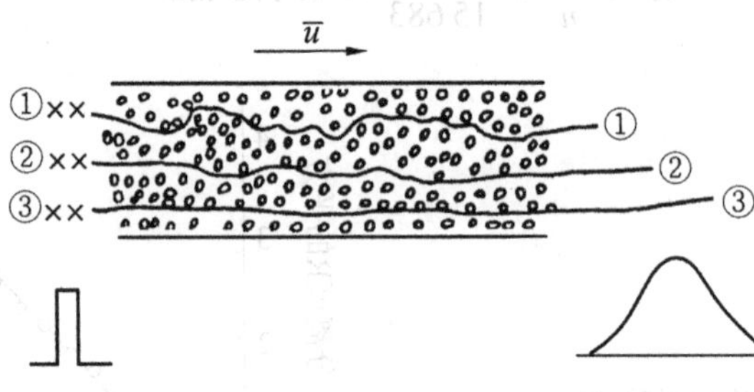

图 8－9　涡流扩散引起谱带的展宽

可见 A 项对色谱峰变宽的影响取决于填充物的平均颗粒直径 d_p 和填充的不均匀因子 λ。对于空心毛细管柱，因无填充物，不存在涡流扩散的影响，$A=0$。

2. 分子扩散项 $B/\bar{u}$

分子扩散也叫纵向扩散，这是基于载气携带样品进入色谱柱后，样品组分形成浓差梯度，从而产生沿轴向的浓差扩散，故称纵向扩散。它的大小与组分在色谱柱内的停留时间成正比，组分停留的时间长，纵向扩散就大，因此，要降低纵向扩散的影响，应加大载气流速。以分子扩散项 $B/\bar{u}$来描述这种影响，其中 B 可用下式计算：

$$B = 2\gamma D_G$$

式中，γ 是色谱柱的弯曲因子，填充柱 $\gamma<1$，空心毛细管柱 $\gamma=1$；D_G 为组分在气相中的分子扩散系数（cm^2/s），它与载气相对分子质量、组分本身的性质及温度、压力等有关。

3. 传质阻力项 $C\bar{u}$

传质阻力项包括气相传质阻力 C_G 和液相传质阻力 C_L 两部分：

$$C\bar{u} = (C_G + C_L)\bar{u}$$

气相传质阻力是组分分子从气相到两相界面进行交换时的传质阻力，该阻力愈大，组分滞留时间愈长，峰形扩展愈严重。液相传质阻力是组分分子从气液界面到液相内部，并发生质量交换，达到分配平衡，然后又返回气液界面的传质过程。液相传质阻力与固定液涂渍厚度有关，也与组分在液相中的扩散系数有关。

速率理论较好地解释了影响塔板高度的各种因素，对选择合适的色谱操作条件具有指导意义。

由范第姆特方程可以看出：A、$B/\bar{u}$、$C\bar{u}$越小，柱效率越高。改善柱效率的因素有如下几点：

（1）选择颗粒较小的均匀填料，并且填充均匀。

（2）在固定液保持适当粘度的前提下，选用较低的柱温操作。

（3）用最低实际浓度的固定液，降低担体表面液层的厚度。

（4）选用合适的载气：流速较小时，分子扩散项成为色谱峰扩张的主要因素，宜用相对分子质量较大的载气；流速较大时，传质项为控制因素，宜用相对分子质量较小的载气。

（5）选择最合适的载气流速。

三、分离度

分离度的定义为相邻两组分保留时间之差与两组分峰宽之和一半的比值，用 R 表示。分离度计算公式为：

$$R = \frac{t_{R_2} - t_{R_1}}{\frac{1}{2}(Y_1 + Y_2)} = \frac{2(t_{R_2} - t_{R_1})}{(Y_1 + Y_2)}$$

式中，t_{R_1}、t_{R_2}、Y_1、Y_2 分别为组分 1 和组分 2 的保留时间、组分 1 和组分 2 的色谱峰宽。两组分的保留时间相差愈大，表明两峰相距愈远；分母项愈小，表明两峰愈窄，则分离度 R 愈大，相邻两组分分离愈好。所以，分离度能够比较有效地说明色谱柱的分离效能。一定条件下，当 $R=1.0$ 时，两峰的分离程度可达 98%；$R=1.5$ 时，分离程度可达 99.7%，两组分基本完全分离。图 8－10 为分离度 R 与相邻两组分分离程度的关系。

四、柱效能、相对保留值和分离度之间的关系

如前所述，柱效能的高低可用色谱柱的有效理论塔板数 $n_{有效}$ 来表示，但 $n_{有效}$ 愈大，仅表示组分在柱内实现分配平衡的次数愈多，色谱峰愈窄，对分离有利，它并不能表示被分离组分间实际分离的效果。如果两组分在同一色谱柱上的分配系数相同，则无论该色谱柱能提供多大的 $n_{有效}$，亦不能实现两者的分离，因此，对实际的色谱分离问题，需要结合柱效 $n_{有效}$、相对保留值 $r_{2,1}$ 和对实际分离的效果（分离度 R）的要求来考虑。

例如，欲分离组分 1 和组分 2，依据组分 2 对组分 1 的相对保留值为：

$$r_{2,1} = \frac{t'_{R_2}}{t'_{R_1}}$$

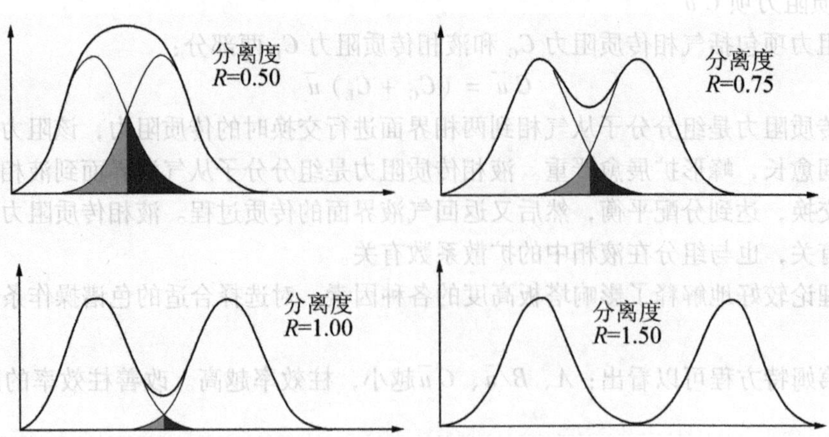

图 8－10　分离度 R 与组分分离的关系

设此相邻两组分的峰宽相等，即 $Y_1 = Y_2$，则由分离度公式可得：

$$R = \frac{2(t'_{R_2} - t'_{R_1})}{Y_1 + Y_2} = \frac{t'_{R_2} - t'_{R_1}}{Y}$$

即

$$Y = \frac{t'_{R_2} - t'_{R_1}}{R}$$

将上式代入式：

$$n_{有效} = 16 \times \left(\frac{t'_R}{Y}\right)^2$$

得

$$n_{有效} = \frac{16R^2 \ (r_{2,1})^2}{(r_{2,1} - 1)^2}$$

上式将 $n_{有效}$、$r_{2,1}$ 和 R 联系起来了，知道其中的两个参数，就可计算出第三个参数。

【例 8－2】若在某种 1 m 长的填充柱上分离组分 1 和组分 2，得到如图 8－11 所示的色谱图，求该柱的有效理论塔板数和两组分间的分离度。若欲使两组分基本完全分离（R = 1.5），应将该色谱柱加到多长？

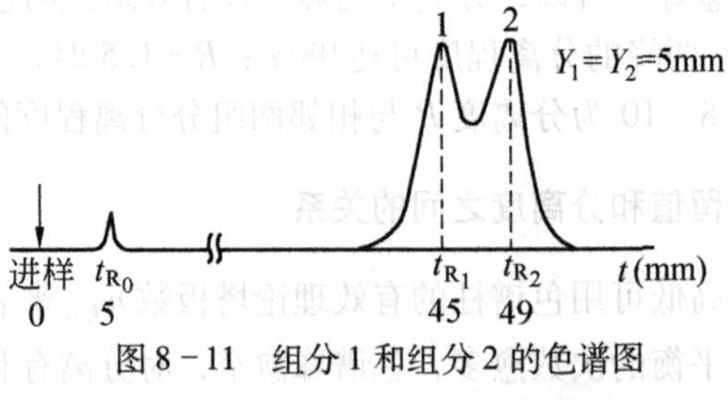

图 8－11　组分 1 和组分 2 的色谱图

解：由于记录笔的走纸距离与两种组分的保留时间相当，因此

$$r_{2,1} = \frac{t'_{R_2}}{t'_{R_1}} = \frac{49 - 5}{45 - 5} = 1.1$$

所以该柱的有效塔板数为：

$$n_{有效} = \frac{16(t'_{R_2})^2}{Y^2} = \frac{16 \times (49 - 5)^2}{5^2} = 1\,239$$

两组分的分离度：

$$R = \frac{t'_{R_2} - t'_{R_1}}{Y} = \frac{49 - 45}{5} = 0.8$$

若使两组分的分离度 $R=1.5$，则需要的有效理论塔板数：

$$n_{需} = \frac{16R^2(r_{2,1})^2}{(r_{2,1}-1)^2} = \frac{16 \times 1.5^2 \times (1.1)^2}{(0.1)^2} = 4\,356$$

所需的柱长：

$$L_{需} = 4\,356/1\,239 \times 1\ \text{m} = 3.52\ \text{m}$$

表 8－2 给出不同分离度时所需有效理论塔板数与相对保留值 $r_{2,1}$ 的关系。由于一般填充柱的 $H_{有效} \approx 0.1$ cm，所以可根据所需 $n_{有效}$ 粗略估计所需柱长。

表 8－2　不同分离度 R 时所需有效理论塔板数 $n_{有效}$ 与相对保留值 $r_{2,1}$ 的关系

$r_{2,1}$	$n_{有效}$		
	$R=1$	$R=1.5$	$R=2$
1.01	16×10^4	36×10^4	64×10^4
1.05	6 944	15 625	27 777
1.10	1 932	4 347	7 728
1.15	932	2 098	3 729
1.2	574	1 291	2 294
1.3	299	675	1 199

第六节　气相色谱固定相及其选择

欲利用色谱将两组分完全分开，首先要使两组分的保留时间相差较大，其次是两组分的色谱峰要尽可能地窄。前者主要取决于色谱柱的选择恰当与否，即色谱固定相的选择是否恰当；后者则主要取决于色谱操作条件的好坏。

一、气-固色谱固定相

气-固色谱属于吸附色谱，其分离原理是基于固体吸附剂对试样中各组分吸附能力的差异。吸附色谱固定相都是具有较大比表面的多孔物质。

吸附规律同溶解性的规律有相似之处，一般是极性相似者吸附能力较大。吸附剂按极性分为：

（1）非极性吸附剂：如活性炭，适用于低沸点的碳氢化合物的分析。但由于其表面不均匀，所得色谱峰拖尾，现在已少用。

（2）弱极性吸附剂：如氧化铝吸附剂，适用于分析 $C_1 \sim C_4$ 的烃类及异构体。

（3）强极性吸附剂：如分子筛，适于分析永久性气体 N_2、O_2、CO、H_2、CH_4 和在低温下分析惰性气体及正异构烷烃。

（4）氢键型吸附剂：如硅胶吸附剂，见图 8－12，适用于分析有氢键或极性的化合物。

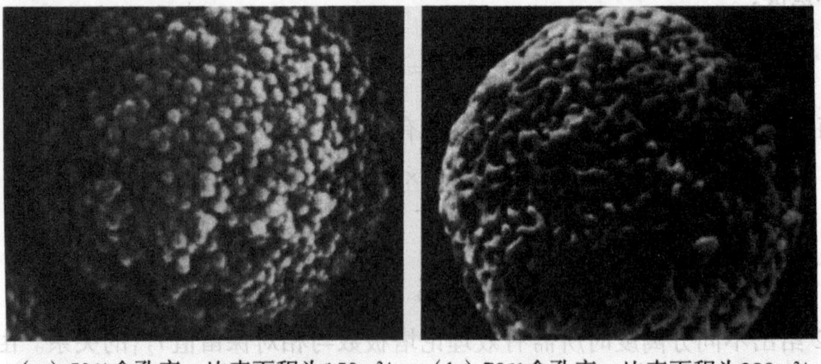

（a）50%含孔率，比表面积为150m²/g　（b）70%含孔率，比表面积为300m²/g

图 8－12　色谱硅胶颗粒的扫描电镜图

固体吸附剂吸附容量大，热稳定性好，适用于分离气体混合物。固体吸附剂颗粒大小影响分离效果，见图 8－13。由于固体吸附剂的种类较少，不同批量制备的吸附剂性能不宜重复，进样稍多色谱峰就不对称，有拖尾现象，柱效较低，因而使应用范围受到一定的限制。

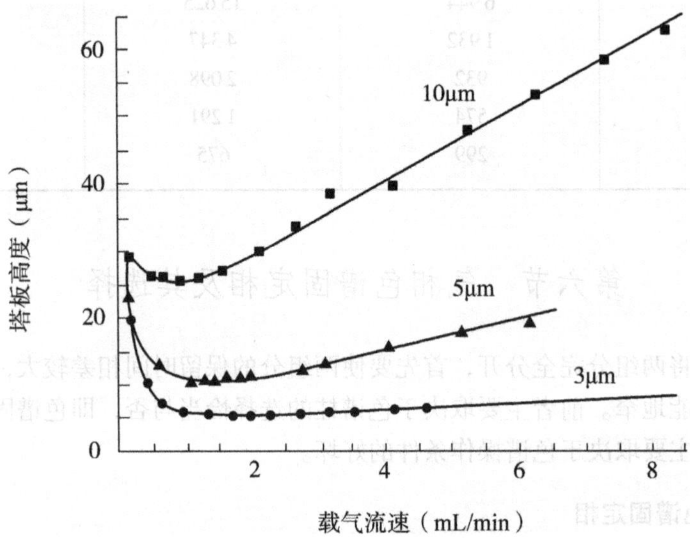

图 8－13　塔板高度与载气流速、固定相颗粒大小的关系

二、气-液色谱固定相

气-液色谱具有较多的优点：

（1）固定液的品种繁多，可选择范围大。

（2）固定液的用量可以任意变化，可以根据需要选用合适的固定液用量，以改善分离效果。

（3）色谱柱的使用寿命较长，可长达数年之久。

气-液色谱的固定相是在担体表面均匀涂渍一层固定液，因此，气-液色谱固定相的构成包括担体和固定液两部分。

（一）担体

担体，又称载体，是一种化学惰性、多孔性的固体颗粒，其作用是提供一个很大的惰性表面，使固定液以薄膜状态分布在其表面上。

1. 担体的种类

担体的种类有硅藻土型和非硅藻土型两大类，其中硅藻土型担体使用最为普遍。由于制造工艺不同，硅藻土型担体又可分为白色硅藻土担体和红色硅藻土担体。

白色硅藻土担体在制作时加入了助熔剂 Na_2CO_3，于 900 ℃以上高温煅烧而成。它的机械强度小，表面孔径较大，活性中心较少，适宜于分析极性较大的物质。

红色硅藻土担体在制作时未加助熔剂，900℃左右煅烧而成，因含有少量 Fe_2O_3，使担体略带红色。红色担体机械强度较高，表面孔径较小，分离效能高，但存在活性中心，适宜于分析非极性和弱极性的化合物。

非硅藻土型担体有玻璃微球、氟担体、高分子多孔微球等等。玻璃微球是一种有规则的小玻璃球，它能在较低柱温下分析高沸点样品，且分析速度快；氟担体由四氟乙烯聚合而成，耐腐蚀能力强，广泛应用于强极性化合物的分析。

2. 担体的处理

担体表面存在着吸附活性、催化活性，造成固定液在担体表面分布不均匀，色谱峰拖尾，因此，要进行表面预处理，使担体表面钝化，失去活性中心。担体表面预处理的方法有酸洗、碱洗、硅烷化处理等。

酸洗、碱洗的作用是除去担体表面的金属氧化物以及氧化铝等活性中心。硅烷化处理是消除担体表面活性的最有效的方法之一。它是利用担体表面的硅醇基与硅烷化试剂反应生成硅醚，消除氢键的作用，从而使极性表面变成非极性表面。常用硅烷化试剂有二甲基二氯硅烷或六甲基二硅胺，其反应如下：

3. 担体的选择

合适地选择担体有利于分离，能提高柱效。选择担体的基本原则是：

（1）固定液用量在 5% 以上的，采用硅藻土型担体。

（2）固定液用量在 5% 以下的，采用表面处理过的担体。

（3）高沸点组分可选用玻璃微球作担体。

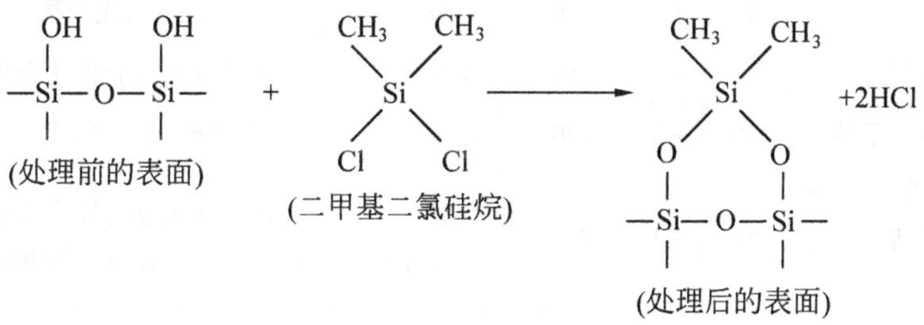

（4）对腐蚀性的样品，应选用抗腐蚀的聚四氟乙烯担体（氟担体）。

（5）担体的粒度常选用 60 ～ 80 目或 80 ～ 100 目，高效柱可选用 100 ～ 120 目。

（二）固定液

1. 对固定液的要求

固定液在操作条件下呈液态。理想的固定液应满足下列要求：

（1）固定液的沸点应比操作温度高 100℃左右；热稳定性好，不应产生固定液的流失或分解，影响色谱柱的使用寿命。

（2）在工作柱温下，固定液粘度要低，以保证固定液能够均匀分布在担体表面下形成液膜；凝固点低，不至于在柱温下发生凝固，失去分离作用。

（3）对被测组分有一定的溶解度且有较高的选择性，即对各组分的分配系数有一定的差异。

（4）化学稳定性好，在操作条件下，固定液不与载气、担体、被测组分发生不可逆的化学反应。

2. 固定液的分类

气-液色谱基于各组分在固定液中有不同的溶解度，即分配系数的不同而得到分离。色谱条件下分配系数的不同又主要决定于组分分子与固定液分子之间相互作用力的大小。这些作用力包括分子间取向力、诱导力、色散力和氢键。氢键虽不属于范德华力范畴，但在气相色谱中亦有重要意义。组分与固定液之间作用力的大小与固定液的极性密切相关。因此，常基于固定液的相对极性大小来进行分类和表征其分离特性。

相对极性是基于规定强极性的 β, β'-氧二丙腈的相对极性 $P = 100$，非极性的角鲨烷的相对极性 $P = 0$，其他固定液的相对极性以此为标准进行测定，并根据其相对极性的大小分为 6 级，相对极性为 0 的固定液为 0 级，其后每 20 个单位为一级。如 OV—1（甲基硅橡胶）的相对极性为 13，级别为 +1；PEG—20M（聚乙二醇）的相对极性为 68，级别为 +4。按相对极性的大小，常将固定液分类为非极性固定液（0 级，+1 级）、弱～中等极性固定液（+2 ～ +3 级）、强极性固定液（+4 ～ +5 级）、氢键型固定液和具有特殊保留作用的固定液等五大类。

表 8 - 3　气相色谱常用固定液（部分）

名　称	相对极性	级别	最高使用温度（℃）	常用溶剂	适宜分析对象
角鲨烷	0	0	140	乙醚	C_8 以前碳氢化合物
甲基聚硅氧烷	13	+1	350	甲苯	各类高沸点有机化合物
邻苯二甲酸二壬酯	25	+2	130	乙醚	醛、酮、酸、酯等
β - 氧乙氧基（25%）甲基聚硅氧物	52	+3	275	氯仿、二氯甲烷	选择性地分离芳香族化合物；可分离苯酚、酚醚、芳胺、生物碱、甾类化合物
有机皂土		+4	200	甲苯	芳烃，特别是二甲苯异构体
β, β'-氧二丙腈	100	+5	100	甲醇、丙酮	低级烃、含氧有机物（如醇）、芳烃等

3. 固定液的选择

气-液色谱的分配过程是溶解与挥发。一般认为，组分在固定液中的溶解遵循“相似相溶”的原则。所谓“相似”，是指固定液与被测组分的官能团、极性或者化学性质相似。组分与固定液性质相似时，分子间的作用力强，组分在固定相中的溶解度大，分配系数大，因而组分的保留时间长，容易达到分离的目的。

根据极性相似的原则选择固定液时，通常遵照以下原则：

（1）分离非极性物质，一般选用非极性固定液，这时试样中各组分按沸点次序先后流出色谱柱，沸点低的先出峰，沸点高的后出峰。

（2）分离极性物质，选用极性固定液，这时试样中各组分主要按极性顺序分离，极性小的先流出色谱柱，极性大的后流出色谱柱。

（3）分离非极性和极性混合物时，一般选用极性固定液，这时非极性组分先出峰，极性组分（或易被极化的组分）后出峰。

（4）对于能形成氢键的试样，如醇、酚、胺和水等的分离，一般选择极性的或是易形成氢键的固定液，这时试样中各组分按与固定液分子间形成氢键的能力大小先后流出。不易形成氢键的先流出，最易形成氢键的最后流出。

（5）对于复杂的难分离的物质，可以用两种或两种以上的混合固定液。

第七节 气相色谱操作条件的选择

混合试样色谱分离的实际效果，同时取决于色谱热力学因素（组分间的分配系数差异）和动力学因素（柱效的高低）。前者主要决定于固定相的选择，后者则主要决定于色谱操作条件的选择。因此，在选择了合适的固定相之后，色谱操作条件的选择就成为试样中各组分，特别是难分离相邻组分能否实现定量分离的关键。

一、载气种类和流速的选择

从范第姆特方程式可知，塔板高度 H 由三项加合而成，载气流速的影响各不相同，参见图 8-14。A 项与流速无关，为一水平线，纵向扩散项 $B/\bar{u}$ 为一双曲线，而传质阻力项 $C\bar{u}$ 是不经过原点的直线，三者之和即为塔板高度 H 与载气流速 $\bar{u}$ 的关系。从图 8-14 可知，当流速较低时，$B/\bar{u}$ 项成为影响塔板高度，即影响柱效的主要因素。随着 $\bar{u}$ 增大，柱效明显增高。但当载气流速超过一定值后，$C\bar{u}$ 项成为影响塔板高度的主要因素，随 $\bar{u}$ 增大，塔板高度增大，柱效下降。在 $\bar{u}=(B/C)^{1/2}$ 时，H 有一最小值，柱效最高。此时的流速称为最佳载气流速。为使在较短时间内得到较好的分离效果，通常选择稍高于最佳流速的载气流速。由于载气流速大时，传质项对柱效的影响是主要的，所以此时宜选相对分子质量小、扩散系数大的气体如 H_2、He 等作载气；反之，

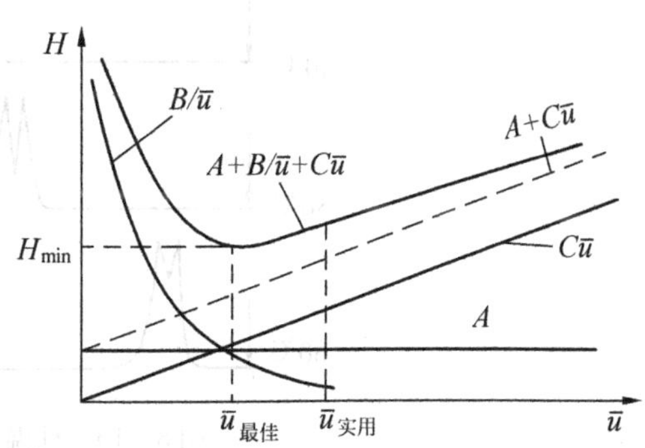

图 8-14 塔板高度 H 与载气流速 $\bar{u}$ 的关系

当载气流速小时，由于影响柱效的主要因素是分子扩散项，所以宜选择相对分子质量大、扩散系数小的气体如 N_2、Ar 等作载气。见图 8－15。另外，载气的选择应考虑所选检测器的要求。热导池检测器常用氢气、氦气作载气。氢火焰检测器宜用氮气作载气。

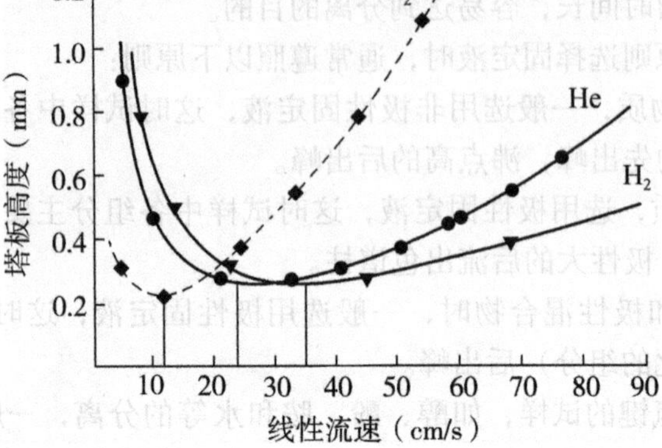

图 8－15　不同载气的正十七烷范第姆特曲线

二、柱温的选择

柱温是气相色谱的重要操作条件，柱温改变，柱效率、分离度 R、选择性 $r_{2,1}$ 以及柱子的稳定性都发生改变。柱温低有利于分配，有利于组分的分离，但温度过低，被测组分可能在柱中冷凝，或者传质阻力增加，使色谱峰扩张，甚至拖尾。温度高有利于传质，但柱温高，分配系数变小，不利于分离。一般通过实验选择最佳柱温，要使物质对既完全分离，又不使峰形扩展、拖尾，柱温一般选各组分沸点平均温度或更低。

某一两组分的混合物，在同一色谱柱中进行分离，在 30～60℃选择分离的最佳温度。如图 8－16 可见，当 40℃时，所得色谱峰形状及分离情况都较好，故可选择 40℃作为最佳柱温。

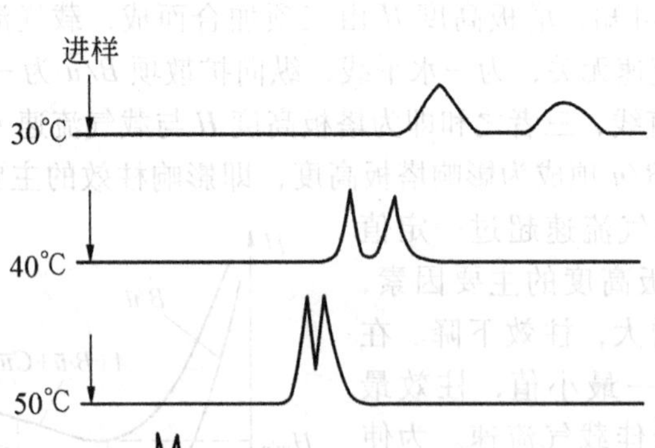

图 8－16　柱温对分离度的影响

三、气化温度的选择

气化温度应以能使试样迅速气化而又不产生分解为准，通常比柱温高 20 ～ 70℃。

四、进样时间和进样量

进样速度必须很快，防止色谱峰拖尾，一般在 0.1 s 之内将试样全部注入气化室，最大进样量应控制在峰面积或峰高与进样量呈线性关系的范围内。因为进样量太多，分离度不好，峰高、峰面积与进样量不成线性关系；进样量太少，会使含量少的组分因检测器灵敏度不够而不出峰。一般液体进样量为 0.1 ～ 5 μL，气体进样量为 0.1 ～ 10 mL。

第八节　气相色谱检测器

混合试样经色谱柱分离后，各组分按时间顺序流出，只有将各组分的浓度转变成电信号，及时记录下来，才能进行定性及定量分析。这种转换是由色谱检测器来完成的。由于气相色谱流出组分存在于连续流动的载气中，它只是瞬间流过检测器，而且其量常常很低，这就要求检测器响应速度快、灵敏度高、线性范围宽。根据测定原理的不同，气相色谱检测器可分为质量型检测器和浓度型检测器两类。

质量型检测器的响应值仅与单位时间进入检测器的组分质量成正比，而与载气的量无关。属于质量型检测器的有氢火焰离子化检测器、火焰光度检测器等。浓度型检测器的响应值和组分在载气中的浓度成正比。它的特点是对组分和载气均有响应。属于浓度型检测器的有热导池检测器、电子捕获检测器等。气相色谱仪一般都配置有热导池检测器和氢火焰离子化检测器。

一、热导池检测器

1. 基本原理

热导池检测器（TCD）是气相色谱仪最广泛使用的一种通用型检测器。其特点是结构简单，稳定性好，线性范围宽，灵敏度适中，不需要另外增加气体或其他装置且操作简单。热导池检测器由热导池池体和热敏元件组成。热敏元件是电阻值完全相同的金属丝（钨丝、铂丝或铼钨合金丝），把它们接入惠斯顿电桥中，由恒定电流加热。热导池池体由不锈钢或铜块制成，热导池检测器结构及工作原理见图 8－17。R_2、R_3 为参考臂（参比池），R_1、R_4 为测量臂（测量池），从物理学知道：电桥平衡时，$R_1 \times R_4 = R_2 \times R_3$，$A$ 和 B 两端没有电压输出，$E_{A,B} = 0$，记录仪无信号输出。

当电流通过热导池钨丝，钨丝被加热到一定的温度，钨丝周围有气体通过时，钨丝的电阻下降，下降的程度与气体的性质与流速有关。若载气中无试样时，流经热导池参比池和测量池的均是载气，钨丝温度下降的程度相同，电阻减少的程度相同，电桥仍保持平衡，$E_{A,B}=0$，无输出信号。

若有试样进入载气，流过参比池的是纯载气，流过测量池的是带有组分的载气，由于两者的导热系数不同，测量池中钨丝散热情况有了变化，若组分的导热系数小于载气的导热系数，则钨丝 R_1、R_4 的温度将升高，电阻 R_1、R_4 增大，产生一个 ΔR_1、ΔR_4 的变化，而 R_2、R_3 未变，所以，$(\Delta R_1+R_1)\times(\Delta R_4+R_4)\neq R_2\times R_3$，电桥失去平衡，$E_{A,B}\neq 0$，电桥有一电压信号输给记录仪。组分的浓度越大，则参比池与测量池中钨丝的电阻差别越大，输出的电压信号也就越大。记录仪的输出随组分的浓度而改变，色谱图上得到的是反映组分浓度变化的色谱峰。

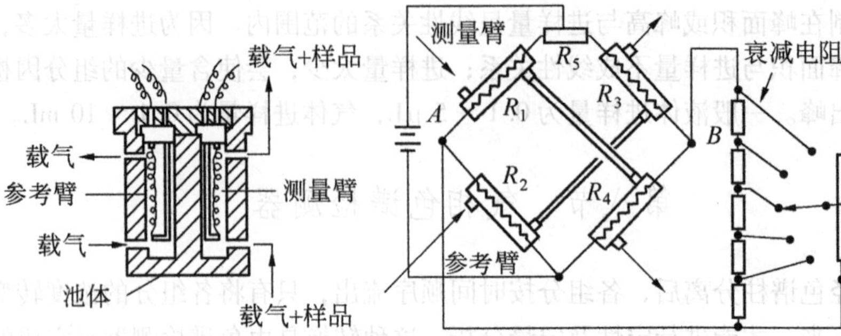

图 8－17　热导池检测器结构及工作原理示意

当电桥输出信号过大时，色谱峰的高度将超出记录纸的宽度，需要将输出信号缩小至实际信号的若干分之一，称为衰减。例如衰减到 1/2 时，记录纸上色谱峰高度为 18.5 cm，则色谱峰的实际高度应为 2×18.5 cm，超过了记录纸的宽度，在记录纸上得不到完整的色谱峰。

2. 影响热导池灵敏度的因素

（1）桥路电流的影响：惠斯顿电桥电流增大，钨丝温度升高，钨丝与气体的温度差别增大，有利于散热，使钨丝降低温度，改变电阻，从而增加灵敏度，但温度太高则基线不稳定，且容易烧坏钨丝。

（2）热导池体温度的影响：降低池体温度，池体与钨丝的温差大，热传导容易进行。试样进入测量池，热敏电阻会产生较大的电阻变化，得到较高的色谱峰，可提高测定的灵敏度。但池体温度太低将导致组分在检测器内冷凝，一般检测器的温度不应低于柱温。

（3）载气的影响：载气与试样的导热系数相差越大，参比池中的钨丝与测量池中钨丝的温度差别越大，从而两钨丝的电阻差别越大，检测器的灵敏度越高。被测组分的热导系数一般都比较小，故应选热导系数大的载气，比如 H_2、He。同时，载气的导热系数大，钨丝散热快，可以使用更高的桥流，有利于灵敏度的提高。气体的导热系数见表 8－4。

表 8－4　标准状况下的气体热导系数

气体	导热系数［J/（K·m·s）］	气体	导热系数［J/（K·m·s）］
H_2	0.170	O_2	0.0246
He	0.141	Ar	0.0162
NH_3	0.0215	C_3H_8	0.0151
N_2	0.0243	CO_2	0.0144
C_2H_4	0.0170	Cl_2	0.0076

二、氢火焰离子化检测器

氢火焰离子化检测器（FID），简称氢火焰检测器，也是目前应用广泛的一种较理想的检测器。它的主要优点是：对大多数有机物有很高的灵敏度，一般较热导池检测器灵敏度高 10^2 ～ 10^4 倍，能检测低至 10^{-9}g/g 级的痕量有机物；响应速度快；线性范围宽；死体积小；对载气流动不敏感；操作稳定等，特别是与毛细管柱相配合进行快速的痕量分析更具优越性。其缺点是：对永久性气体以及如 C、CO_2、H_2S、H_2O、NH_3、CH_2O、HCOOH、HCN、SiF_4、CCl_4 等无响应，因而不能检测这些物质；需配备燃气（氢气）和助燃气（压缩空气），使设备复杂化；同时对燃气、助燃气及载气的纯度均有较高的要求。

1. 氢火焰离子化检测器结构和工作原理

氢火焰离子化检测器的结构图如图 8 - 18 所示。左半部为离子化室，其中金属小环为负极，称为极化极（或发射极），收集极（正极）与负极之间加有 150 ～ 300 V 的直流电压，称为极化电压，形成一个电场。当仅通入氢气与空气燃烧时，由于形成的离子很少，两电极间因离子定向运动而形成的电流极微，为 10^{-14}～ 10^{-12}A，其大小与载气、燃气的纯度有关，形成基线。当有某种有机物随载气进入火焰中时，一部分发生电离，例如：

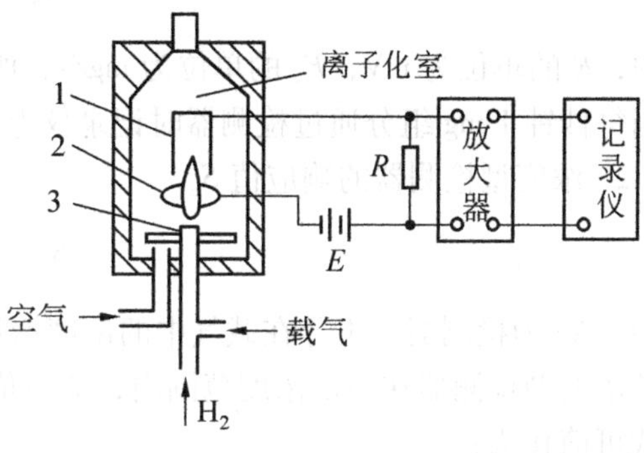

图 8 - 18　氢火焰离子化检测器示意

1—收集极；2—极化极；3—火焰喷嘴

$$C_nH_m \longrightarrow nCH^{\cdot}\ （自由基）$$

$$CH^{\cdot} + O_2 \longrightarrow CHO^+ + e\ （电子）$$

$$CHO^+ + H_2O \longrightarrow CO + H_3O^+$$

在高温时烃类有机物裂解生成短寿命的自由基，这些自由基被处于激发态的氧氧化生成 CHO^+，或者相互碰撞产生正离子及电子。CHO^+ 与火焰中大量水蒸气碰撞生成 H_3O^+，这种电离过程产生的正离子，主要是 H_3O^+，还有 CHO^+、CH_3^+ 等，以及电子或某些负离子如 OH^- 等。在外电场作用下，它们分别流向极化极或收集极，形成 10^{-6}～ 10^{-12}A 的微电流，其大小与有机物的质量成正比。此微电流经高电阻（10^7 ～ $10^{10}\Omega$），产生 mV 级电压信号，经放大器放大后输入记录器。

2. 影响氢火焰检测器灵敏度的因素

有机物在氢火焰中离子化效率很低，一般为 0.01% ～ 0.05%，离子的复合过程会使效率更低。为了使检测器获得较高灵敏度，较低的噪声和较宽的线性范围，需要配置优质的放大器。

操作条件对离子化效率也有一定影响。极化电压低，电流信号小；当极化电压超过一定值后，再增大电压，则对电流影响不大，一般选用 150 ～ 250 V。另外，若氢气流速选择比较合理，则电流信号基本不受氢气和载气流速变化的影响。空气流速低时，电流信号随空气流速的增加而增大，但空气流速达到一定值后，对信号电流的影响就不大了，一般

流速比为 H_2: 空气 = 1: 10 ～ 20。

三、检测器的性能指标

一定量的物质通过检测器时所给出信号大小，称为检测器对该物质的响应值，也称灵敏度，用 S 表示。

1. 质量型检测器的响应值 S_m

$$S_m = \frac{\Delta E}{(\Delta m/\Delta t)}$$

式中，$\Delta m/\Delta t$ 是单位时间内进入检测器的组分质量，又称为质量流量 F_s；ΔE 为响应值的增量。对多数检测器，在一定流速范围内，E 与 F_s 呈线性关系，所以上式可简化为：

$$S_m = \frac{E}{F_s}$$

式中，E 的单位为 mV，F_s 的单位为 mg/s，所以 S_m 的单位为 mV · s/mg。S_m 的物理意义是当每秒钟 1 mg 组分通过检测器时记录仪上得到的电压值。

2. 浓度型检测器的响应值 S_c

$$S_c = \frac{\Delta E}{\Delta c}$$

式中，Δc 为检测器内组分在载气中的浓度增量，ΔE 为响应值的相应变化。实验证明，典型的浓度型检测器在一定浓度范围内，响应值与组分在载气中的浓度 c 呈线性关系，所以上式可简化为：

$$S_c = \frac{E}{c}$$

四、检测限

检测器的好坏不仅取决于响应值（灵敏度），还与检测器的噪声水平有关。检测限就是考虑到噪声影响而规定的一项指标。当产生的信号大小为两倍噪声时，通过检测器的物质的量（或浓度），称为检测限 D。其数学表达式为：

$$D = \frac{2R_N}{S}$$

式中，R_N 为噪声，S 为检测器的响应值（浓度型检测器为 S_c，质量型检测器为 S_m）。一般说来，检测限 D 越小，说明噪音越小，检测器的灵敏度越高，检测器性能愈好，所需的试样量越少。

气相色谱分析的应用实例见图 8－19 至图 8－25。

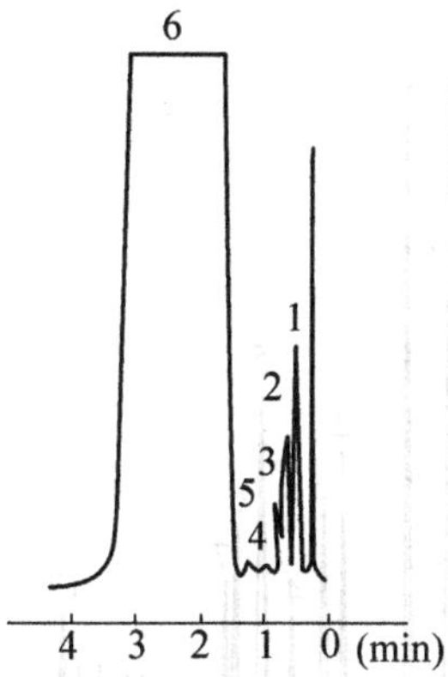

图 8-19　纯乙烯

色谱柱：碳分子筛，50cm×4mm
柱　温：130 ℃
色谱峰：1—CH_4；2—H_2O；3—CO_2；4—NO；5—C_2H_2；6—C_2H_4

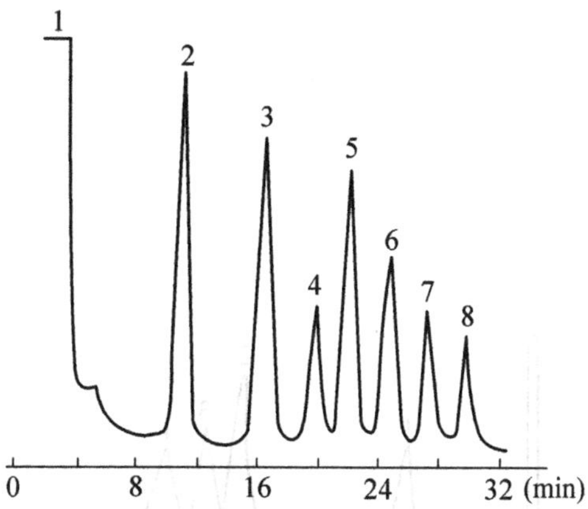

图 8-20　C_{10}～C_{16}酮

色谱柱：Tanax（60～80 目），0.61m×2mm
柱　温：150→300℃，5℃/min
色谱峰：1—丙酮；2—壬酮-5；3—十一酮-6；4—十二酮-3；5—十三酮-4；6—十四酮-5；7—十五酮-6；8—十六酮-6

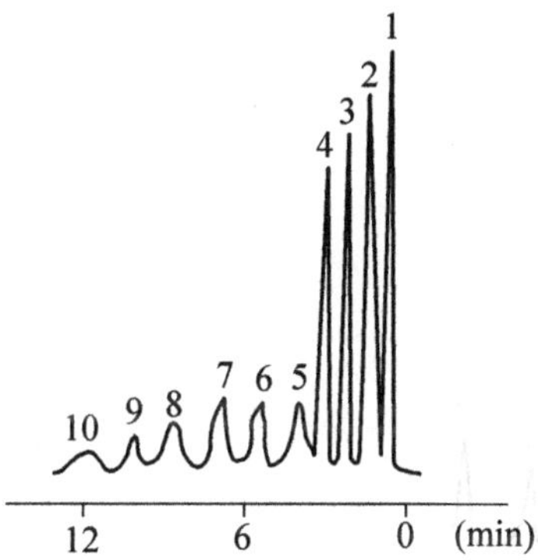

图 8-21　C_1～C_{10}游离脂肪酸

色谱柱：GDX—103（60～70 目），2m×3mm
柱　温：182 ℃
色谱峰：1—甲酸；2—乙酸；3—正丙酸；4—正丁酸；5—正戊酸；6—正己酸；7—正庚酸；8—正辛酸；9—正壬酸；10—正癸酸

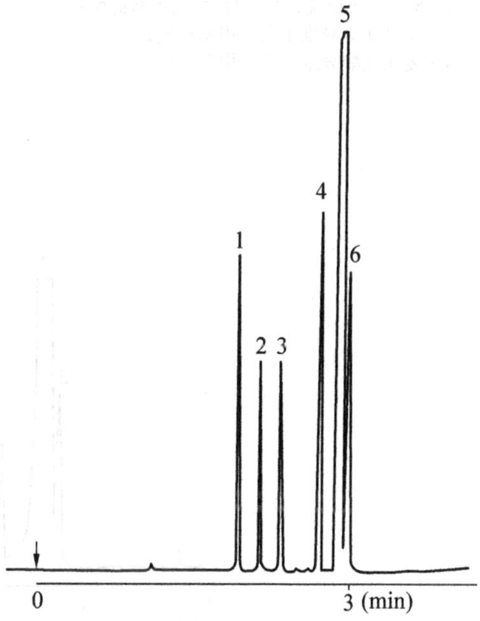

图 8-22　吡啶

色谱柱：CP tm Sil 43 CB（0.2μm），10m×0.10mm
柱　温：110 ℃
色谱峰：1—吡啶；2—2-甲基吡啶；3—2，6-二甲基吡啶；4—2-乙基吡啶；5—3-甲基吡啶；6—4-甲基吡啶

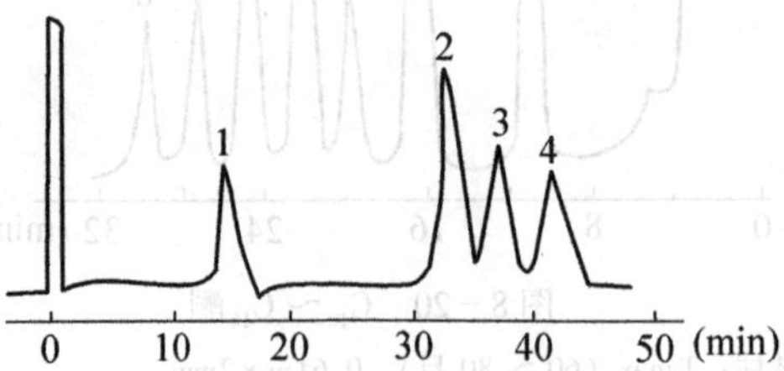

图 8-23　维生素 D_2

色谱柱：30% OV—1，2.1m×6mm
柱　温：230℃
色谱峰：1—5-α-胆甾烷；2—胆甾醇三甲基硅醚；
3—胆钙化醇异维生素三甲基硅醚；
4—麦角化醇异维生素三甲基硅醚

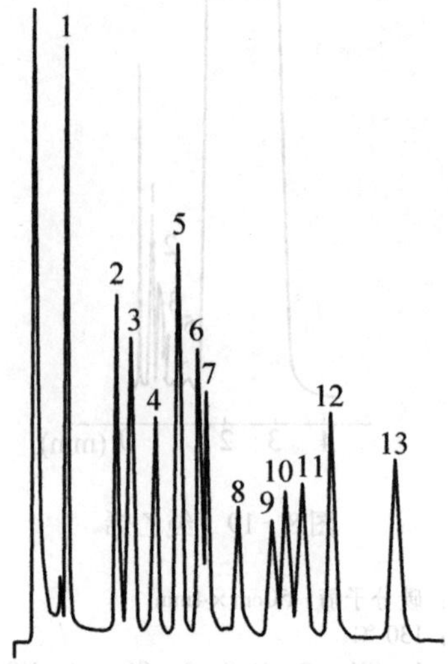

图 8-24　黄瓜中农药

色谱柱：1.5% DCQF—1，Chromosorb W AW DMCS（60～80 目），2.6m×3.2mm
柱　温：190(8min)→215℃(13min)，30℃/min
色谱峰：1—敌敌畏；2—3911；3—二嗪农；4—乙嘧硫磷；5—巴胺磷；6—甲嘧硫磷；7—异稻瘟净；8—乐果；9—喹硫磷；10—甲基对硫磷；11—杀螟松；12—对硫磷；13—乙硫磷

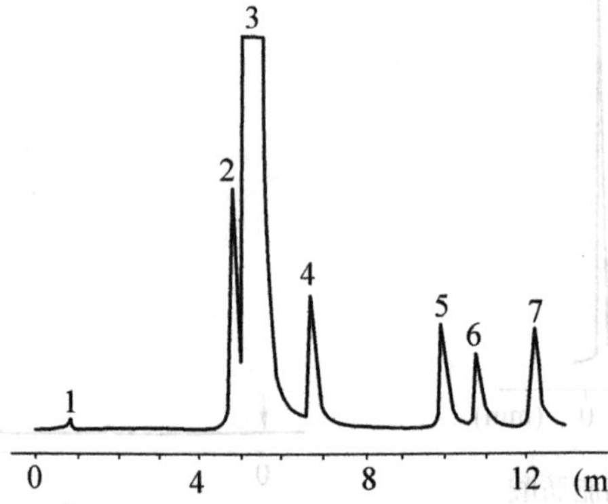

图 8-25　永久性气体

色谱柱：Carbosieve S（100～120 目），2.14m×3.2mm
柱　温：35（4min）→175℃，25℃/min
色谱峰：1—H_2；2—O_2；3—N_2；4—CO；5—CH_4；6—H_2O；7—CO_2

第九节　气相色谱定性与定量分析

一、气相色谱定性分析

气相色谱是一种高效、快速的分离分析技术，它可以在很短时间内分离多至数十种甚至上百种极其复杂的混合物，这是其他方法所不能比拟的。气相色谱定性分析的目的是确定试样的组成，即确定每个色谱峰所代表的物质。色谱分离的对象多为有机物，有机物不仅数量品种繁多，而且常常具有复杂的空间结构或性质相似的异构体，所以气相色谱定性是一种既重要又困难的工作。由于色谱法定性分析的主要依据是各个组分的保留值，如果没有已知纯物质，单靠色谱法是很难对未知物进行定性鉴定的，或者说只能在一定程度上给出定性结果。下面介绍几种常用的定性方法。

1. 保留值对比定性法

例如某混合物中，根据各方面资料判断含有丙醇，在同一色谱柱中，注入色谱纯丙醇，则混合物中丙醇应与色谱纯丙醇有相同的峰形和保留值。这是色谱法最主要的定性方法。它将样品中组分的保留值（保留时间或调整保留时间等）与已知物质在相同操作条件下测得的保留值相比较，如果数值在实验允许的误差范围内，就可以推定此组分可能是该物质。

2. 已知组分定性法

此方法是先将欲测定的样品做色谱实验，然后将已知物质加入到样品中，在相同操作条件下再进行色谱实验，比较两次实验所得的色谱图，看色谱峰高相对的变化，若有某色谱峰高增大了，则表明样品中可能有此物质；换句话说，如果样品中有此物质存在，则该色谱峰必定是包含有此物质的色谱峰。

3. 保留指数定性

1958 年科瓦特（Kovats）提出了保留指数定性法，一直沿用至今。某物质 x 的保留指数 I_x 可用下式计算：

$$I_x = 100\left[z + n \times \frac{\lg t'_{R(x)} - \lg t'_{R(z)}}{\lg t'_{R(z+n)} - \lg t'_{R(z)}}\right]$$

式中 $t'_{R(x)}$、$t'_{R(z)}$、$t'_{R(z+n)}$ 代表待测物质 x 和具有 z 及 $z+n$ 个碳原子数的正构烷烃的调整保留时间。n 可以等于 1，2，3，…，但数值不宜过大。正构烷烃的保留指数，在任何情况下，人为规定为 100 倍碳的个数，即为 100 z，如戊烷、己烷、庚烷的保留值分别为 500，600，700。因此，欲求某物质的保留指数，只要与相邻的正构烷烃混合在一起（或分别进行），在相同色谱条件下进行分析，然后按公式计算其保留指数。用文献中的保留指数进行定性鉴定，而不必用纯物质。

【例 8－3】将含苯、正己烷和正庚烷的混合物进行气相色谱分析，色谱固定液是鲨鱼烷，柱温 60℃，所得色谱图见图 8－26，计算苯的保留指数。

解：$z = 6$（正己烷），$n = 1$，x 是苯，$z+1$ 是正庚烷，则

$$t'_{R(x)} = t'_{R(苯)} = 395.3\ s$$

$$t'_{R(z)} = t'_{R(正己烷)} = 262.1\ s$$

$$t'_{R(z+n)} = t'_{R(正庚烷)} = 661.3\ s$$

$$I_x = 100\left[z + n \times \frac{\lg t'_{R(x)} - \lg t'_{R(z)}}{\lg t'_{R(z+n)} - \lg t'_{R(z)}}\right]$$

$$= 100\left[6 + 1 \times \frac{\lg 395.3 - \lg 262.1}{\lg 661.3 - \lg 262.1}\right]$$

$$= 644.4$$

$$\approx 644$$

从文献中查得 60℃ 鲨鱼烷柱上 I 值 644 时为苯，可用纯苯对照实验进一步确认。

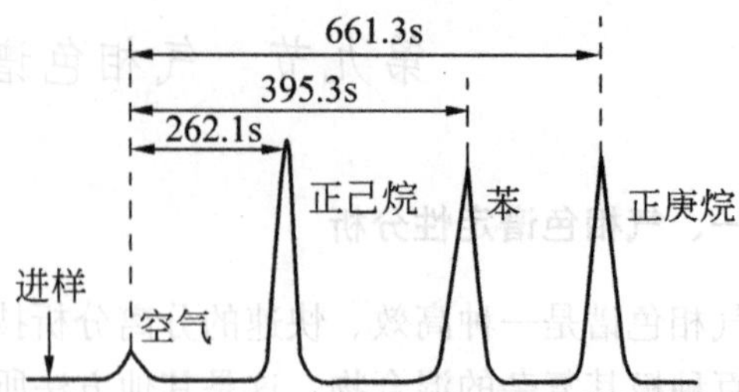

图 8－26　保留指数示意图

二、气相色谱定量分析

在一定的色谱条件下，流入检测器的待测组分 i 的质量 m_i 与检测器对应的响应信号（例如色谱图上的峰面积 A_i 或峰高度 h_i）成正比：

$$m_i = f_i A_i$$

或

$$m_i = f_{h_i} h_i$$

式中，f_i 或 f_{h_i} 称为面积校正因子或峰高校正因子。

此两式即是色谱定量分析的理论依据。因此，要进行定量分析，必须要测定峰面积或峰高度和其对应的校正因子。

（一）峰面积的测量

1. 简易测量法

对于对称峰，用下式计算峰面积 A：

$$A = 1.065 \times h \times Y_{1/2}$$

式中，h 为峰高，$Y_{1/2}$ 为半峰宽。

对于不对称峰，峰面积用下式计算：

$$A = h \times 1/2 \times (Y_{0.15} + Y_{0.85})$$

式中，$Y_{0.15}$，$Y_{0.85}$ 分别为峰高的 0.15 和 0.85 处的峰宽。

2. 自动积分器法

目前气相色谱仪大多带有自动积分器，可以准确、自动地测量各类峰形的峰面积，并自动打印出各个峰的保留时间和峰面积等数据。

（二）校正因子

1. 绝对校正因子

由于同一检测器对不同的物质具有不同的响应值，所以即便对两种等量的物质，得到的峰面积不一定相等。为使峰面积能准确地反映待测组分的含量，就必须事先用已知量的待测组分测定在所用色谱条件下的峰面积，以计算校正因子：

$$f_i = \frac{m_i}{A_i}$$

式中，f_i 称为绝对校正因子，其含义是单位峰面积相当的 i 物质量。

【例 8－4】取含氧量为 21% 的新鲜空气 1 mL（或任意体积）进行色谱分析，获得一个 42 mm 高的色谱峰，计算以峰高表示的绝对校正因子（设衰减 $n = 1$），则

$$f_{氧气}=\frac{m_{氧气}}{h_{氧气}}=\frac{21\%}{42\times1}=0.5\%$$

2. 相对校正因子

由于测定绝对校正因子需准确知道进样量，这有时是困难的，而且易受操作条件的影响，所以实际不易准确测定。定量分析中经常使用的是组分 i 和标准物 s 的绝对校正因子之比：

$$f_{i/s}=\frac{f_i}{f_s}=\frac{m_i}{m_s}\times\frac{A_s}{A_i}$$

式中，m_i 和 m_s 分别为 i 物质和标准物 s 的质量，A_i 和 A_s 分别为对应的峰面积。

相对校正因子的测定，并不需要准确知道 i 组分注入的准确质量 m_i，而只需要知道 i 组分质量 m_i 与某标准物 s 的质量 m_s 之比，以及两者峰面积之比。

【例 8-5】用分析天平准确称出纯正戊烷 5.5639 g，纯苯 14.8123 g 并混合。其中苯为标准物。混合试样经色谱分离后得到 $A_{正戊烷}$为 6.50 cm^2，$A_{苯}$ 为 15.23 cm^2，求正戊烷相对苯的校正因子。

解：i 为正戊烷，s 为苯。

$$f_{i/s}=f_{正戊烷/苯}=\frac{m_{正戊烷}}{m_{苯}}\times\frac{A_{苯}}{A_{正戊烷}}$$

$$=\frac{5.5639}{14.8123}\times\frac{15.23}{6.50}=0.89$$

在测定相对校正因子时，如果各组分的量用质量表示，所得的相对校正因子称为相对质（重）量校正因子；若用摩尔或体积表示，则称为相对摩尔校正因子或相对体积校正因子。某些化合物的相对校正因子可以在文献中查到，若查不到时，则需按上述方法测定。

表 8-5　部分以苯为标准物的热导、氢焰相对质量校正因子 $f_{i/苯}$

化合物名称	热导 ($f_{i/苯}$)	氢焰 ($f_{i/苯}$)	化合物名称	热导 ($f_{i/苯}$)	氢焰 ($f_{i/苯}$)	化合物名称	热导 ($f_{i/苯}$)	氢焰 ($f_{i/苯}$)
甲烷	1.74	0.87	邻二甲苯	0.93	0.91	环己烷	1.06	0.90
乙烷	1.33	0.87	异丙苯	0.92	0.87	环庚烷	—	0.90
丙烷	1.16	0.87	正丙苯	0.95	0.90	苯	1.00	1.00
丁烷	1.15	0.92	乙烯	1.33	0.91	甲苯	0.99	0.96
戊烷	1.14	0.93	乙炔	—	0.96	乙基苯	0.95	0.92
己烷	1.12	0.92	甲醇	1.34	0.21	对二甲苯	0.96	0.89
庚烷	1.12	0.89	乙醇	1.22	0.41	间二甲苯	0.96	0.93
辛烷	1.09	0.87	正丙醇	1.09	0.54	丙酮	1.15	0.44
壬烷	1.08	0.88	异丙醇	1.11	0.47	甲酸	—	0.009
癸烷	1.09	—	正丁醇	0.96	0.59	乙酸	—	0.21
十一烷	0.99	—	异丁醇	1.02	0.61	丙酸	—	0.36
异丁烷	1.10	—	戊醇	0.98	0.63	丁酸	—	0.43

续表 8－5

化合物名称	热导 ($f_{i/苯}$)	氢焰 ($f_{i/苯}$)	化合物名称	热导 ($f_{i/苯}$)	氢焰 ($f_{i/苯}$)	化合物名称	热导 ($f_{i/苯}$)	氢焰 ($f_{i/苯}$)
异戊烷	1.10	0.94	丁醛	—	0.55	乙酸乙脂	0.99	0.34
环戊烷	1.09	0.93	庚醛	—	0.69	苯胺	0.95	0.67

注：载气为氦。

（三）色谱定量计算方法

色谱定量计算方法很多，目前比较广泛应用的有归一化法、内标法和外标法。

1. 归一化法

如果试样中所有组分均能流出色谱柱并显示色谱峰，则可用此法计算组分含量。设试样中共有 n 个组分，各组分的量分别为 m_1，m_2，…，m_n，则 i 种组分的质量分数为：

$$w_i = \frac{m_i}{m_1 + m_2 + \cdots + m_n} = \frac{f_iA_i}{\sum_{i=1}^{n} f_iA_i}$$

【例 8－6】用热导池检测器分析乙醇、正庚烷、苯和乙酸乙酯的混合物，分析数据如下：

化合物	峰面积（cm^2）	相对校正因子 $f_{i/苯}$
乙醇	5.0	1.22
正庚烷	9.0	1.12
苯	4.0	1.00
乙酸乙酯	7.0	0.99

分别求乙醇、正庚烷、苯和乙酸乙酯的质量分数。

解：

$$f_i = f_{i/s} \times f_s$$

$$w_i = \frac{f_iA_i}{\sum_{i=1}^{n} f_iA_i} = \frac{f_{i/s} \times f_s \times A_i}{\sum_{i=1}^{n} f_{i/s} \times f_s \times A_i} = \frac{f_{i/s} \times A_i}{\sum_{i=1}^{n} f_{i/s} \times A_i}$$

$$w_{乙醇} = \frac{5.0 \times 1.22}{5.0 \times 1.22 + 9.0 \times 1.12 + 4.0 \times 1.00 + 7.0 \times 0.99}$$

$$= \frac{5.0 \times 1.22}{27.11} = 0.2250$$

$$w_{庚烷} = \frac{9.0 \times 1.12}{27.11} = 0.3718$$

$$w_{苯} = \frac{4.0 \times 1.0}{27.11} = 0.1475$$

$$w_{乙酸乙酯} = \frac{7.0 \times 0.99}{27.11} = 0.2556$$

归一化法的优点是简便、准确，进样量的多少不影响定量的准确性，操作条件的变动对结果的影响也较小，对多组分的同时测定尤其显得方便。缺点是试样中所有的组分必须全部出峰，某些不需定量的组分也需测出其校正因子和峰面积，因此作用受到一些限制。

2. 内标法

当试样中所有组分不能全部出峰，或只要求测定试样中某个或某几个组分时，可用此法。准确称取 m(g)试样，加入某纯物质 m_s(g)作为内标物，根据试样和内标物的质量比 m_s/m 及相应的色谱峰面积之比，基于下式可求组分 i 的质量分数 w_i：

因为
$$\frac{m_i}{m_s}=\frac{f_iA_i}{f_sA_s}$$

所以
$$w_i=\frac{m_i}{m}=\frac{f_iA_im_s}{f_sA_sm}=\frac{m_s}{m}\times\frac{A_i}{A_s}\times f_{i/s}$$

内标物的选择条件是：内标物与试样互溶且是试样中不存在的纯物质；内标物的色谱峰既处于待测组分的峰附近，彼此又能很好地分开且不受其他峰干扰；加入量宜与待测组分量相近。

【例 8－7】将一干净烘干的小瓶称量，再加入纯水和无水甲醇分别称量，得水的净质量为1.7564 g，甲醇净质量2.1647 g，将其混匀，并注入数微升至色谱仪，可得如下色谱图 8－27 。另取一个已洗净烘干的小瓶称量，加入乙醇样品称量，再加入内标物无水甲醇称量。得样品质量为4.1983 g，甲醇0.074 g，混匀，取1 μL注入色谱仪，可获得如图 8－28 色谱图。

求乙醇样品中水的质量分数。

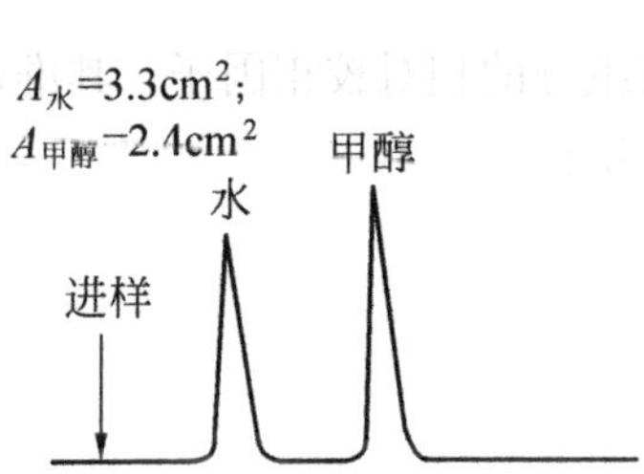

图 8－27 内标法测相对质量校正因子

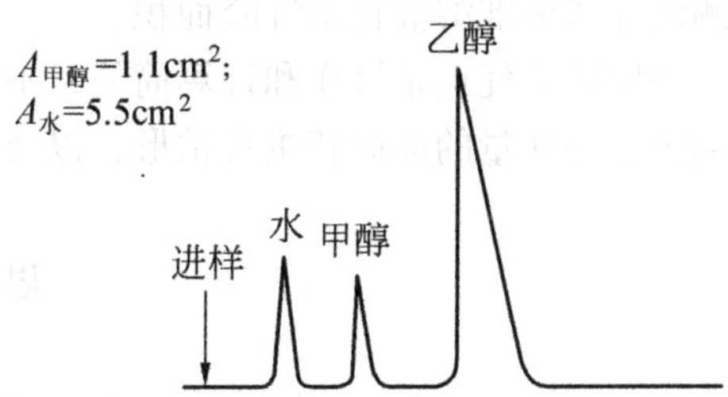

图 8－28 内标法测乙醇中微量水

解：(a) $f_{水/甲醇}$的计算：从图 8－27 中得 $A_{甲醇}=2.4\ cm^2$，$A_{水}=3.3\ cm^2$，则

$$f_{水/甲醇}=\frac{m_{水}}{m_{甲醇}}\times\frac{A_{甲醇}}{A_{水}}=\frac{1.7564}{2.1647}\times\frac{2.4}{3.3}=0.59$$

(b) 乙醇样品中水的质量分数的计算：从图 8－28 得 $A_{水}=5.5\ cm^2$，$A_{甲醇}=1.1\ cm^2$，则

$$w_{H_2O}=\frac{m_{甲醇}}{m_{样}}\times\frac{A_{水}}{A_{甲醇}}\times f_{水/甲醇}$$
$$=\frac{0.074\times5.5\times0.59}{4.1983\times1.1}=0.052$$

内标法进样量不需要严格控制，且准确度高，但每次都需要称量样品及内标物，不宜快速分析。

3. 外标法

外标法也称标准曲线法，该法是在一定色谱操作条件下，用纯物质配制一系列不同浓度的标准样，定量进样作色谱图。按测得的峰面积（或峰高）对标准系列的浓度作图绘制标准曲线。进行试样分析时，在与标准系列严格相同的条件下定量进样，由所得峰面积从标准曲线上即可查得待测组分的含量。如某气体样品中 CO_2 含量的测定，先将纯 CO_2 用氮气稀释成不同浓度，各进样一定体积（如 1 mL），测量各峰高 h（或峰面积 A）与 CO_2 对应的含量作工作曲线，如图 8－29 所示。测定未知样品时，注入与标样相同体积的气体样，测出其中 CO_2 的峰高（或峰面积），即可从曲线上找出 CO_2 含量：

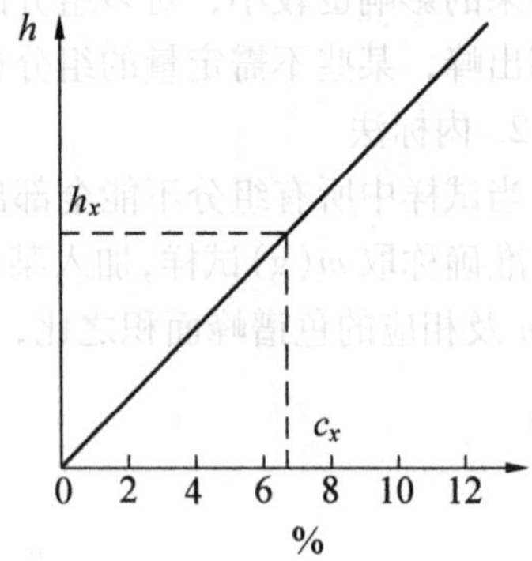

图 8－29　标准曲线法

当待测组分的含量变化不大，并已知这一组分的大概含量时，也可以不必绘制标准曲线，而用单点校正法，即用直接比较法定量。先配制一个和待测组分含量相近的已知浓度的标准溶液，在相同的色谱条件下，分别将待测样品溶液和标准样品溶液等体积进样，测出峰面积或峰高，然后计算样品溶液中待测组分的含量：

$$\text{待测组分浓度}\ c_x = \frac{A_x}{A_s} \times c_s$$

式中，c_x、c_s 分别是样品溶液中的待测组分和标准溶液浓度；A_x、A_s 分别是样品溶液中的待测组分和标准溶液色谱峰峰面积。

外标法的优点是操作和计算简便，不需要知道所有组分的相对校正因子。其准确度主要取决于进样量的准确和重现情形，以及操作条件的稳定性。

思 考 题

1. 气相色谱仪由哪几个系统组成？各个系统的作用是什么？
2. 简要说明气相色谱分析的分离原理。
3. 从范第姆特方程简述影响塔板高度 H 的因素。
4. 气相色谱对担体和固定液有哪些要求？选择固定液的原则是什么？
5. 为什么气相色谱空心柱（毛细管柱）提供的分离度比填充柱的高？
6. 简述热导池检测器的检测原理。为什么氢火焰离子化检测器是非通用型检测器？
7. 塔板理论和速率理论有何区别？有何联系？
8. 影响组分彼此分离的操作条件有哪些？怎样提高相邻两组分的分离度？
9. 用两根同长度的色谱柱（柱 1，柱 2）在相同载气流速下分离含 A、B 组分的混合物，色谱图见图 8－30，回答下列问题。

（a）哪个色谱柱有更高的理论塔板数？

（b）哪个色谱柱有较大的理论塔板高度？

（c）哪个色谱柱有较高的分离度 R？

（d）哪个色谱柱有较大的相对保留值 $r_{2,1}$？

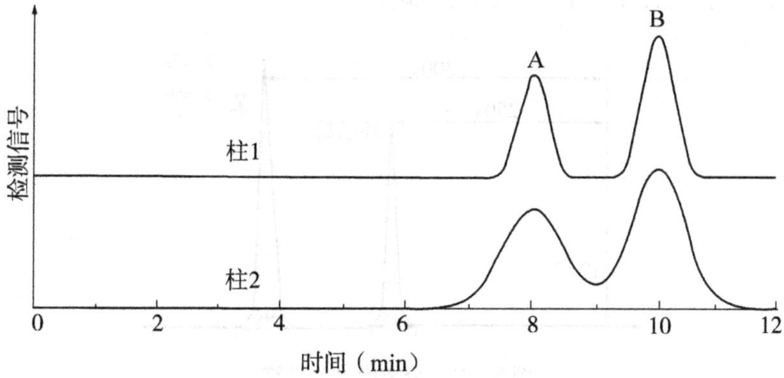

图 8-30　色谱柱 1 和柱 2 分离 A、B 组分的色谱图

10. 气相色谱分析中常采用哪些定性鉴定方法？

11. 色谱定量分析中为什么引入定量校正因子？什么叫绝对校正因子和相对校正因子？

12. 色谱定量分析通常有哪些方法？要测定复杂混合物中各种组分的含量，使用何种方法比较好？若欲测定其中某种组分的含量，使用何种方法比较好？

习　题

1. 分析试样中某组分，得到一色谱图，测得半峰宽 $Y_{1/2}=2.0$ min，保留时间 $t_R=9.0$ min，计算此色谱柱的理论塔板数 n；如果柱长 10 cm，则塔板高度 H 是多少？

2. 用氢火焰离子化检测器分析含乙苯、对二甲苯、间二甲苯和邻二甲苯共四种组分的混合物，分析数据如下：

组分	乙苯	对二甲苯	间二甲苯	邻二甲苯
峰面积（mm^2）	120	75	140	105
相对质量校正因子 $f_{i/s}$	0.97	1.00	0.96	0.98

分别求乙苯、对二甲苯、间二甲苯和邻二甲苯的质量分数。

3. 10.00 mL 标准溶液中含 234 mg 正戊醇（相对分子质量 88.15）和 237 mg 2，3-二甲基-2-丁醇，对该溶液进行色谱分析，所得正戊醇和 2，3-二甲基-2-丁醇的色谱峰峰面积之比为 0.913∶1.00，求 2，3-二甲基-2-丁醇对正戊醇的相对校正因子。已知未知样中正戊醇的色谱峰峰面积与 2，3-二甲基-2-丁醇的色谱峰峰面积之比为 9∶10，未知样中内标物正戊醇的浓度为 93.7 mmol/L，求未知样中 2，3-二甲基-2-丁醇的浓度。

4. 一标准溶液含 6.3×10^{-8} mol/L 碘代丙酮和 2.0×10^{-7} mol/L p-二氯代苯（内标物），将该溶液进行色谱分析，所得碘代丙酮和 p-二氯代苯的色谱峰峰面积分别为 395 mm^2 和 787 mm^2。取 3.00 mL 含碘代丙酮的未知样，加入 0.100 mL 1.6×10^{-5} mol/L p-二氯代苯，然后稀释定容至 10.00 mL。色谱分析所得碘代丙酮和 p-二氯代苯的色谱峰峰面积分别为 633 mm^2 和 520 mm^2，求 3.00 mL 原样中碘代丙酮的浓度。

5. 1.06 mmol 正戊醇和 1.53 mmol 正己醇用气相色谱分离后，它们的峰面积分别为 922 mm^2 和 1 570 mm^2，在一含有正己醇的未知样中加入 0.57 mmol 正戊醇后，进样色谱分析，所得正戊醇与正己醇的色谱峰峰面积之比为 843∶816，求未知样中正己醇的含量。

6. 按图 8－31 所示数据，计算苯和环已烷的分离度。

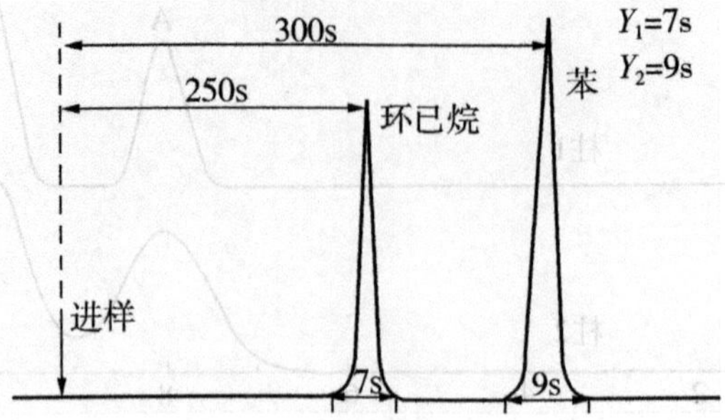

图 8－31　分离度 R 的计算

7. 题 6 中是用 2 m 色谱柱所获得的色谱图，若只要求 $R=1.5$，需柱长多少？

实验十三　醇系物的气相色谱分析

一、实验要求

1. 掌握气相色谱分析的基本操作和醇系物的分析方法；
2. 学习用归一化法计算各组分的含量。

二、基本原理

甲醇、乙醇、正丙醇和正丁醇及可能含有的水分称为醇系物，可以采用气相色谱法进行分析。用热导池检测器，采用归一化法定量。

三、仪器和试剂

1490 型气相色谱仪，酒分析柱：2m × 3mm；氢气（或氮气）钢瓶，微量注射器。

由甲醇、乙醇、正丙醇和正丁醇组成的混合样。

四、实验步骤

1. 操作条件

热导池检测器：桥电流 200 mA（氢气为载气）、130 mA（氮气作载气）；检测室温度 135 ℃。

柱温：125℃。

气化室温度：120℃ + 室温。

载气流速：50 ~ 100 mL/min。

进样量：将模拟样品（由 $V_{甲醇}:V_{乙醇}:V_{正丙醇}:V_{正丁醇}=1:2:2:3$ 混合而成）0.5μL（氢气作载气）、2 ~ 3μL（氮气作载气）进样。

2. 操作步骤

将仪器调整到待测状态后，以微量注射器进样。

五、数据处理

测试结束后打印色谱图，按下列计算式，用归一化法求各组分的含量：

$$w_i = \frac{f_i A_i}{\sum_{i=1}^{n} f_i A_i}$$

当以热导池为检测器，氢气作载气，各组分的质量校正因子值列于表 8 - 6。

表 8－6　各组分的质量校正因子

组分	f_i
水	0.55
甲醇	0.58
乙醇	0.64
正丙醇	0.72
正丁醇	0.78

1490 型气相色谱仪的操作方法

（1）打开载气阀，调节载气阀使流量符合分析条件要求。

（2）打开主机电源，设定色谱柱温度、检测器温度、进样器温度。

（3）当各路温度达到设定值后，打开空气阀，调节空气阀，使空气流量符合分析条件要求。

（4）打开氢气阀，调节氢气阀，使氢气流量符合分析条件要求。

（5）按下面板上灵敏度挡“10^8”按钮。

（6）按下面板上衰减挡“20”按钮。

（7）按下面板上的“基流”按钮，此时仪器显示 FID 基线电平。

（8）调节面板上的“调零”电位器，使仪器显示值为“0.00”。

（9）调节氢气压力 0，10，20（MPa）。

（10）用点火枪在检测器顶部直接点火，如基流值未发生变化，说明火未点着，应重新点火；如基流值发生变化，说明火已经点着，此时将氢气压力重新调到原来压力。

（11）按下色谱工作站“PLOT”键（色谱工作站应事先设定好数据处理模式），观察基线变化，当基线稳定后，按下“STOP”键。

（12）用微量进样器抽取 0.5μL 样品，进样同时按“START”键。

（13）等色谱峰出完后按“STOP”键，打印色谱图及相关数据。

实验十四　酒中杂醇油含量的测定

杂醇油是指相对分子质量比甲醇、乙醇更大的高级醇类的总称，如丙醇、正丁醇、异戊醇等。杂醇油是白酒的呈香、呈味成分之一。适当的含量可以增加白酒的香味，但是过多的杂醇油也会给白酒带来邪杂味，且杂醇油在人体内氧化慢，对人体的中毒作用与麻醉作用比乙醇强，能引起头晕头疼，所以蒸酒及配制酒中杂醇油含量不得超过 0.20 g/100 mL。气相色谱法是测定杂醇油常用的方法。

一、实验要求

1. 通过实验掌握 1490 型气相色谱仪的使用方法；

2. 进一步熟悉仪器调试、操作程序和数据处理等步骤；

3. 掌握气相色谱仪测定酒中杂醇油含量的方法。

二、基本原理

酒中的杂醇油在气相色谱仪中气化后，在载气的携带下，通过色谱柱时，由于样品中各组分经过多次分配达到完全分离，按照不同的时间顺序，从色谱柱中流出，显示不同的色谱峰。采用保留值对比定性法定性，采用外标法中的比较法定量，求出杂醇油的含量。

三、仪器和试剂

1. 仪器

1490 型气相色谱仪带 N2000 色谱工作站；酒分析柱：2 m×3 mm；氢火焰离子化检测器；10 μL 微量进样器。

2. 试剂

混合标准溶液（含正丙醇、仲丁醇、异丁醇、正丁醇和异戊醇等的混合物），色谱纯。

未知样（白酒）。

四、实验步骤

（1）色谱条件。

载气氮气流量：0.10 mL/min；氢气压力：0.1MPa，空气压力：0.04MPa；柱温：145℃；检测器温度 200℃；气化室温度：150℃。

（2）同一色谱条件下，分别进 2μL 混合标准溶液和 2μL 未知样，得色谱图。

五、数据记录与处理

1. 根据酒标准液和试样的色谱图，用保留时间 t_R 定性

项目	标准物质					未知样				
组分	正丙醇	仲丁醇	异丁醇	正丁醇	异戊醇	1	2	3	4	5
保留时间 t_R（min）										
定性分析	—	—	—	—	—					

2. 定量分析

采用外标法中的比较法，分别求出试样中正丙醇、仲丁醇、异丁醇、正丁醇和异戊醇的浓度。

项目	标准物质					未知样				
组分	正丙醇	仲丁醇	异丁醇	正丁醇	异戊醇	1	2	3	4	5
峰面积 A										
c_s（mg/mL）										

当标准液和未知样进样体积相同时有下列公式：

$$样品中\,i\,组分的质量浓度\ c_x = \frac{A_x}{A_s} \times c_s(\mathrm{mg/mL})$$

式中　c_x——未知样中 i 组分的质量浓度，mg/mL；

c_s——混合标准溶液中 i 组分的质量浓度，mg/mL；

A_s——未知样中 i 组分的色谱峰峰面积；

A_x——混合标准溶液中 i 组分的色谱峰峰面积。

六、思考题

影响实验准确度的因素有哪些？怎样避免实验误差？

第九章　高效液相色谱法

第一节　高效液相色谱法的特点

高效液相色谱法是20世纪70年代迅速发展起来的一项高效、快速的分离分析技术。液相色谱法是指流动相为液体的色谱技术。在经典的液体柱色谱法基础上，引入了气相色谱法的理论，在技术上采用了高压泵、高效固定相和高灵敏度检测器，实现了分析速度快、分离效率高和操作自动化。

高效液相色谱法具有以下几个突出的特点：

（1）高压：液相色谱法以液体作为流动相（称为载液），液体流经色谱柱时，受到的阻力较大，为了能迅速地通过色谱柱，必须对载液施加高压。在现代液相色谱法中供样压力和进样压力都很高，一般可达到(150～350)×10^5Pa。

（2）高速：高效液相色谱法所需的分析时间较经典液体色谱法少得多，一般都少于1 h，例如分离苯的羟基化合物7个组分，只需要1 min就可完成。

（3）高效：气相色谱法的分离效能很高，柱效约为2000塔板/m，而高效液相色谱法的柱效更高，约可达3万塔板/m以上，使分离效率大大提高。

（4）高灵敏度：高效液相色谱已广泛采用高灵敏度的检测器，如紫外吸收检测器的最小检测量可达纳克数量级（10^{-9}g），荧光检测器的灵敏度可达10^{-11}g，进一步提高了分析的灵敏度。高效液相色谱的高灵敏度还表现在所需试样很少，微升数量级的试样就足以进行全分析。

高效液相色谱法由于具有上述优点，因而在色谱文献中又将它称为现代液相色谱法、高压液相色谱法或高速液相色谱法。

气相色谱法与液相色谱法的主要差异在于流动相的不同。

气相色谱法虽具有分离能力好、灵敏度高、分析速度快、操作方便等优点，但是受技术条件的限制，沸点太高的物质或热稳定性差的物质都难于应用气相色谱法进行分析。而高效液相色谱法，只要求试样能制成溶液，而不需要气化，因此不受试样挥发性的限制。对于高沸点、热稳定性差、相对分子质量大（大于400以上）的有机物（这些物质几乎占有机物总数的75%～80%），原则上都可用高效液相色谱法来进行分离、分析。

第二节　高效液相色谱仪

高效液相色谱仪是实现液相色谱分析的仪器设备，其基本单元组成如图9－1所示。高效液相色谱仪至少包括高压输液系统、进样系统、分离系统、检测系统和记录仪。

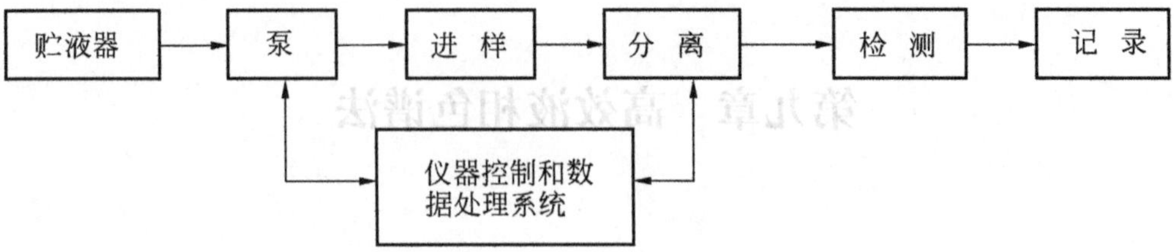

图 9-1　高效液相色谱仪的组成

一、高压输液系统

该系统由溶剂贮液器、高压输液泵、梯度洗提装置组成。

1. 溶剂贮液器

溶剂贮液器主要用来贮存并供给足够数量的符合要求的流动相（载液）以完成分析工作。一般用玻璃或不锈钢制成。一个贮液器可容纳 0.5～2L 流动相，溶剂使用前必须脱气。因为色谱柱是带压力操作的，而检测器是在常压下工作，若流动相中所含有的空气不除去，则流动相通过柱子时其中的气泡受到压力而压缩，流出柱子后到检测器时因常压而将气泡释放出来，造成检测器噪声增大，使基线不稳，仪器不能正常工作，这在梯度洗提时尤其突出。常用的脱气方法有真空脱气法和超声波脱气法。

2. 高压输液泵

高压输液泵是高效液相色谱仪的重要组成部分，它将贮液器中的流动相（载液）在高压下连续不断地输入液路系统，使样品在色谱柱中完成分离过程。由于高效液相色谱法使用的是粒度很小的固定相和具有一定粘度的流动相，因而阻力很大，为了达到快速、高效的分离，必须有很高的柱前压力，以获得高速的液流。这要求高压泵具有足够的输出压力，通常在 14.7～44 MPa 之间；还要满足流量恒定无脉动、流量范围广且流速可调、更换溶剂方便和耐腐蚀等要求。

高压泵按其工作原理可分为恒流泵与恒压泵。恒流泵是在一定的操作条件下，载液输出的流量保持恒定，与色谱柱等系统引起的阻力变化无关。恒压泵是保持输出压力恒定，而载液的流量随色谱系统阻力的变化而变化。常用的高压泵有往复式高压泵和气动放大泵两种，前者是恒流泵，后者是恒压泵。图 9-2 是往复式高压泵的结构示意图。电动机带动偏心轮转动，偏心轮推动活塞往复运动，载液自入口单向阀吸入，从出口单向阀输出。这种泵的优点是流量保持恒定，泵腔中死体积小，更换溶剂方便，适宜于梯度洗提；缺点是输出液有明显的脉动，产生基线噪音，干扰某些检测器的正常工作。

气动放大泵的结构如图 9-3 所示。气动放大泵有两个缸体，气缸活塞的面积很大，而液缸活塞的面积很小，驱动气体作用在大面积的气缸活塞上，推动液缸活塞，其效果相当于用拇指压住图钉，很容易实现用不太高的气体压力得到很高压力的输出液流。气动放大泵的优点是输出无脉动的流动相，检测器噪音低，通过改变气源压力即可改变流速；缺点是流动相的流速不恒定，并且液缸体积较大，更改溶剂不容易，不利于梯度洗提。

3. 梯度洗提装置

梯度洗提和气相色谱中的程序升温一样，给色谱分离带来很大的方便，已成为高效液相色

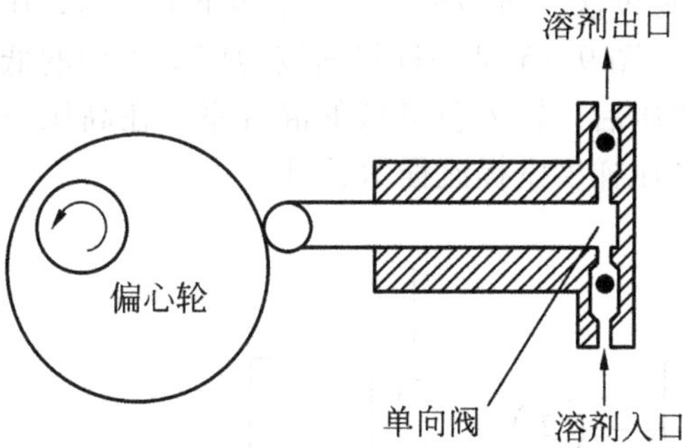

图 9－2　往复式高压泵

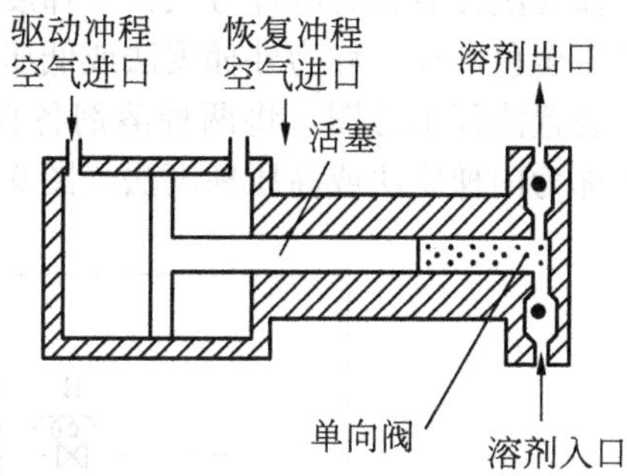

图 9－3　气动放大泵

谱仪不可缺少的部分，所谓梯度洗提就是有两种（或多种）不同极性的溶剂，在分离过程中按一定程序连续地改变流动相的浓度配比和极性。通过流动相极性的变化来改变被分离组分的分离因素以提高分离效果，缩短分析时间，降低最小检测量和提高分析精度。梯度洗提对于复杂混合物，特别是保留性能相差较大的混合物的分离是极为重要的手段。见图 9－4。

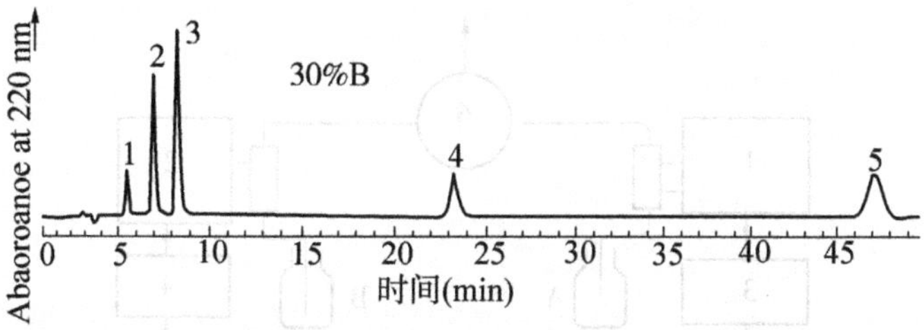

(a)流动相为CH_3CN：25mmol/L KH_2PO_4=30:70(体积比)

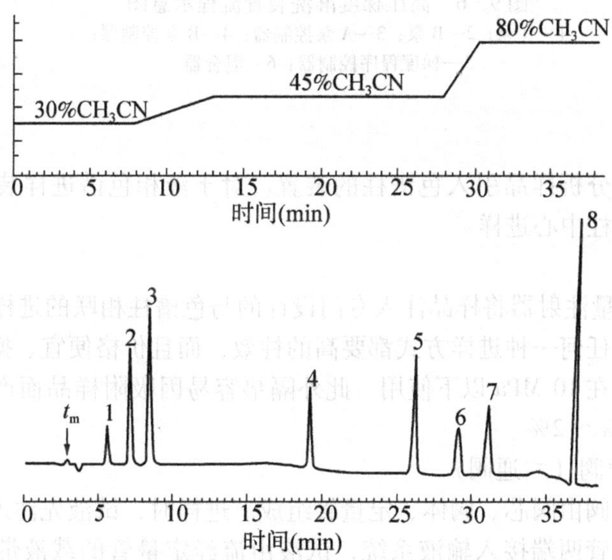

(b)梯度洗提30%CH_3CN→80%CH_3CN

图 9－4　芳香化合物的分离

色谱峰：1—苯甲醇；2—苯酚；3—3′，4′－二甲氧乙酰苯，

4—安息香胶；5—苯甲酸乙酯；6—甲苯；7—2，6－二甲氧甲苯

梯度洗提装置有两种方式：外梯度法与内梯度法。将多种溶剂在常压下混合后，用高压泵压至色谱柱，称为外梯度法或低压梯度法。图 9－5 是一种目前较为广泛采用的低压梯度装置流程示意图。将两种溶剂各自用泵增压后，输入色谱仪的混合室，在高压下混合，称为内梯度法或高压梯度法。图 9－6 是高压梯度洗提流程示意图。

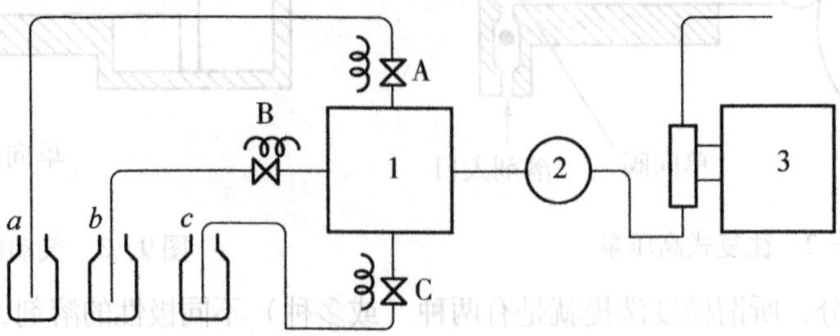

图 9－5　三元低压梯度装置流程示意图

1—四通；2—混合器；3—高压输液泵；

A、B、C—电磁比例阀；*a*、*b*、*c*—溶剂瓶

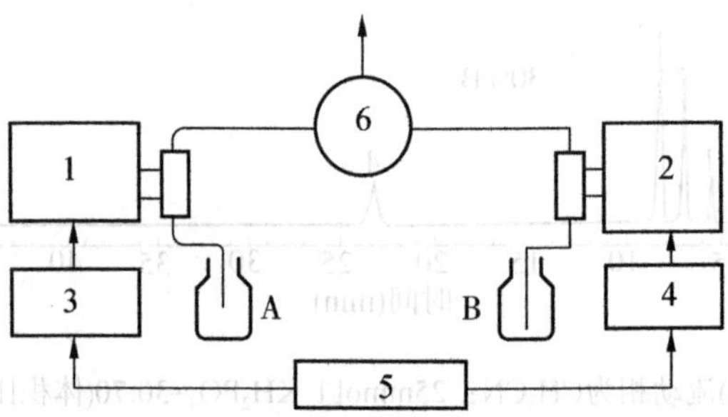

图 9－6　高压梯度淋洗装置流程示意图

1—A 泵；2—B 泵；3—A 泵控制器；4—B 泵控制器；

5—梯度程序控制器；6—混合器

二、进样系统

进样系统是将待分析样品引入色谱柱的装置。对于液相色谱进样装置，要求重复性好，死体积小，保证柱中心进样。

1. 注射器进样

用 1～10 μL 微量注射器将样品注入专门设计的与色谱柱相联的进样头内。这种进样方式可以获得比其他任何一种进样方式都要高的柱效，而且价格便宜、操作方便。但操作压力不能过高，一般在 10 MPa 以下使用。此外隔垫容易因吸附样品而产生记忆效应，进样重复性只能达到 1%～2%。

2. 高压定量进样阀（六通阀）

旋转式高压六通阀由阀芯、阀体、定量管组成。进样时，试液先注入定量管，通过手柄旋转阀芯，使定量管两端接入输液系统，试液由流经定量管的载液带入色谱柱中（如图 9－7 所示）。

高压六通阀可以在高压下操作，进样量由选用的定量管固定，定量准确，测试结果重现性好，因此在高效液相色谱仪中得到广泛应用。

三、分离系统

色谱是一种分离分析手段，分离是核心，因此担负分离作用的色谱柱是色谱仪的心脏。高效液相色谱仪的色谱柱常用内壁抛光过的不锈钢柱，常用的分析柱内径为 4.6mm 或 2mm、长为 15～30cm。

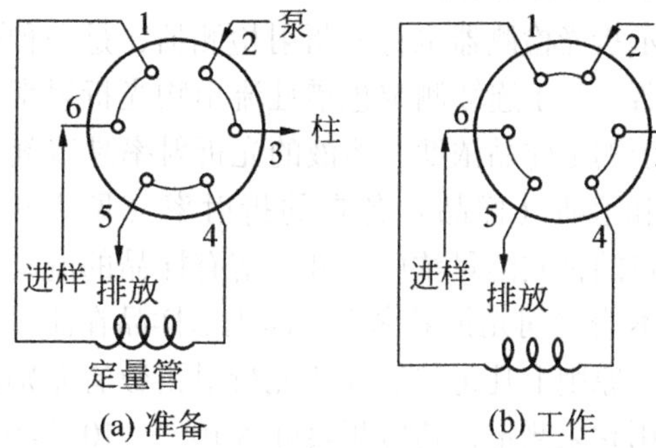

图 9－7　六通阀工作原理示意图

四、检测系统

高效液相色谱仪检测器是用于连续监测被色谱系统分离后的柱流出物组成和含量变化的装置。其作用是将柱流出物中样品组成和含量的变化转化为可供检测的信号，完成定性定量的任务。因此，检测器是一种信号接收和能量转换装置。一个理想的检测器应该具有灵敏度高、线性范围宽，响应快，稳定性好（对流量、温度的变化不敏感）、重现性好的特点。常用的检测器是紫外吸收检测器和差示折光检测器。

1. 紫外吸收检测器

因为紫外吸收检测器不易受温度和载液流速波动的影响，所以得到了广泛的应用。它的结构原理如图 9－8 所示。从光源射出的紫外光线由聚光镜 2 聚集成平行光线，用半透镜把平行光线分为两束，再由透镜聚光镜 4 和 6 各自聚焦到吸收池内，从吸收池中透过的光准直成平行光，照在光电管上（或光敏电阻）。紫外吸收检测器系非通用检测器，被测物质必须是能吸收紫外线或转化以后能吸收紫外线的物质。

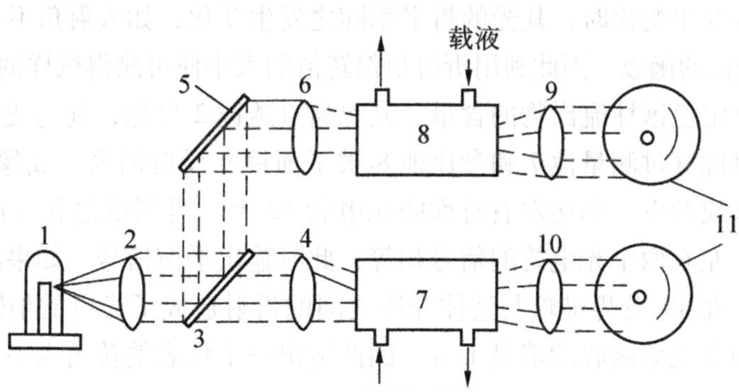

图 9－8　紫外吸收检测器光学系统

1—汞灯；2、4、6、9、10—聚光镜；3—分光器；5—反光镜；7—样品吸收池；8—参比吸收池；11—光电管

检测器的吸收池子有多种形状，有单池，也有参比池与吸收池连在一个块体上，孔长 5～10mm，容积 5～8μL，通光孔径约 1mm，典型的吸收池如图 9－9 所示。

2. 差示折光检测器

差示折光检测器也称光折射检测器，是一种通用型检测器。基于连续测定色谱柱流出物光折射率的变化而用于测定样品浓度。溶液的光折射率是溶剂（冲洗剂）和溶质（样品）各自的折射率（见表9－1）乘以各自的物质的量浓度之和。溶有样品的流动相和流动相本身之间光折射率之差即表示样品在流动相中的浓度。原则上凡是与流动相光折射指数有差别的样品都可用它来测定，其检测限可达 10^{-6}～10^{-7}g/mL。

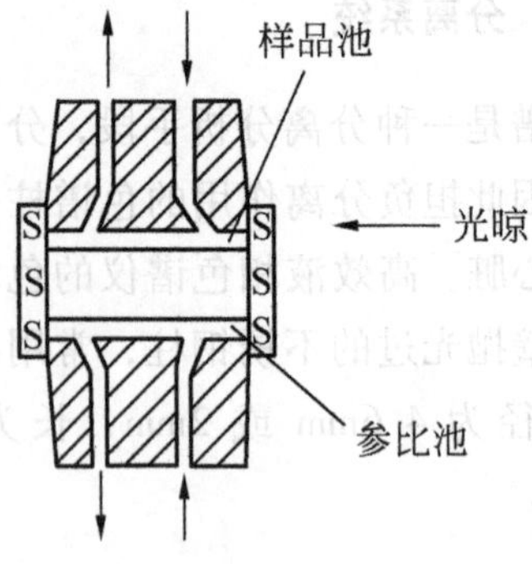

图9－9　紫外吸收检测器吸收池

表9－1　常用溶剂在20℃时的光折射率

溶　剂	折射率	溶　剂	折射率	溶　剂	折射率
水	1.333	乙烯乙二醇	1.427	异辛烷	1.404
苯	1.501	庚烷	1.388	氯代苯	1.525
乙醇	1.362	四氯化碳	1.463	甲基异丁酮	1.594
甲苯	1.496	乙醚	1.353	二甲苯	1.500
丙酮	1.358	氯仿	1.446	氯代丙烷	1.389
己烷	1.375	甲醇	1.329	二乙胺	1.387
四氢呋喃	1.404	乙酸乙酯	1.370	甲乙酮	1.381
环己烷	1.462	乙酸	1.329	溴乙烷	1.424
苯胺	1.358	乙腈	1.344		

当介质中成分发生变化时，其光的折射率随之发生变化，如入射角不变，则光的偏转角是介质中成分变化的函数。因此利用折射角偏转值的大小便可测得试样的浓度。图9－10就是利用此原理测定色谱柱流出物的含量。光源通过透镜2聚焦，通过光栏4，透射出一束细光束，经反射镜穿过测量池7和参比池8被平面镜9反射回来，成像于棱镜11的棱口上，光束均匀分成两束，到达左右对称的光电管12上。当测量池和参比池都为纯载液时，光束无偏转，左右两个光电管的信号相等，此时输出平衡信号。如果测量池的载液中有被测物质通过，在45°分界玻璃与液体介质之间的折射造成了光束的偏转。成像偏离棱镜的棱口，左右两个光束接收的能量不等，因此输出一个代表偏转角大小也就是被测物浓度的信号。

五、记录仪

现代高效液相色谱仪一般配有计算机，高效液相色谱仪在计算机的控制下工作，根据使用者的指令完成某些操作，使部分操作实现程序化、自动化，并根据指令对记录的信号进行处理，如峰面积的积分、分析结果的计算、误差的分析或色谱图的输出，等等。

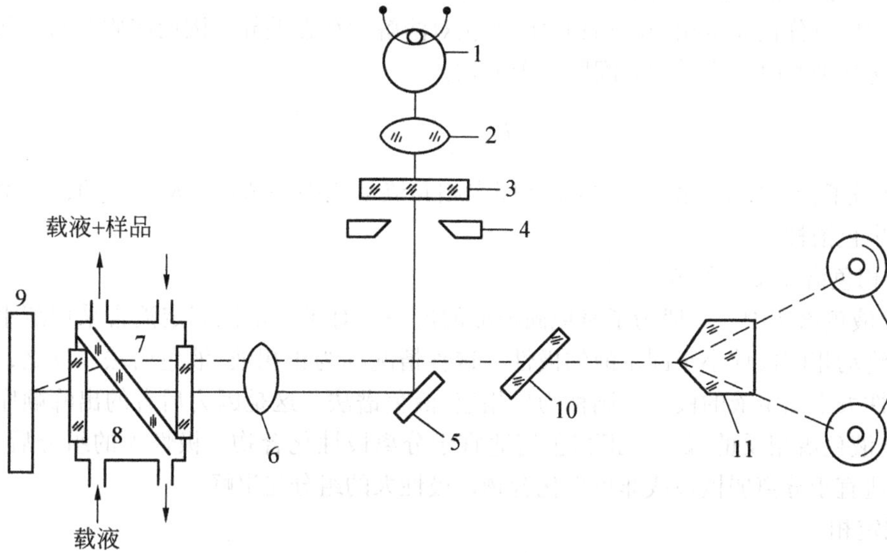

图 9－10　偏转式差示折光检测器原理

1—钨灯；2—透镜；3—滤光片；4—光栏；5—反射镜；6—透镜；7—测量池；8—参比池；9—反射镜；10—细调平面透镜；11—棱镜；12—光电管

第三节　高效液相色谱法的分类及其分离原理

高效液相色谱根据分离的原理不同，可分为液-固吸附色谱、液-液分配色谱、离子交换色谱、凝胶渗透色谱等。详见表 9－2。

表 9－2　液相色谱法的分类

按两相物质形态分类			按作用原理分类		按物理特征分类	
流动相	固定相	名称	原理	名称	特征	名称
液体		液相色谱			固定相板状	平板色谱
	液体	液-液色谱	分配系数不同	液-液分配色谱	固定相是纸	纸色谱
	固体	液-固色谱	吸附能力差别	液-固吸附色谱	固定相是薄层	薄层色谱
			分子大小不同	凝胶渗透或排阻色谱	固定相是柱状	柱色谱
			离子交换能力不同	离子交换色谱	固定相紧密填充	填充柱色谱
			亲和力差别	亲和色谱	色谱柱中空	空心柱色谱
					流动相用高压液体	高压液体色谱
			电渗析淌度差别	电泳	流动相用电压驱动	电色谱

一、液-液色谱法

1. 基本原理

流动相和固定相都是液体。从理论上说，流动相与固定相之间应互不相溶，两者之间有一个明显的分界面。试样溶于流动相后，在色谱柱内经过分界面进入固定液（固定相）中，由于试样组分在固定相和流动相之间的相对溶解度存在差异，因而溶质在两相间进行分配。当达到平衡时，物质的分配服从于下式：

$$K = \frac{c_{固}}{c_{流}}$$

式中，K 是分配系数，$c_{固}$ 和 $c_{流}$ 是溶质在固定相和流动相中的浓度，K 值大的，保留时间长，后流出色谱柱。

2. 正相色谱和反相色谱

在液-液色谱法中，一般为了避免固定液的流失，对于亲水性固定液常采用疏水性流动相，即流动相的极性小于固定液的极性，这种情况称为正相液-液色谱法。反之，若流动相的极性大于固定液的极性，则称为反相液-液色谱法。这是因为后者的出峰顺序正好与正相液-液色谱相反的缘故。正相色谱适宜于分离极性化合物，极性大的组分后出峰；反相色谱适宜于分离弱极性或非极性化合物，极性大的组分先出峰。

3. 固定相

液-液色谱法的固定相，是将固定液涂渍在担体上，流动相与固定液互不相溶，两者之间有一个明显的界面。常用的固定液为有机液体，如极性的 β，β'-氧二丙腈（ODPN）、非极性的十八烷（ODS）和异二十烷（SQ）等。

由于高效液相色谱法流动相的压力很高，流经固定液表面的流动相流速较高，流动相与固定液之间的作用力较大，涂渍固定液容易被流动相冲掉，采用化学键合固定相则可以避免上述缺点。

化学键合固定相是利用化学反应，使固定液与担体之间形成化学键，例如在硅胶表面利用硅烷化反应形成 Si—O—Si—C 型键（如下图），把固定液的分子结合到担体表面上。因此，化学键合固定相无液坑，液层薄，传质速度快，耐溶剂冲洗，无固定液的流失；表面改性灵活，固定液上可以结合不同的官能团，改善分离效能；固定液不会溶于流动相，有利于进行梯度洗提。这些优点使化学键合固定相得到了广泛的应用。

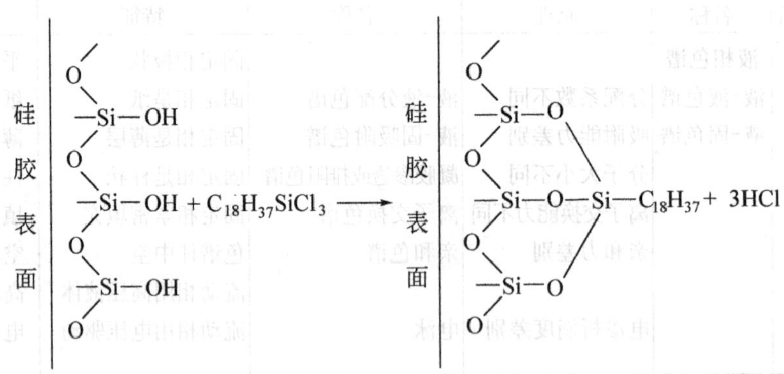

二、液-固色谱法

1. 基本原理

液-固吸附色谱是根据吸附作用的不同来分离物质的。它是基于溶剂分子（S）和被测组分的溶质分子（X）对固定相的吸附表面有竞争作用。当只有纯溶剂流经色谱柱时，则色谱柱的吸附剂表面全被溶剂分子所吸进（$S_{固相}$），见图 9-11a。当进样以后，样品就溶解在溶剂中，则在流动的液相中有被测组分的溶质分子（$X_{液相}$），需要从吸附剂表面取代一部分（n）被吸附的溶剂分子数，使这一部分溶剂分子进入液相（$S_{液相}$），见图 9-11b。可用下式表示：

$$X_{液相} + n\ S_{固相} \rightleftharpoons X_{固相} + n\ S_{液相}$$

被测组分的溶质分子吸附能力的大小，取决于 X 在固相和液相中的浓度比值，即取决于吸附平衡常数（或简称吸附系数，亦可称分配系数）K：

$$K = \frac{[X_{固相}]\ [S_{液相}]^n}{[X_{液相}]\ [S_{固相}]^n}$$

从上式可知，吸附系数 K 不仅取决于 $[X_{固相}]$ 与 $[X_{液相}]$ 的比值，还取决于溶剂分子 S 的吸附能力，如溶剂分子吸附力很强，则被吸附的溶质分子相应减少。K 值大的，表示该溶质分子吸附力强，后流出色谱柱，后出峰。

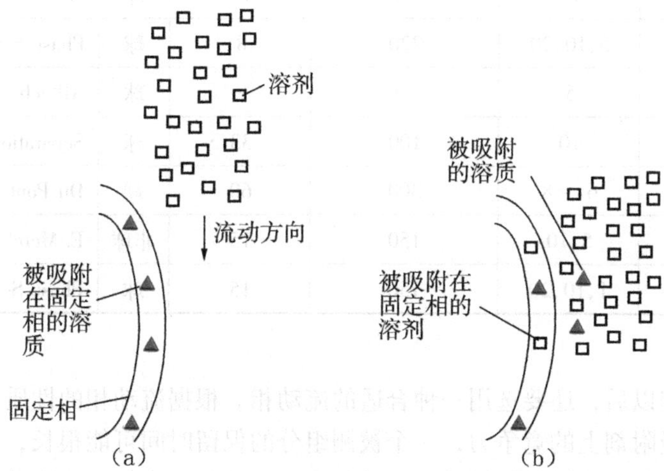

图 9-11　液-固吸附色谱示意图

2. 固定相

液-固吸附色谱常用的吸附剂有硅胶、氧化铝、活性炭和聚合物小球（见表 9-3）。硅胶是应用最广泛的吸附剂。随着高效液相色谱法在药物、生化方面的应用日益广泛，有机聚合物小球的应用有明显上升趋势。

硅胶色谱的保留行为与硅胶的表面特性直接相关。色谱用的硅胶通常是由硅酸钠与无机酸（例如盐酸）反应制备的。聚合的结果形成了三维空间排列的 SiO_4 四面体，这种聚硅酸脱水时形成稳定的多孔固体，表面终端呈硅羟键（≡SiOH）或硅氧烷键（≡Si—O—Si≡）。在色谱分离中，硅羟基（或称表面硅羟基）起重要作用，而硅氧烷基影响甚微。

表 9-3 高效液相色谱法中常用的部分微粒型吸附剂

商品名称	粒度(μm)	比表面积(m^2/g)	孔径(nm)	形状	生产厂家
YWG	5,10,20	300	6～8	非球	青岛海洋化工厂
YQG	5	400～500	8～10	球	青岛海洋化工厂
GYQG	3,5	200～300	10	球	北京化学试剂厂研究所
Hypersil	3,5,10	170	10	球	Shandon
LichrosorbS I60	5,10,20	500	6	非球	E. Merck
LichrosorbS I100	5,20,20	370	10	球	B. Merck
LichrospherSI100	3,5,10	250	10	球	—
Nucleosil	3,5,10	300 500	50 100	球	Macherey-Nagel
Partisil	5,10,20	400	5	非球	Whatman
μ-Porasil	10	300	10	球	Waters
Sperisorb—Si	5,10,20	220	8	球	Phase Separation
Ultrasphere	5	—	—	球	Alltech
Vydac TP—101	10	100	33	球	Separation Group
Zorbax—sil	6～8	300	60	球	Du Pont
Lichrosorb Alox—7	5,10	150	15	非球	E. Merck
Spherisorb—A	1,10,20	150	15	球	Phase Separation

3. 流动相

当固定相选定以后，还要选用一种合适的流动相。根据流动相的性质以及溶剂分子与被测组分分子在吸附剂上的竞争力，一个被测组分的保留时间可能很长，也可能很短。对流动相的基本要求是：试样要能够溶于流动相中；流动相粘度较小；流动相不能影响试样的检测。例如用紫外吸收检测器，流动相应不吸收紫外光，也不应与试样发生化学反应。常用于液-固色谱法的流动相有甲醇、乙醚、苯、乙腈、乙酸乙酯、吡啶等。

三、凝胶渗透色谱法

1. 基本原理

凝胶色谱法又称尺寸排阻色谱法。凝胶是一种多孔性的高分子聚合体，表面布满孔隙，能被流动相浸润，吸附性很小。凝胶色谱法的分离机制与其他色谱不同，它不是根据固定相表面与试样分子的吸附作用或溶解作用进行分离的，而是根据分子的体积大小和形状不同而达到分离目的。

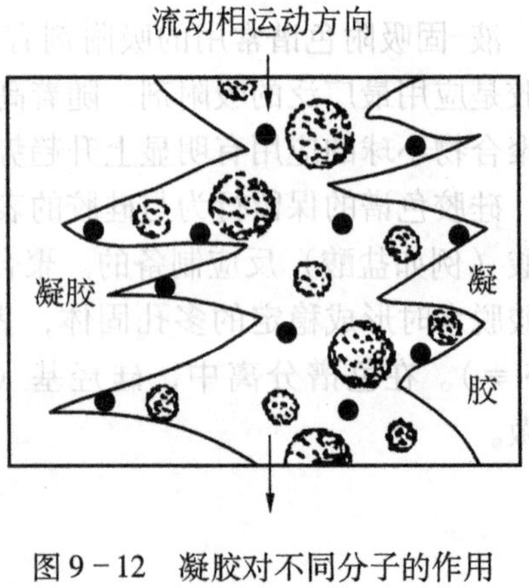

图 9-12 凝胶对不同分子的作用

凝胶色谱的作用机理如图 9-12 所示。试样进入色谱柱后，随流动相在凝胶外部间隙及凝胶孔隙旁流过，分子不能渗透到凝胶空隙中去，称为排阻。当混合物中分子大小不同的组分流过凝胶表面时，体积大于凝胶孔隙的分子，由于不能进入孔隙而被排阻，直接从表面流过，在色谱柱中移动速度较快，先流出色谱柱；小分子可以渗入大大小小的凝胶孔隙中而完全不受排阻，然后又从孔隙中出来随载液流动，在色谱柱中移动速度较慢，后流出色谱柱；中等体积的分子可以渗入较大的孔隙中，但受到较小孔隙的排阻，介于上述两种情况之间。所以，凝胶色谱法是一种按分子尺寸大小的顺序进行分离的一种色谱分析方法。凝胶色谱法的特点是各组分在色谱柱内停留的时间短，色谱峰的扩展比其他色谱分离方法小得多，因此，凝胶色谱的峰形一般较窄，有利于检测。凝胶色谱法适用于高聚物分子的分离。

2. 固定相

凝胶色谱法的固定相按耐压程度的不同分为软质凝胶、半硬质凝胶和硬质凝胶三种。

（1）软质凝胶：如葡萄糖凝胶、聚丙烯酰胺等。这种凝胶承受压力很小，渗透性低，流速小，宜采用水作为流动相。这种柱可容纳大量试样，但只能在常压下使用。

（2）半硬质凝胶：如聚苯乙烯、聚乙酸乙烯等。宜用有机溶剂作流动相。特点是耐压较高，容量中等，具有压缩性，可紧密填充，柱效高。

（3）硬质凝胶：如多孔硅胶、多孔玻璃珠等。宜用水和有机溶剂作流动相。硬质凝胶是无机胶，在溶剂中凝胶不变形，渗透性好，可耐高压，孔径尺寸固定，容易均匀填充，但不易装紧，柱效不高，可用于大分子量物质的测定。

四、离子交换色谱法

1. 基本原理

离子交换色谱是基于离子交换树脂上可电离的离子与流动相中具有相同电荷的溶质离子进行可逆交换，依据这些离子在交换剂上有不同的亲合力而被分离。凡是能够进行电离的物质都可以用离子交换色谱法进行分离。

以强酸性阳离子交换树脂（$R—SO_3^-H^+$）为例：

$$R—SO_3^-H^+ + M^+ \rightleftharpoons R—SO_3^-M^+ + H^+$$

$$K = \frac{[R—SO_3^-M^+][H^+]}{[R—SO_3^-H^+][M^+]}$$

式中，K 称为交换系数（或称分配系数），K 值大者，保留时间长，后出峰。

2. 固定相

离子交换色谱法常用的固定相有两种类型：多孔性树脂与薄壳型树脂。多孔性树脂是极小的球形离子交换树脂，能分离复杂样品，进样量较大；缺点是机械强度不高，不能耐受压力。薄壳形离子交换树脂是在玻璃微球上涂以薄层的离子交换树脂，这种树脂柱效高，当流动相成分发生变化时，不会膨胀或压缩；但柱子容量小，进样量不宜太多。

离子交换树脂有阳离子型和阴离子型两大类型。发生阳离子交换的树脂称为阳离子交换树脂。阴离子交换树脂与溶液中的阴离子发生交换，例如：

$$R(CH_3)_3NOH + Cl^- \rightleftharpoons R(CH_3)_3NCl + OH^-$$

阴离子交换树脂可以用来分析不同的阴离子，见图 9－13。

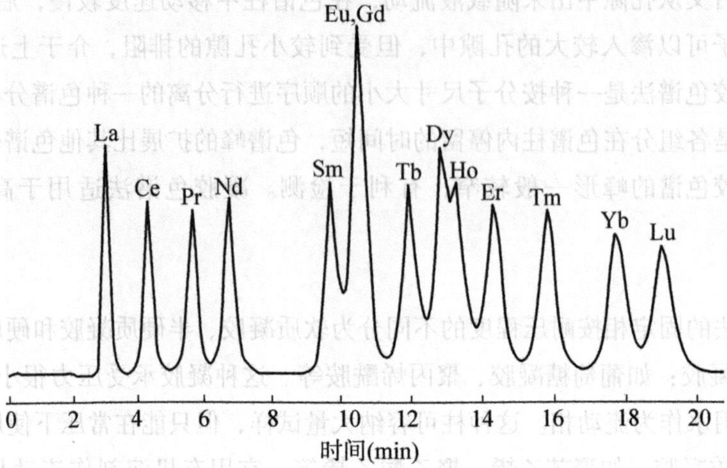

图 9－13　稀土离子的离子交换色谱图

第四节　高效液相色谱法的应用实例

高效液相色谱法的发展是迅猛的。高效液相色谱法已被广泛应用于分离、分析高沸点物质；热稳定性差物质；生理活性以及大分子的物质。例如蛋白质、核酸、氨基酸、多糖类、植物色素、高聚物、染料、药物、表面活性剂、抗氧剂、杀虫剂等。

高效液相色谱分析的应用实例见图 9－14 至图 9－20。

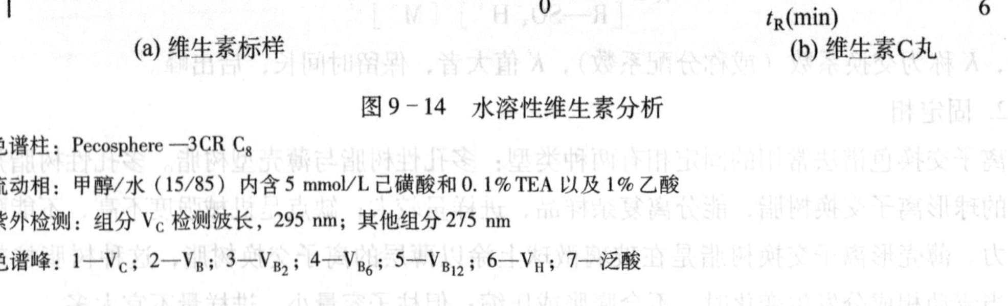

图 9－14　水溶性维生素分析

色谱柱：Pecosphere —3CR C_8

流动相：甲醇/水（15/85）内含 5 mmol/L 已磺酸和 0.1% TEA 以及 1% 乙酸

紫外检测：组分 V_C 检测波长，295 nm；其他组分 275 nm

色谱峰：1—V_C；2—V_B；3—V_{B_2}；4—V_{B_6}；5—$V_{B_{12}}$；6—V_H；7—泛酸

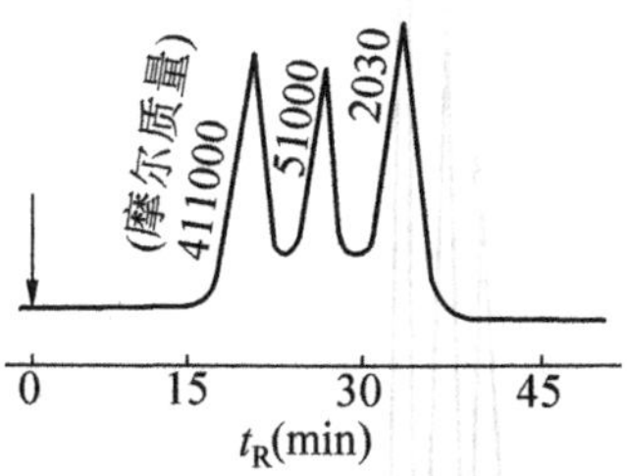

图 9－15　聚苯乙烯摩尔质量分级分析

固定相：多孔硅胶微球，孔径约 350Å，粒度 5～6 μm，柱长 25 cm，柱内径 2.1 mm

流动相：四氢呋喃，流速 1 mL/min

压力：11.2 MPa

柱温：60 ℃

检测器：紫外吸收检测器

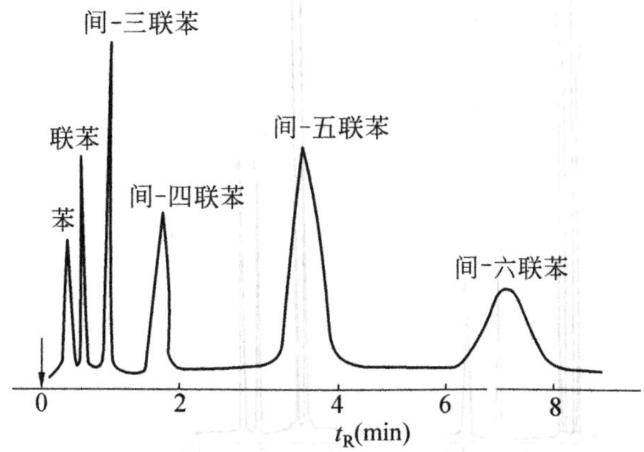

图 9－16　多联苯混合物的分离

固定相：柱长 20 cm，柱内径 3 mm，装孔径为 100Å 的 10 μm 微粒硅胶

流动相：正庚烷（20% H_2O），流速 5 mL/min

压力：12.25 MPa

柱温：室温

检测器：紫外吸收检测器，255 nm

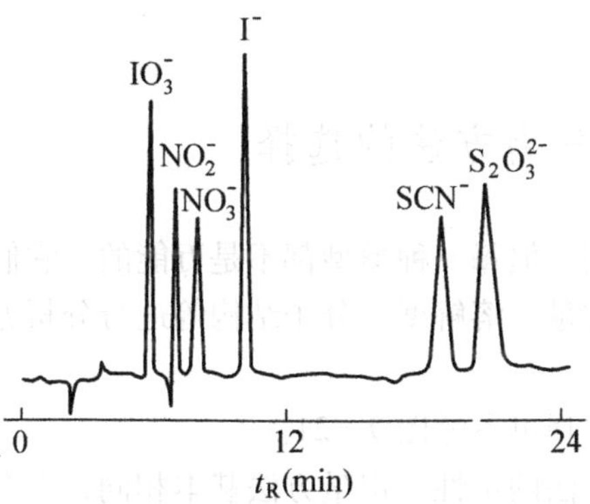

图 9－17　反相离子对色谱法分离 6 种无机阴离子

色谱柱：300 × 3.9mm i. d. 填充 5μm μ－Bonda－pak－C_{18}

流动相：甲醇/水(2.59/7.5)，含离子对试剂苄基三甲苯溴化铵 0.01mol/L

紫外检测波长：231nm

流量：1.0mL/min

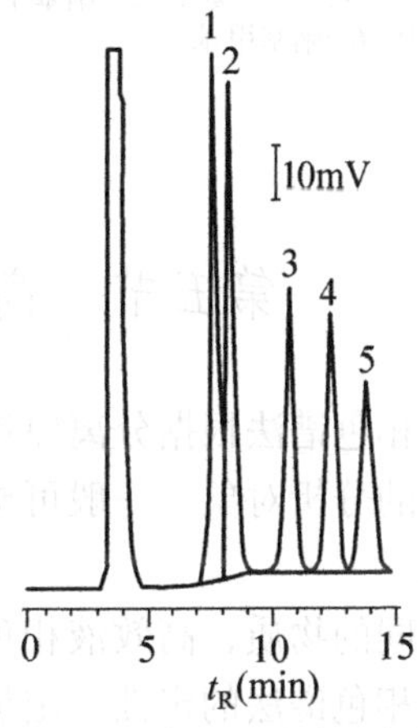

图 9－18　食品中单糖类化合物的分离分析

色谱柱：250 × 4.6mm i. d. 填充 5μm Zorbax－NH_2

流动相：水/乙腈（体积分数为 25/75）

柱温：25℃，差示折光检测器

流量：1 mL/min

色谱峰：1—果糖；2—葡萄糖；3—蔗糖；4—麦芽糖；5—乳糖

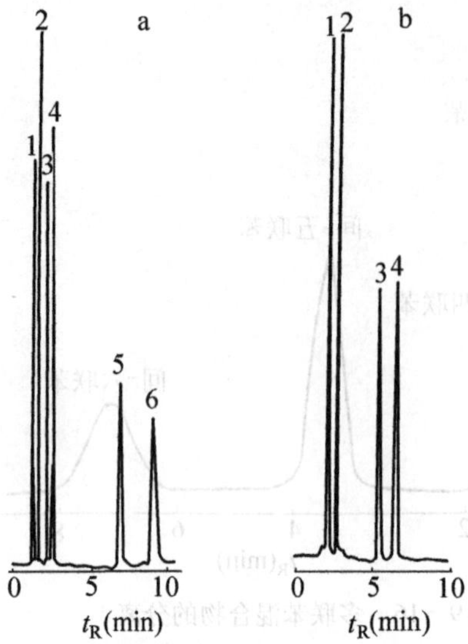

图 9－19　以硅胶为固定相的正相色谱分离和分析 TNT 及其降解产物异构体

色谱柱：300×4mm i. d. 填充 5μm Spherisorb－Si
流动相：a. 正己烷/异丙醇（体积分数为 79/21）；
b. 正己烷/异丙醇（体积分数为 90/10）
流量：1.0mL/min
紫外检测波长：254 nm
色谱峰：1—TNT；2—2，4－二硝基甲苯；3—4－氨基－2，6－二硝基甲苯；4—2－氨基－4，6－二硝基甲苯；5—4，6－二氨基－2－硝基甲苯；6—2，4－二氨基－6－硝基甲苯

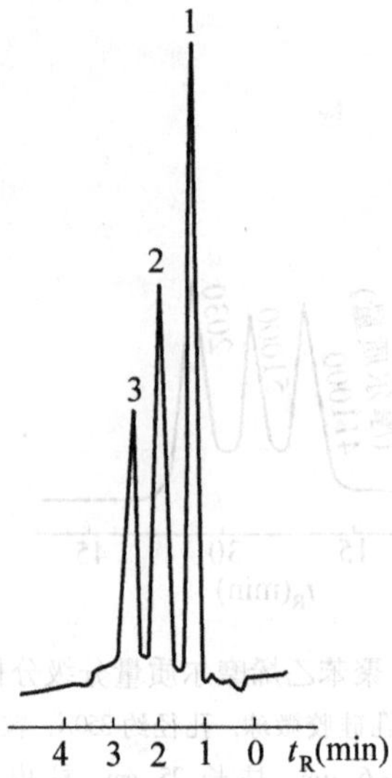

图 9－20　有机磷杀虫剂的分离

色谱柱：25 cm×2.2 mm i. d. 填装 6～8μm 硅胶
流动相：乙醇/正己烷（10/90）
流速：0.89 mL/min
柱压：2.94 MPa
检测器：氢火焰离子化检测器
峰序：1—dyfonute；2—敌百虫；3—乐果

第五节　高效液相色谱分离方法的选择

高效液相色谱法根据分离原理不同有四种类型，但每一种类型都不是万能的，它们各自适应一定的分析对象。一般可根据样品的摩尔质量、溶解度、分子结构等进行分析方法的初步选择。

对于不同的物质，高效液相色谱分离方法的选择可参考图 9－21。

高效液相色谱法的定性、定量方法与气相色谱法的定性、定量方法基本相同，本章不再叙述。

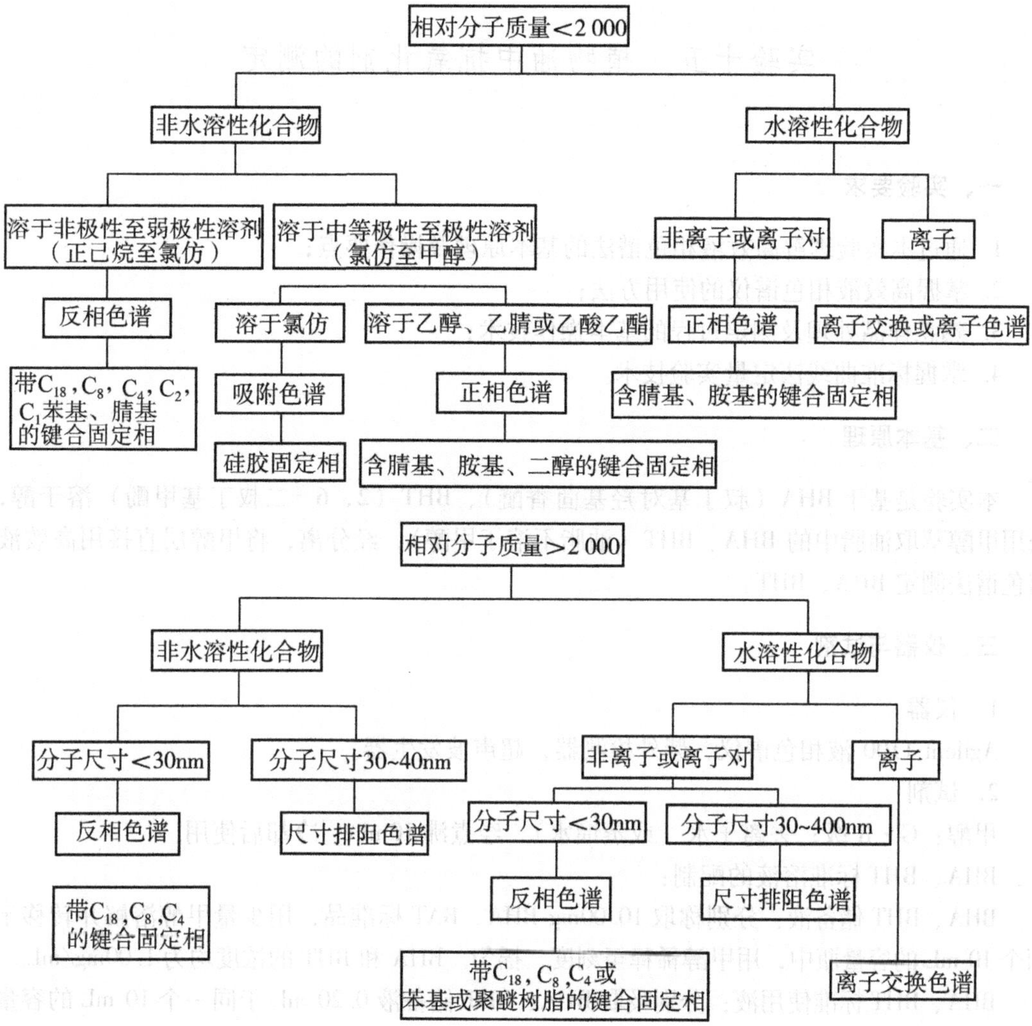

图 9－21　高效液相色谱的选择

思　考　题

1. 从分离原理、仪器构造及应用范围三个方面，简要比较气相色谱法与高效液相色谱法的异同点。
2. 高效液相色谱仪有哪两种常用检测器？原理是什么？应用范围如何？
3. 高效液相色谱分为几种类型？各类型的分离原理如何？
4. 什么叫正相色谱？什么叫反相色谱？各适用于分离哪些组分？
5. 如何根据试样组分的性质来选择高效液相色谱分离方法？
6. 为什么 HPLC 要求高压？什么叫键合固定相？
7. 为什么气相色谱的分子扩散项（B/u）比高效液色谱的更严重？

实验十五　植物油中抗氧化剂的测定

一、实验要求

1. 通过本实验理解高效液相色谱法的基本原理及操作要点；
2. 掌握高效液相色谱仪的使用方法；
3. 熟悉样品处理及测定过程的基本操作技术；
4. 掌握标准曲线法定量实验技术。

二、基本原理

本实验是基于BHA（叔丁基对羟基茴香醚）、BHT（2，6－二叔丁基甲酚）溶于醇，采用甲醇萃取油脂中的BHA、BHT（油脂不溶于甲醇），经分离，将甲醇层直接用高效液相色谱法测定BHA、BHT。

三、仪器与试剂

1．仪器

Agilent 1100液相色谱仪，紫外检测器，超声波发生器。

2．试剂

甲醇：G·R级；去离子水（或蒸馏水），经煮沸10min，冷却后使用。

BHA、BHT标准溶液的配制：

BHA、BHT储备液：分别称取10.00mg BHA、BAT标准品，用少量甲醇溶解并转移于两个10 mL的容量瓶中，用甲醇稀释至刻度，摇匀。BHA和BHT的浓度均为1.00mg/mL。

BHA、BHT标准使用液：分别吸取BHA、BHT储备液0.20 mL于同一个10 mL的容量瓶中，然后用甲醇稀释至刻度，摇匀。此混合标准液中BHA、BHT浓度均为0.020 mg/mL。

四、实验步骤

1．色谱条件

流动相：$V_{甲醇}:V_{水}=100:10$。使用前用超声波发生器脱气25～30 min；

色谱柱：Zorbax—ODS ϕ4.6 mm×250 mm；

柱温：30℃；

检测波长：278 nm；

流量1.0 mL/min。

2．测定

（1）样品制备：准确称取1.00～2.00 g花生油样于10 mL比色管中，准确加入10.0 mL甲醇。剧烈振摇2～3 min，静置4h以上（最好12h），待油脂与甲醇完全分层后，吸取上层甲醇层供色谱法测定BHA、BHT含量。

（2）用不同含量的BHA、BHT标准液的峰面积，制成BHA、BHT标准曲线，然后再注进样品液，测定样品中 BHA、BHT 的峰面积，从标准曲线查出 BHA、BHT 的含量，然后计算出样品中 BHA、BHT 的实际含量。

五、数据处理

$$x = \frac{m_1}{\frac{m}{V_1} \times V_2 \times 1\,000}$$

式中 x——BHA（BHT）的质量比，g/kg；

m_1——测定用样液中含 BHA（BHT）量，μg；

m——样品质量，g；

V_1——样品定容体积，mL；

V_2——样品进样体积，mL。

实验十六 西瓜中多糖的测定

一、实验要求

1. 学习高效液相色谱仪使用方法；
2. 了解高效液相色谱仪差示折射检测器工作原理；
3. 掌握内标法定量方法。

二、原理

差示折光检测器也称光折射检测器，是一种通用型检测器。各种组分的光折射率不同，溶液的光折射率是溶剂（冲洗剂）和溶质（组分）各自的折射率乘以各自的物质的量浓度之和。溶有组分的流动相和流动相本身之间光折射率之差即表示组分在流动相中的浓度。

以 *D*－木糖为内标物，乙腈、水和甲醇作为流动相，使用差示折光检测器，在 10min 内测得西瓜中主要的糖类组分果糖、葡萄糖和蔗糖的含量。

三、仪器与试剂

1. 仪器

高效液相色谱仪：Agilent 1100，具有自动进样装置、差示折射检测器和数据工作站。

2. 试剂

乙腈：色谱级；50% 乙腈水溶液（V/V）；*D*－木糖、*D*－果糖，*D*－葡萄糖和蔗糖标准品。

四、实验步骤

1. 色谱条件

色谱柱：Zorbax 碳水化合物分析糖柱，ϕ4.6 mm×150 mm。

流动相：$V_{乙腈}:V_{水}=75:25$；柱温：30℃；流量：1.4 mL/min；检测器：差示折光检测器。

2. 糖标准混合溶液的配制

分别称取 D－木糖 0.500 g、D－果糖 0.320 g，D－葡萄糖 0.600 g 和蔗糖 0.600 g，各自用少量 50% 乙腈水溶液溶解，全部转移入 50 mL 容量瓶，然后用 50% 乙腈水溶液定容。此混合溶液中 D－木糖浓度为 10 mg/mL，D－果糖为 6.4 mg/mL，D－葡萄糖为 12 mg/mL，蔗糖为 12mg/mL。

3. 25 mg/mL D－木糖（s）内标溶液的配制

称取 D－木糖 6.250 g，用少量 50% 乙腈水溶液溶解，转移入 250 mL 容量瓶，然后用 50% 乙腈水溶液定容。

4. 样品处理

取西瓜瓤中可食部分样品置于组织捣碎机中匀浆，浆液先用多层纱布过滤，后通过离心机离心，所得滤液再用普通常压法过滤。移取滤液 2.00 mL 入 10 mL 容量瓶中，加入 2.00 mL D－木糖内标液，加入 1.00 mL 水，用纯乙腈定容至 10.00 mL，摇匀，移入离心管中，经每分钟 4000 转速度离心 5 min。

5. 样品测定

取上述处理后的上层液，通过自动进样装置注入 3μL 样品入色谱柱，记录谱图。

相对校正因子 $f_{i/s}$ 的确定：取糖标准混合溶液 3μL 进入色谱仪，记录色谱图。

五、数据处理

1. 数据记录

项目	标准物质				未知样			
组分	D－木糖（内标物）	D－果糖	D－葡萄糖	蔗糖	D－木糖（内标物）	1	2	3
保留时间 t_R（min）								
峰面积 A								

2. 数据处理

（1）定性分析

根据 D－木糖、D－果糖、D－ 葡萄糖、蔗糖标准液和试样的色谱图进行定性，采用保留时间 t_R 对比定性法。

项目	标准物质				未知样			
组分	D－木糖（内标物）	D－果糖	D－葡萄糖	蔗糖	D－木糖（内标物）	1	2	3
保留时间 t_R（min）								
定性分析								

（2）定量分析

①先按下式计算各组分 i 相对校正因子 $f_{i/s}$：

$$f_{i/s} = \frac{m_i}{m_s} \times \frac{A_s}{A_i}$$

式中 m_s—— 糖标准混合溶液中内标物（D－木糖）的质量（μg）；

m_i—— 糖标准混合溶液中组分 i 的质量；

A_s—— 糖标准混合溶液中内标物（D－木糖）的峰面积；

A_i—— 糖标准混合溶液中组分 i 的峰面积。

②采用内标法求出进样体积为 3.0 μL 西瓜样中 D－果糖、D－葡萄糖、蔗糖的质量 m_i：

$$m_i = f_{i/s} \times \frac{A_i}{A_s} \times m_s$$

式中 m_i——组分 i 的质量（μg）；

$f_{i/s}$——组分 i 相对于内标物 s（D－木糖）的校正因子；

A_s，A_i——分别为样品中内标物 s（D－木糖）及组分 i 的峰面积；

m_s——进样体积为 3.0μL 西瓜样中内标物 s（D－木糖）质量（μg）。

③计算出西瓜中 D－果糖、D－葡萄糖、蔗糖的含量：

$$西瓜中 i 组分的含量(mg/g) = \frac{10.00 \times m_i \times V_{滤液}}{3.0 \times 2.00 \times m_{西瓜} \times 1\,000}$$

式中 10.00 mL——容量瓶体积；

m_i——3.0μL 西瓜样中 i 组分的质量，μg；

$V_{滤液}$——西瓜滤液的体积，mL；

3.0μL——进样体积；

2.00 mL——色谱分析的西瓜滤液体积；

$m_{西瓜}$——西瓜可食部分样品质量，g。

项目	标准物质				未知样			
组分	D－木糖（内标物）	D－果糖	D－葡萄糖	蔗糖	D－木糖（内标物）	1	2	3
峰面积 A								
质量浓度（mg/mL）								
进样体积（μL）								
进样量（μg）								
相对校正因子 $f_{i/s}$								

项目	标准物质				未知样			
进样体积中 i 组分的质量 m_i(μg)								
西瓜中 i 组分的含量（mg/g）								

实验十七　高效液相色谱法测定维生素 B_1 和维生素 B_2

一、实验要求

1. 了解高效液相色谱仪荧光检测器的工作原理；
2. 掌握样品处理的方法；
3. 掌握高效液相色谱法对维生素 B_1、B_2 的测定方法。

二、基本原理

许多化合物，特别是芳香族的化合物、生化物质，如有机胺、维生素、激素、酶等被入射的光照射后，能吸收一定波长的光，使原子中的某些电子从基态中的最低振动能级跃迁到较高电子能态的某些能级。之后，由于电子在分子中的碰撞，消耗一定的能量而下降到第一电子激发态的最低振动能级，再跃回到基态中的某些不同振动能级，同时发射出比原来所吸收的频率较低、波长较长的光，即荧光。被这些物质吸收的光称为激发光，产生的荧光称为发射光。各种元素的原子所发射的荧光波长各不相同，且荧光的强度和入射光强度、量子效率和样品浓度成正比。如将入射光强度和量子效率保持恒定，则可由荧光的强度测出样品浓度。

图 9－22 是固定波长荧光检测器示意图。光源 1 发出的光经半透镜分成两束后，分别通过测量池 5 和参比池 6，再经透镜 4 后照射到光电倍增管 8 上，变成可以测量的信号。参比池有助于消除外界的影响和流动相发出的本底荧光。

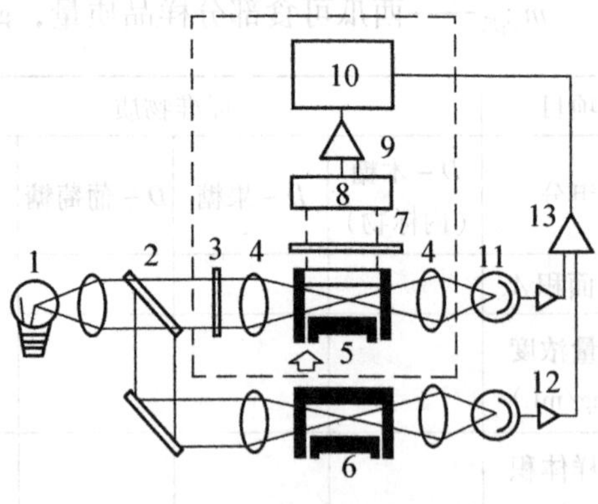

图 9－22　荧光检测器示意图

1—中压汞灯光源；2—10% 反射棱镜；3—激发光滤光片；4—透镜；5—测量池；6—参比池；7—发射光滤光片；8—光电倍增管；9—放大器；10—记录器；11—光电管；12—对数放大器；13—线性放大器

荧光检测器的最大优点是有极高的灵敏度和良好的选择性。一般来说，它比紫外吸收检测器的灵敏度要高 10～1000 倍，可达 μg/L 级，而且它所需的试样很少，因此在药物和生化分析中有着广泛的用途。

维生素 B_1 在碱性铁氰化钾溶液中能被氧化成硫色素，硫色素的激发光波长为 365nm，荧光波长为 435nm。

维生素 B_2 的激发光波长为 440nm，荧光波长为 525nm。

三、仪器与试剂

1. 仪器

液相色谱仪：具有①荧光分光检测器和记录仪；②色谱柱：不锈钢柱长 250mm，内径为 3.8mm。淤浆法填装 YWG—$C_{18}H_{37}$10μ 固定相。

微量注射器：5μL 和 10μL 微量注射器。

2. 试剂

乙腈（分析纯，重蒸）；异丙醇（分析纯，重蒸）；0.025mol/L 磷酸盐缓冲溶液（pH =7.4）。

流动相 A：以磷酸盐缓冲液 80 份和乙腈 20 份相互混合而成。

流动相 B：以磷酸盐缓冲液 82 份和乙腈 18 份相互混合而成。

碱性铁氰化钾溶液：移取 97.00mL 50g/L 氢氧化钠溶液，加入 3.00mL 10g/L 铁氰化钾溶液相互混合而成。

混合酶溶液：根据酶的浓度和活力，用 2mol/L 醋酸钠溶液，取适量的淀粉酶和木瓜酶配制成各 30g/L 的质量浓度。

维生素 B_1 标准溶液：用 0.01mol/L 盐酸溶液将符合药典的含盐酸硫胺素配制成每毫升含 100μg 的维生素 B_1 标准溶液。

维生素 B_2 标准溶液：用 0.01mol/L 盐酸溶液将符合药典的核黄素配制成每毫升含 25μg 的维生素 B_2 标准溶液。

维生素 B_1 和维生素 B_2 混合工作溶液：取上述适量的维生素 B_1 和维生素 B_2 溶液，用 0.01mol/L 盐酸稀释至每毫升含维生素 B_1 和维生素 B_2 各 2μg 的标准混合溶液。

四、实验步骤

1. 样品处理

将固体样品粉碎经 20 目过筛备用，肉类及水产品经捣碎机捣碎，果类样品也经捣碎备用。

称取试样 1.00g（维生素 B_1 和 B_2 含量不低于 0.5μg）于 50mL 棕色容量瓶中，加入 35mL 0.1mol/L 盐酸溶液，摇匀，在高压灭菌器内 121℃保持 20～30min 或者置于沸水浴中加热 30min，然后轻摇数次。取出，冷却至 40℃以下，分别加入 2.50mL 混合酶液，摇匀，置于 37℃下过夜或于 42～43℃加热 4h，冷却，用水定容至 50mL，样液经 3000r/min 速度离心后过滤，取约 10mL 滤液备用。然后取滤液直接进样测定维生素 B_2。

取上述滤液 5mL 于 60mL 分液漏斗中，边振摇边沿分液漏斗加入 3mL 碱性铁氰化钾溶液，继续振摇 10s，立刻加入 8mL 异丁醇，并猛烈振摇 45s，静置分层后，弃去水层。

有机相通过无水硫酸钠小柱，收集待测溶液用于测定维生素 B_1。

2. 标准溶液制备

分别准确移取每毫升含维生素 B_1 和维生素 B_2 各 2μg 的标准混合溶液 0.0，0.25，0.50，1.00，2.00，4.00（mL）于 50mL 的棕色容量瓶中，再加入与样品等量的（35mL）0.1mol/L 盐酸，以下操作方法与样品处理相同，得到维生素 B_2 的标准系列水溶液和维生素 B_1 的标准系列异丁醇溶液。

3. 样品测定

（1）维生素 B_1 的测定：首先调整液相色谱仪中激发波长为 365nm，狭缝为 10nm，发射波长为 435nm，狭缝为 12.5nm，灵敏度为 10。使用流动相为 A，流速 1mL/min。然后用微量注射器吸取标准系列溶液和样液为 8μL，注入液相色谱仪中，得到其峰保留时间和峰高。

（2）维生素 B_2 的测定：首先调整激发波长 440nm，发射波长 525nm，狭缝与维生素 B_1 的相同，灵敏度 3。使用流动相 B，流速为 1mL/min，然后用微量注射器吸取标准系列溶液和样液为 5μL，注入液相色谱仪中得到其峰保留时间和峰高。

由于采用等容量进样，以标准系列的峰高为纵坐标、标准系列的维生素 B_1 或维生素 B_2 质量（μg）为横坐标作标准曲线。

同样，检验分析样品时，将样品峰高从标准曲线中查得相应数值（微克数 μg），除以样品质量，得维生素 B_1 和维生素 B_2 质量比。

五、数据处理

$$\text{维生素 } B_1\text{（或 } B_2\text{）质量比} = \frac{C}{m} \quad (\mu g/g)$$

式中 C——由标准曲线查得相当于标准维生素 B_1（或维生素 B_2）的量，μg；

m——进入色谱仪内样品质量，g。

实验十八　高效液相色谱法测定咖啡因

一、实验要求

1. 学习高效液相色谱法基本原理；
2. 学习高效液相色谱仪使用方法；
3. 学习直接比较法定量实验技术。

二、基本原理

咖啡因，化学名为1,3,7-三甲基黄嘌呤。它是一种中枢神经兴奋剂，目前可在茶叶及咖啡中提取。咖啡因在可口可乐等饮料中存在。被检样品在碱性条件下，用氯仿定量提取，采用液相色谱进行分离，以紫外检测器进行测定。

三、仪器与试剂

1. 仪器

Agilent 1100 液相色谱仪；Agilent 1100 二极管阵列检测器。

2. 试剂

甲醇（G·R级）；氯化钠；氢氧化钠；咖啡因（生物试剂）；乙腈（A·R级）；未知样（含咖啡因）。

四、实验步骤

1. 色谱条件

色谱柱：XDB－$C_8$4.6 mm×150 mm；流动相：$V_{甲醇}:V_{水}:V_{乙腈}=40:50:10$；检测波长：270 nm；压力：70 bar（$70\times10^5$Pa）。

2. 未知样溶液：吸取1.00mL未知样品，置于25mL的容量瓶中，再用甲醇定容至刻度。

3. 咖啡因标准溶液的配制：准确称取咖啡因100 mg，加入10～20 mL甲醇，待溶解后，移入100 mL容量瓶中，用甲醇定容至刻度，摇匀。此溶液每毫升含有1mg咖啡因。

4. 在上述色谱条件下，分别注入10 μL样品和标准溶液于色谱仪，得到相应的色谱峰。

五、数据处理

1. 数据记录

项　目	标准物质	未知样
组分	咖啡因	
保留时间 t_R（min）		
峰面积 A		

2. 数据处理

（1）定性分析：根据咖啡因标准液和试样的色谱图进行定性，采用保留时间 t_R 对比定性法。

项　目	标准物质	未知样
组分	咖啡因	
保留时间 t_R（min）		
定性分析	/	

（2）定量分析：采用外标法中的直接比较法进行定量。

$$样品中咖啡因的质量浓度\ c_x=\frac{A_x}{A_s}\times c_s$$

式中　c_x——未知样溶液质量浓度，mg/mL，

　　　c_s——咖啡因标准溶液质量浓度，mg/mL；

A_s——未知样溶液色谱峰峰面积；

A_x——咖啡因标准溶液色谱峰峰面积。

项目	标准物质	未知样
组分	咖啡因	
峰面积 A		
质量浓度（mg/mL）		

实验十九 高效液相色谱法测定氯霉素残留量

一、实验要求

1. 了解抗生素样品处理和测量方法；
2. 了解高效液相色谱仪二极管阵列检测器的工作原理。

二、基本原理

氯霉素是一种预防家畜革兰氏阴性感染的有效的抗生素。本法采用乙酸乙酯等有机试剂萃取，氯霉素提取物溶解于氯仿中，然后以水-甲醇作流动相，于二极管阵列检测器中进行液相色谱法测定（氯霉素最大吸收波长为280nm），求出样品中的氯霉素含量。

三、仪器与试剂

1. 仪器

高效液相色谱仪；二极管阵列检测器。

2. 试剂

乙酸乙酯；乙腈（A·R级）；异辛烷；氯仿（A·R级）；丙二醇。

氯霉素标准溶液：用丙醇溶液将标准氯霉素配成每毫升含 0.01μg 氯霉素的标准溶液。

四、实验步骤

1. 色谱条件

色谱柱：Nucleosil100—C_{18}，5μm，125mm×4mm；流动相：$V_{水}:V_{甲醇}=70:30$；注入压力：600kPa；检测波长：280nm；流量：0.8mL/min。

2. 样品处理

移取25.00mL牛乳，置于250mL分液漏斗中，加入75mL乙酸乙酯振荡1h，或在超声波浴上振摇30min，移取出50.00mL乙酸乙酯萃取液，于减压下蒸干。蒸干后的残留物分别两次用5mL乙腈溶解，移入30mL分液漏斗内，再分别两次用3mL异辛烷萃取，除去乙腈溶解液中的类脂物，将乙腈液浓缩近干，并分别两次用1mL乙酸乙酯把蒸干物转移到3mL聚四氟乙烯三角烧瓶内。通氮气流浓缩，浓缩后用0.2mL氯仿溶解，再加入0.2mL丙二醇-水（50+50）混合液，用旋转搅拌器混匀，静置，最后用上层醇相进行液相色谱分析。

根据上述条件，用微量注射器吸取标准系列和试液4μL，注入液相色谱仪中。本法中氯霉素的保留时间为6min。

由于采用等容量进样，以标准系列的峰高为纵坐标、标准系列的氯霉素含量（μg）为横坐标作标准曲线。同样，检验分析样品时，根据样品峰高，从标准曲线上查得相应的数值（微克数），除以样品质量而得样品中氯霉素的残留量。

五、数据处理

$$氯霉素残留量=\frac{C}{m}\quad(\mu g/g)$$

式中 C——由标准曲线查得相应的氯霉素量，μg；

m——样品溶液进样量，g。

附录 大型实训

一、实训目的

“仪器分析”专题实训安排在学生完成“仪器分析”理论课程后进行，其目的在于加深学生理解和掌握仪器分析的基本理论和基础知识，熟练掌握紫外－可见光分光光度仪、原子吸收光谱仪、电位分析仪、气相色谱仪和高效色谱仪的操作，从而巩固和扩大课堂所学到的知识。通过实训，提高学生分析问题、解决问题的能力，为以后的毕业工作打下坚实的基础。

二、实训项目

实训项目一：白酒中甲醇含量的测定；
实训项目二：紫外光分光光度法测定饮料中防腐剂苯甲酸钠含量；
实训项目三：火焰原子吸收分光光度法工作条件的选择及自来水中微量镁的测定；
实训项目四：电位滴定法测定酱油总酸值；
实训项目五：气相色谱操作条件对乙酸乙酯、乙酸丁酯和丁酸乙酯混合物分离的影响；
实训项目六：化妆品中防腐剂的测定；
实训项目七：化妆品中维生素 D_2 和维生素 D_3 的测定；
实训项目八：食品内包装塑料中邻苯二甲酸二辛酯（DEHP）的测定。
实训项目九：紫外－可见分光光度法测定未知物
实训项目十：自来水中钙离子浓度的测定
实训项目十一：洗发液 pH 值的测定（一元线性回归方程法）
实训项目十二：加标回收率的测定（原子吸收光谱法）

实训项目一　白酒中甲醇含量的测定

一、原理

甲醇在磷酸溶液中，被高锰酸钾氧化为甲醛：

$$5CH_3OH + 2KMnO_4 + 4H_3PO_4 \longrightarrow 5HCHO + 2MnHPO_4 + 2KH_2PO_4 + 8H_2O$$

过量的高锰酸钾用亚硫酸氢钠除去，生成的甲醛与变色酸作用生成紫色化合物。其颜色深浅与甲醇含量成正比（$A = abc$），与标准比较定量。采用比较法定量。

二、仪器与试剂

分光光度计：可见光范围。

（1）高锰酸钾－磷酸溶液：取 3.0g 高锰酸钾、15.0mL 磷酸溶于 100mL 水中。1 个月内有效。

（2）无水亚硫酸氢钠：干燥粉末。

（3）5.5% 无甲醇乙醇溶液：取 57.3mL 无甲醇乙醇于 1L 容量瓶中，稀释至刻度。

（4）5% 变色酸溶液：取 2.5g 变色酸（或变色酸钠盐）溶于 50mL 水中。冰箱内保存，一周内有效。

（5）50.0μg/mL 甲醇标准溶液：称取 1.000g 重蒸甲醇，置于 100mL 容量瓶中，用无甲醇酒精（95%）定容。此为 10.0mg/mL 的甲醇标准溶液。

吸取 10.0mg/mL 的甲醇标准溶液 2.50mL 于 100mL 容量瓶中，用 5.5% 无甲醇乙醇溶液定容。吸取此液 2.00mL，再用 5.5% 无甲醇乙醇溶液稀释至 10.00mL。

（6）硫酸。

三、实验步骤

1. 试样的制备

试样的稀释：按下式计算稀释至 100mL，所需试样的毫升数：

$$V = \frac{100 \times 5.5}{\text{试样酒度}} \quad (\text{mL})$$

使稀释后试样的酒精度在 5%～6% 之间。

吸取 V（mL）试样或试样的蒸馏液，置于 100mL 容量瓶中，稀释至刻度。

2. 试样的测定

在 3 个 50mL 容量瓶中，分别加入 2mL 高锰酸钾 - 磷酸溶液。将容量瓶置于冰浴中冷却。分别用吸管加入冷却的甲醇标准溶液、试样稀释液和 5.5% 无甲醇乙醇溶液各 1.00mL，继续在冰浴中放置 30min。各加少许干燥的亚硫酸氢钠粉末，使溶液的紫色褪去。然后加入 1.00mL 变色酸溶液。摇动下各慢慢加入 15mL 硫酸。置容量瓶于 60 ～ 75℃ 水浴中加热 15min。取出，冷却至室温，加入水至近刻度，摇匀。再加水稀释至刻度。以 5.5% 无甲醇乙醇溶液制成的试剂空白为参比，分别测定标准和试样在光波长 575nm 的吸光度。

四、数据记录与处理

$$\text{甲醇含量}(\text{g}/100\text{mL}) = \frac{A_x}{A_S} \times 0.005 \times F$$

式中 A_x——稀释试样吸光度；

A_S——甲醇标准溶液吸光度；

F——稀释倍数；

0.005——甲醇标准溶液体积分数，%。

举例：试样稀释时，取样 10.00mL，稀释至 100mL（稀释倍数 $F = 10$），试样的吸光度 $A_x = 0.421$，标准的吸光度 $A_S = 0.368$，则试样甲醇含量为：

$$\text{甲醇含量}(\text{g}/100\text{mL}) = \frac{0.421}{0.368} \times 0.005 \times 10 = 0.0572$$

五、说明

（1）温度对吸光度有影响，标准和试样显色温度之差不应超过 1℃。

（2）如果试样显色后颜色太深，可用按上述方法制备的硫酸 - 乙醇空白稀释，但稀释倍数不得超过 3 倍。

实训项目二　紫外光分光光度法测定饮料中防腐剂苯甲酸钠含量

一、原理

苯甲酸钠分子式 $C_7H_5NaO_2$，是一种食品添加剂，有防腐功能，溶于水。我国食品添加剂使用卫生标准（GB 2760—1996）中明确规定：碳酸饮料中苯甲酸钠最大使用量为 0.2g/kg。苯甲酸钠过量将危害健康。苯甲酸钠含有生色团和助色团，在近紫外光有强烈吸收。

二、仪器和试剂

6010 型紫外分光光度计；苯甲酸钠；市售汽水饮料。

三、实验步骤

（1）样品的处理：取适量汽水饮料样品于 100 mL 烧杯中超声脱气 10 min，准确吸取 2.00mL 于 100 mL 容量瓶中，加蒸馏水稀释至刻度。平行制取 3 份。

（2）100.00 μg/mL 苯甲酸钠标准使用液的配制：准确称取苯甲酸钠 200.0 mg，用蒸馏水溶解并定容于 2000 mL 容量瓶。

（3）苯甲酸钠标准系列溶液的配制：分别移取 100.00 μg/mL 苯甲酸钠标准使用液 2.00，4.00，6.00，8.00，10.00（mL）于 5 个 100 mL 容量瓶，用蒸馏水定容至刻度，摇匀。

（4）吸收曲线的绘制：用 1 cm 石英比色皿，以蒸馏水为参比，以标准系列溶液中最浓的溶液作扫描、即测定 220 ～ 400 nm 的吸光度。以波长为横坐标，吸光度为纵坐标绘制吸收曲线，确定最大吸收波长 λ_{max}。

（5）溶液吸光度的测定：用 1 cm 石英比色皿，以蒸馏水作参比测定标准系列溶液及样品溶液在最大吸收波长处 λ_{max} 的吸光度。

四、数据记录与处理

1. 标准曲线的绘制

测量波长______nm；　石英比色皿______cm；　容量瓶______mL

项　目	苯甲酸钠标准使用液浓度______μg/mL						样品溶液		
移取体积（mL）									
溶液质量浓度 c（μg/mL）									
皿差									
测得吸光度									
校正吸光度 A									

以标准溶液质量浓度 c 为横坐标，吸光度 A 为纵坐标，用 Excel 绘制标准曲线，求出回归方程及相关系数 r。

2. 样品中防腐剂苯甲酸钠含量的计算

先由回归方程计算样品容量瓶中的苯甲酸钠含量，然后计算原始样品（饮料）中的苯甲酸钠含量。

数据记录与处理（例题）

1. 标准曲线的绘制

测量波长 224.0 nm； 石英比色皿 1 cm； 容量瓶 100 mL

项　目	苯甲酸钠标准使用液质量浓度 100.00μg/mL						样品溶液		
移取体积（mL）	0.00	2.00	4.00	6.00	8.00	10.00	2.00	2.00	2.00
溶液质量浓度 c（μg/mL）	0.0000	2.0000	4.0000	6.0000	8.0000	10.0000	c_1	c_2	c_3
皿差	0.002	0.002	0.002	0.002	0.002	0.002	0.002	0.002	0.002
测得吸光度	0.000	0.148	0.294	0.440	0.585	0.733	0.350	0.352	0.351
校正吸光度 A	0.000	0.146	0.292	0.438	0.583	0.731	0.348	0.350	0.349

备注：因用 Excel 处理数据，溶液质量浓度 c 设置为小数点后 4 位；
为了评价操作技能水平，相关系数 r 设置为小数点后 6 位。

以标准溶液质量浓度 c 为横坐标，吸光度 A 为纵坐标，用 Excel 绘制标准曲线，求出回归方程及相关系数 r。

打开 Excel 表→第 1 列（横坐标 X）输入标准溶液浓度 c→第 2 列（纵坐标 Y）输入标准溶液吸光度 A→选择 X、Y 内容，插入散点图中的“带平滑线和数据标记的散点图”→点住图中直线右击鼠标、添加趋势线→选择“显示公式”和“显示 R 平方值”→对图中回归方程进行“设置趋势线标签格式”、对“数字”的“小数位数”设置为 6。

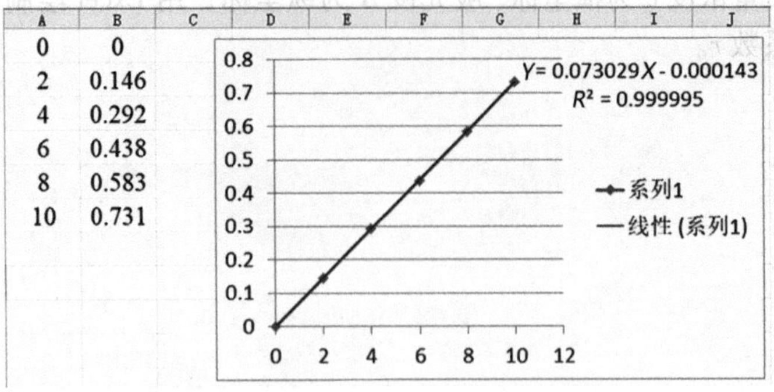

求得回归方程为 $Y=0.073\,029X-0.000\,143$，　　$r^2=0.999\,995$

实际应用　　$A=0.073\,029c-0.000\,143$，相关系数 $r=0.999\,997$

为了对应溶液质量浓度 c 是小数点后 4 位，上式整理为 $A=0.073\,0c-0.000\,1$

即　　$c=(A+0.000\,1)\div 0.073\,0$

2. 样品中防腐剂苯甲酸钠含量的计算

先由回归方程计算样品容量瓶中的苯甲酸钠含量，然后计算原始样品（饮料）中的苯甲酸钠含量。

先由回归方程 $c=(A+0.000\,1)\div 0.073\,0$，计算样品容量瓶中的苯甲酸钠含量：

100 mL 容量瓶（含未知样），苯甲酸钠质量浓度 $c_1=(0.348+0.000\,1)\div 0.073\,0=4.780\,8$（μg/mL）

100 mL 容量瓶（含未知样），苯甲酸钠质量浓度 $c_2=(0.350+0.000\,1)\div 0.073\,0=4.808\,2$（μg/mL）

100 mL 容量瓶（含未知样），苯甲酸钠质量浓度 $c_3=(0.349+0.000\,1)\div 0.073\,0=4.794\,5$（μg/mL）

$$\bar{c}=\frac{4.780\,8+4.808\,2+4.794\,5}{3}=4.794\,5\ (\mu g/mL)$$

然后计算原始样品（饮料）中的苯甲酸钠质量浓度。

$$\underset{\text{（饮料样品）}}{\text{苯甲酸钠质量浓度}}=\frac{4.794\,5\mu g/mL\times \overset{\text{（容量瓶体积）}}{100.00mL}}{\underset{\text{（样品体积）}}{2.00mL}}=239.72\ (\mu g/mL)$$

（5 位有效数字，对应标准使用液有效数字）

该饮料中苯甲酸钠质量浓度 239.72 μg/mL 相当于含量为 239.72 μg/g ≈ 239.72 g/kg

0.239 72 g/kg ＞ 0.2 g/kg（我国食品添加剂使用卫生标准 GB 2760—1996），超标。

样品吸光度极差 $=0.350-0.348=0.002$

实训项目三　火焰原子吸收分光光度法工作条件的选择及自来水中微量镁的测定

一、原理

原子吸收分光光度法定量的基本依据是：特定波长（由被测元素的空心阴极灯提供）的光通过被测元素的基态原子蒸气时，原子蒸气将对这一波长的光产生吸收，未被吸收的光则透过。被测元素浓度与吸光度的关系符合 Lamber-Beer 定律。根据这一关系可以用工作曲线法来测定未知溶液中某元素的浓度。

原子吸收分光光度法中，测量条件（包括燃烧器高度、灯电流、光谱通带、助燃比等）的选择对测定的准确度、灵敏度等都会有较大的影响。因此必须选择合适的测量条件，才能得到满意的结果。

本实验通过对镁测定条件的研究，初步了解如何拟定一个火焰原子吸收分光光度法的实验条件，并在所确定的最佳条件下测定自来水中的微量镁。

二、仪器和试剂

原子吸收分光光度计；Mg 元素空心阴极灯；乙炔供气设备（乙炔钢瓶）；空气供气设备。

（1）1.000g/L 镁标准贮备溶液：称取 0.5000 g 高纯金属 Mg 溶解于少量 6 mol/L HCl 中，转移至 500mL 容量瓶中，用去离子水定容，然后转移至聚乙烯试剂瓶中保存。

（2）20.0μg/mL 镁标准工作溶液：吸取 1.00mL 镁标准贮备溶液于 50mL 容量瓶中，用去离子水定容。

（3）10.0mg/mL 锶溶液：称取 30.4g $SrCl_2 \cdot 6H_2O$，溶于去离子水并稀释至 1000mL。自来水中存在的其他离子对镁的测定有干扰，使结果偏低。加入锶作为抑制剂，可以获得正确的结果。

（4）HCl（1∶1，体积比）。

三、实验步骤

（1）仪器使用前的调整：

①装好镁空心阴极灯，插上电源，置状态开关于“能量”挡，并打开主机电源开关及阴极灯开关，灯电流调至 4mA 处，预热 20～30min。

②选择适当的狭缝，调灯位及外光路，使光线聚焦于燃烧器缝隙上方。

③打开“负高压”开关，转动波长调节盘，使其指于 285.2nm 处。然后在此波长附近慢慢扫描，指针最大读数时的波长为实际应用波长。

④启动空气压缩机，使压力表指向 $2kg/cm^2$（$1kg/cm^2 = 9.8 \times 10^4 Pa$），再调节助燃气流量至适量，打开通风开关，接好排废液管。

⑤打开乙炔钢瓶总阀，使减压表指于 $0.5kg/cm^2$，旋开燃气流量计开关至流量约 80L/h 时即可点燃火焰，调节燃气流量计至所需火焰状态。预热片刻，调节燃烧器高度，吸喷去离子水，使燃气流量计指针指在“1”处。

⑥将状态选择开关置于“吸光”挡，吸光度指针应回零。如此反复操作几次。

（2）条件实验溶液的配制：吸取镁工作标准溶液 2.0mL 于 50mL 容量瓶，加入锶溶液 2.0mL，用水定容，摇匀。

（3）测定条件的选择：初步固定的测量条件——吸收波长，285.2nm；光谱通带（狭缝），0.2nm；灯电流，4mA；空气流量，$0.33m^3/h$；乙炔流量，$0.06\ m^3/h$。

①燃烧器高度的选择。在初步固定的测量条件下，改变燃烧器的高度在 2～14nm 之间，测定条件实验溶液的吸光度，选取测量稳定且吸光度较大的燃烧器高度作为测定的操作条件。

②灯电流的选择。采用上一步所选的最佳燃烧器高度，其他条件不变，改变灯电流的大小，测定条件实验溶液的吸光度，选取测量稳定性好而且吸光度较大的灯电流作为测定的操作条件。

③光谱通带的选择。采用上一步所选的最佳燃烧器高度和灯电流，其他条件不变，改变光谱通带，测量条件实验溶液的吸光度，选取测量稳定性好而且吸光度较大的光谱通带作为测定的操作条件。

④燃气流量的选择。采用上一步所选的最佳燃烧器高度、灯电流和光谱通带，燃气（空气）的流量为 60 L/h，改变燃气的流量，测定条件实验溶液的吸光度，选取稳定性好而且吸光度较大的燃气流量作为测定操作条件。

⑤干扰抑制剂锶溶液加入量的选择。吸取自来水 20mL 6 份，分别加入 6 个 50mL 的容量瓶中，加入 2mL HCl，然后依次加入锶溶液 0mL、1.00mL、2.00mL、3.00mL、4.00mL、5.00mL，用去离子水定容，摇匀。在上面选择的最佳操作条件下，用去离子水调节吸光度为零后，依次测定上述系列溶液的吸光度，由测定稳定性好且吸光度较大的条件中选择出抑制干扰最佳的锶溶液加入量。

（4）标准系列的测定：在 6 个 50mL 容量瓶中分别加入 1.00mL、2.00mL、3.00mL、4.00mL、5.00mL 镁标准溶液，并加入选得的最佳量的锶溶液，用去离子水定容，摇匀。在选择的仪器最佳操作条件下，用去离子水调零后，依次测定上述系列溶液的吸光度。

（5）自来水的测定：吸取 20.00mL 自来水样于 50mL 容量瓶中，加入最佳量的锶溶液，用去离子水定容，摇匀。在所选的最佳操作条件下，用去离子水调零，测定其吸光度。

四、数据处理

（1）以表格形式列出选择操作条件的相应数据，并确定出最佳操作条件。

（2）绘制标准曲线。

（3）由标准曲线查出水中镁的含量并计算质量浓度（mg/L）。

五、注意事项

（1）仪器“状态选择”必须置于“能量”挡，降低“增益粗调”至最低挡，才能打开或关闭主机的“负高压”开关。

（2）测定结束后，要用去离子水喷洗5～10min。关闭乙炔总阀，等火焰自行熄灭后再将去离子水移开。当乙炔减压阀和燃气流量回零后，再关闭空压机和排风扇，将燃气流量开关关闭。

（3）火焰的点燃和熄灭应严格遵守以下规则：先开助燃气，调节好流量，再开燃气，并调节好流量，才能点燃火焰。熄灭火焰时，应先切断燃气总阀，待火焰自行熄灭后关闭仪器上的燃气旋钮，最后才切断助燃气。

实训项目四　电位滴定法测定酱油总酸值

一、原理

酱油中含有多种有机酸，用氢氧化钠标准溶液滴定，用酸度计来测定其终点，滴定终点pH值为8.2。使用pH复合电极，该电极由pH玻璃电极和甘汞电极复合而成，插入待测样品溶液中组成如下工作电池：

$$\text{pH 玻璃电极}\,|\,H^+\,(c=x)\,\|KCl(s),Hg_2Cl_2,Hg$$

测定酱油总酸的反应方程式如下：

$$H^+ + OH^- = H_2O$$

二、仪器与试剂

1. 仪器

PXD—2型酸度计：1台；pH复合电极：1支；50mL碱式滴定管：1支；磁力搅拌器。

2. 试剂

0.05 mol/L NaOH标准溶液。

酚酞指示剂：1g酚酞溶于95%的乙醇中，然后用95%的乙醇定容至100mL。

标准缓冲溶液A：称取在（115±5）℃烘干2 h的磷酸二氢钾（KH_2PO_4）3.40g和十二水磷酸二氢钠（$Na_2HPO_4\cdot 12H_2O$）8.94g溶于不含CO_2的去离子水中，定容至1 000mL，摇匀。贮于塑料瓶中。

标准缓冲溶液B：称取硼酸钠（$Na_2B_4O_7\cdot 10H_2O$）3.81g，溶于不含CO_2的去离子水中，定容至1 000mL，贮于塑料瓶中。

表 1　不同温度时标准缓冲溶液的 pH 值

温度（℃）	标准缓冲溶液	
	$KH_2PO_4 + Na_2HPO_4$　（A）	$Na_2B_4O_7 \cdot 10H_2O$　（B）
0	6.98	9.46
5	6.95	9.39
10	6.92	9.33
15	6.90	9.27
20	6.88	9.22
25	6.86	9.18
30	6.85	9.14
35	6.84	9.10
40	6.84	9.07

三、实验步骤

（1）氢氧化钠标准溶液的标定。

（2）接通仪器电源，调好仪器，选用 pH 挡，预热 15min。将 NaOH 溶液装入滴定管，并调节液面 0.00mL。

（3）吸取 25.00mL 试样，置于 500 mL 容量瓶中，加水至刻度，混匀后吸取 25.00mL 于 200mL 烧杯中，加 60mL 水，放入铁心搅棒，开动磁力搅拌器，将电极浸入溶液中，并与测量仪器连接。

（4）调好仪器温度，用定位钮调“标准缓冲溶液 A”至相应温度下的 pH 值。用斜率钮调“标准缓冲溶液 B”至相应温度下的 pH 值。然后用氢氧化钠标准溶液滴定至酸度计指示 pH = 8.2，记录消耗的氢氧化钠标准溶液的体积，计算总酸含量。

在相同条件下，做两次平行实验。

量取 85mL 的去离子水，同时做试剂空白实验。

四、数据记录与处理

总酸量用消耗的氢氧化钠的量来表示，公式为：

$$A = \frac{(V_1 - V_2) \times c \times 40 \times (500.0/25.00) \times 1000}{25.00}$$

式中　A——总酸，mg/L；

V_1——试样所消耗的氢氧化钠标准滴定溶液的体积，mL；

V_2——试剂空白消耗氢氧化钠标准滴定溶液的体积，mL；

c——氢氧化钠浓度，mol/L；

40——氢氧化钠的相对分子质量；

500/25.00——酱油样品的稀释倍数；

25.00——稀释后的样品体积，mL。

实训项目五　气相色谱操作条件对乙酸乙酯、乙酸丁酯和丁酸乙酯混合物分离的影响

一、基本原理

混合试样色谱分离的实际效果，同时取决于色谱热力学因素和动力学因素。前者主要决定于固定相的选择，后者则主要决定于色谱操作条件的选择。因此，在选择了合适的固定相之后，色谱操作条件的选择就成为试样中各组分、特别是难分离相邻组分能否实现定量分离的关键。柱温是气相色谱的重要操作条件，柱温改变，柱效率、分离度 R 都发生改变。进样量、载气流速也影响分离效果。

二、仪器和试剂

1. 仪器

1490 型气相色谱仪带 N2000 色谱工作站；氢火焰离子化检测器；5μL 微量进样器。

2. 试剂

混合标准溶液（含乙酸乙酯、乙酸丁酯和丁酸乙酯的混合物），色谱纯。

三、实验步骤

1. 色谱条件

酒分析柱：2m × 3mm；气化室温度：150℃；氢火焰离子化检测器温度 200℃。

2. 色谱柱温度对分离的影响

固定进样量为 2.0μL，载气压力为 0.08MPa，分别在色谱柱温度为 80℃、90℃和 100℃时进样 2.0μL 混合标准溶液，得色谱图。

3. 载气流速对分离的影响

固定进样量和色谱柱温度，分别在载气流速为变量时进样 2.0μL 混合标准溶液，得色谱图。

4. 进样量对分离的影响

固定色谱柱温度和载气压力，分别进样 1.0μL、2.0μL 和 4.0μL 混合标准溶液，得色谱图。

四、数据记录与处理

色谱柱温（℃）	峰名	保留时间 t_R（min）	半峰宽 $Y_{1/2}$（min）	柱效 n	分离度 R
80	乙酸乙酯				
	乙酸丁酯				
	丁酸乙酯				
90	乙酸乙酯				
	乙酸丁酯				
	丁酸乙酯				
100	乙酸乙酯				
	乙酸丁酯				
	丁酸乙酯				

载气压力(MPa)	峰名	保留时间 t_R (min)	半峰宽 $Y_{1/2}$(min)	柱效 n	分离度 R
0.06	乙酸乙酯				
	乙酸丁酯				
	丁酸乙酯				
0.08	乙酸乙酯				
	乙酸丁酯				
	丁酸乙酯				
0.10	乙酸乙酯				
	乙酸丁酯				
	丁酸乙酯				

进样量(μL)	峰名	保留时间 t_R (min)	半峰宽 $Y_{1/2}$(min)	柱效 n	分离度 R
1.0	乙酸乙酯				
	乙酸丁酯				
	丁酸乙酯				
2.0	乙酸乙酯				
	乙酸丁酯				
	丁酸乙酯				
4.0	乙酸乙酯				
	乙酸丁酯				
	丁酸乙酯				

实训项目六　化妆品中防腐剂的测定

一、基本原理

由于化妆品中添加了各种营养物质，而这些营养物质是微生物繁殖的培养基，因此，在化妆品生产、使用和保存中，有可能受到细菌的污染而使产品产生异味或改变外观。为抑制细菌的生长繁殖，在产品中加入一定量的防腐剂。毒性低、杀菌效果好的苯甲醇、山梨酸、苯甲酸等防腐剂在化妆品中应用最多。但经常接触这些防腐剂会对人体健康造成不良影响。采用气相色谱法可以测定化妆品中防腐剂苯甲醇、山梨酸和苯甲酸的含量。

二、仪器和试剂

1. 仪器

氢火焰离子化检测器；大口非极性毛细管柱 DB－1（0.53mm×15m×0.5μm）；2μL 微量进样器；高速离心机；超声波清洗器。

2. 试剂

苯甲醇（分析纯，纯度 98.0%），山梨酸（分析纯，纯度 99.0%），苯甲酸（分析纯，纯度 99.5%），甲醇（色谱纯，纯度 99.9%），无水硫酸钠（分析纯，用前经 650℃

烘干 4h）。样品为市售化妆品。

三、实验步骤

1. 色谱条件

柱温：40℃ （3min），以 20℃/min 速率升温到 200℃ ×2min；进样温度 250℃；检测器温度为 300℃；载气 N_2 流量为 4mL/min，H_2 流量为 40mL/min，空气流量为450mL/min。

2. 混合标准溶液的配制

准确称取苯甲醇、山梨酸、苯甲酸各 1.000g 混合，用甲醇溶解后转移到 100mL 容量瓶中，定容至刻度，将此溶液作为储备液保存。使用前，用上述标准储备溶液配成苯甲醇 100，200，300，400，500（μg/mL）的标准应用溶液，山梨酸、苯甲酸各 200，300，400，500，600（μg/mL）的混合标准工作溶液。

3. 样品的预处理

分别称取 0.50～1.00g 膏状、乳状、溶液状化妆品试样，置于 50mL 容量瓶，加适量无水硫酸钠，加入甲醇至 50mL，混匀，超声提取 15min，以 4 000r/min 转速离心 5min，取上层清液供分析。

4. 气相色谱测定

分别取 1.0μL 各个浓度的苯甲醇标准工作溶液、山梨酸与苯甲酸混合标准工作溶液注入色谱仪，得色谱图。

同一色谱条件下，取经过处理的样品上清液 1.0μL 注入色谱仪，得色谱图。

四、数据记录与处理

1. 数据记录

项　目	标准混合溶液		
组　分	苯甲醇	山梨酸	苯甲酸
保留时间 t_R（min）			
项　目	样　品		
组　分	1	2	3
保留时间 t_R（min）			
定性分析			

项　目	苯甲醇混合标准应用溶液					50mL 容量瓶试液
苯甲醇质量浓度(μg/mL)	100	200	300	400	500	c
色谱峰面积 A						

项　目	山梨酸与苯甲酸混合标准应用溶液					50mL 容量瓶试液
山梨酸质量浓度(μg/mL)	200	300	400	500	600	c
色谱峰面积 A						
苯甲酸质量浓度(μg/mL)	200	300	400	500	600	c
色谱峰面积 A						

2. 数据处理

（1）定性分析：利用保留时间对样品的各物质进行定性。

（2）定量分析。

①标准曲线的绘制：以标准系列质量浓度（μg/mL）为纵坐标、峰面积为横坐标，分别绘制苯甲醇、山梨酸、苯甲酸的标准曲线。

②通过标准曲线分别求 50mL 容量瓶试液中苯甲醇、山梨酸、苯甲酸的质量浓度 c（μg/mL），用下列公式计算化妆品中苯甲醇、山梨酸、苯甲酸的质量分数。

$$\text{防腐剂质量分数}(\%) = \frac{50c}{m \times 10^6} \times 100$$

式中　c——由标准曲线查得防腐剂质量浓度，μg/mL；

50——样品稀释倍数；

m——样品的质量，g。

实训项目七　化妆品中维生素 D_2 和维生素 D_3 的测定

一、基本原理

维生素 D_2 和维生素 D_3 结构相似、功能相同。但维生素 D_2 来源于植物，而维生素 D_3 来源于动物。维生素 D_2 对湿疹、溃疡、冻伤及皮肤创伤愈合等有疗效；维生素 D_3 可防止受害的黑色素细胞癌变，特别适用于老年人化妆品，但长期使用含有维生素 D_2、维生素 D_3 的化妆品，特别是乳婴容易引起维生素过剩症。

采用甲醇溶剂和超声波提取化妆品中维生素 D_2 和维生素 D_3，然后用高效液相色谱法分离维生素 D_2、维生素 D_3，用二极管阵列检测器检测维生素 D_2 和维生素 D_3，采用标准曲线法定量。

二、仪器与试剂

1. 仪器

Agilent 1100 高效液相色谱仪；超声波清洗器。

2. 试剂

乙腈、甲醇和四氢呋喃为色谱纯，乙醇为分析纯，维生素 D_2 和维生素 D_3 为标准品。

三、实验步骤

1. 色谱条件

色谱柱：Alltima C_{18}柱（ϕ4.6mm×250mm，5μm）。

流动相：$V_{甲醇}$∶$V_{乙腈}$=90∶10；柱温：25℃；流量：1.0mL/min；检测器：二极管阵列检测器，检测波长263nm。

2. 标准曲线的绘制

维生素 D_2 和维生素 D_3 混合标准溶液：分别准确称取维生素 D_2 和 D_3 标准品各0.1000g，移入100 mL 容量瓶，用甲醇溶解并定容至刻度，摇匀，作为标准储备溶液。分别准确吸取1.00mL 维生素 D_2 和 D_3 的标准储备溶液，用甲醇稀释到10.00mL，此混合标准溶液约含维生素 D_2、维生素 D_3 各100mg/L。

用流动相将混合标准溶液稀释至50.0，20.0，10.0，2.00，0.50（μg/mL）系列质量浓度溶液。在设定色谱条件下，分别取5.0μL 标准系列进行色谱分析。以标准系列质量浓度为纵坐标、峰面积为横坐标，绘制标准曲线。

由于维生素 D_2 和维生素 D_3 对光不稳定，因此在配制标准溶液之前需用紫外分光光度法进行纯度校正。具体方法如下：维生素 D_2、维生素 D_3 在263nm 波长处有最大紫外吸收，而乙醇在该波长无吸收。在95%乙醇溶液中，质量分数为1%的维生素 D_2 溶液的吸光系数 $\varepsilon_{1cm}^{1\%}$为460，质量分数为1%的维生素 D_3 溶液的吸光系数 $\varepsilon_{1cm}^{1\%}$为485。吸光系数相当于吸光度/浓度，因此通过测定吸光度可得出所配制溶液的准确浓度，进而校正纯度。

3. 样品处理

准确称取约0.5g 化妆品样品于10mL 容量瓶中，用流动相定容至刻度，摇匀，超声波提取20min，经0.45μm 滤膜过滤，滤液作为待测样液，在设定色谱条件下，取5.0μL 进行色谱分析。根据待测样液的峰面积，由标准曲线得出待测样液中各组分的质量浓度。

四、数据记录与处理

1. 数据记录

项　　目	标准物质		未知样	
组　　分	维生素 D_2	维生素 D_3	1	2
保留时间 t_R（min）				
峰面积 A				

2. 数据处理

（1）用保留时间 t_R 定性。

项　　目	标准物质		未知样	
组　　分	维生素 D_2	维生素 D_3	1	2
保留时间 t_R（min）				
定性分析	/	/		

（2）定量分析。

①标准曲线的绘制。

项　　目	维生素 D_2 标准溶液					10mL 容量瓶试液中维生素 D_2
维生素 D_2 质量浓度（μg/mL）	0.50	2.00	10.0	20.0	50.0	c
色谱峰面积 A						

项　　目	维生素 D_3 标准溶液					10mL 容量瓶试液中维生素 D_3
维生素 D_3 质量浓度（μg/mL）	0.50	2.00	10.0	20.0	50.0	c
色谱峰面积 A						

分别以维生素 D_2 和维生素 D_3 标准系列质量浓度（μg/mL）为纵坐标、峰面积为横坐标，绘制维生素 D_2 和维生素 D_3 标准曲线（2 条）。

②分别通过维生素 D_2 和维生素 D_3 的标准曲线求 10mL 容量瓶试液中维生素 D_2 和 D_3 的质量浓度（μg/mL）c，计算出化妆品样品中维生素 D_2 和维生素 D_3 的含量：

$$化妆品样品中维生素\ D_2（或\ D_3）含量(\mu g/g) = \frac{10 \times c}{m}$$

式中　c——由标准曲线查得相应的维生素 D_2（或 D_3），μg/mL；

10——样品稀释倍数；

m——样品质量，g。

本方法适用于质量浓度在 0.5～100 μg/mL 范围内的维生素 D_2、维生素 D_3 测定。

实训项目八　食品内包装塑料中邻苯二甲酸二辛酯（DEHP）的测定

一、基本原理

大多数食品均采用塑料制品进行内包装（内衬），常用的食品塑料内衬中多采用邻苯二甲酸二辛酯（DEHP）增加聚合物材料的可塑性，DEHP 能从塑料包装袋中向食品特别是含油脂食品（如牛奶、肉类中）迁移，对食品有一定的污染。采用液相色谱法可以检测 DEHP 含量。

二、仪器与试剂

1. 仪器

Agilent 1100 高效液相色谱仪。

2. 试剂

无水乙醚、甲醇，均为分析纯；邻苯二甲酸二辛酯（DEHP）、邻苯二甲酸二正辛酯

（DOP，内标物）为色谱纯。

三、实验步骤

1. 色谱条件

色谱柱：Nuclevsi C_{18}，ϕ4.6mm×250mm（7μm），流动相为 $V_{甲醇}:V_{水}=93:7$，流量为1.00mL/min；柱温 25℃；检测器：二极管阵列检测器，检测波长 224nm；进样量 10.0μL。

2. 1000μg/mL DEHP 标准溶液的制备

准确称取纯 DEHP 0.2500g，用甲醇溶解后定容于250mL 容量瓶中，配成质量浓度为1000μg/mL 的 DEHP 标准溶液，保存于冰箱中。

3. DEHP 工作溶液的制备

用吸量管吸取 1000μg/mL DEHP 标准溶液 1.00，2.00，3.00，4.00，5.00（mL）于5 个 10 mL 容量瓶中，用甲醇定容，配制成质量浓度分别为 100，200，300，400，500（μg/mL）的 DEHP 工作溶液。

4. 样品处理

溶剂萃取法：将塑料内衬依次用去离子水、无水乙醚擦净，准确称量后，置于索氏抽提器的滤纸筒中，用无水乙醚抽提 12h，抽提完毕后，回收乙醚，用甲醇转移、定容于25mL 容量瓶中。

5. 高效液相色谱测定

按以上色谱条件，分别注入 10.0μL DEHP 工作溶液及样品，记录色谱图。

四、数据记录与处理

1. 数据记录

项　　目	标准物质	未知样
组　　分	邻苯二甲酸二辛酯（DEHP）	1
保留时间 t_R（min）		

2. 数据处理

（1）根据标准溶液和试样色谱图进行定性，采用保留时间对比定性法。

项　　目	标准物质	未知样
组　　分	邻苯二甲酸二辛酯（DEHP）	1
保留时间 t_R（min）		
定性分析	/	

（2）定量分析。

①标准曲线的绘制：以标准系列质量浓度（μg/mL）为纵坐标、峰面积为横坐标，绘制 DEHP 标准曲线。

项　目	1000μg/mL DEHP 标准溶液					样品溶液
吸取体积(mL)	1.00	2.00	3.00	4.00	5.00	25.00
DEHP 质量浓度(μg/mL)	100	200	300	400	500	c
色谱峰面积 A						

②通过 DEHP 标准曲线求 25mL 容量瓶中试液 DEHP 质量浓度（μg/mL）c，计算出食品塑料包装材料中 DEHP 的质量分数：

$$\text{DEHP 质量分数}(\%) = \frac{25.00 \times c}{m \times 10^6} \times 100$$

式中　c——由标准曲线查得 DEHP 质量浓度，μg/mL；

25.00——样品溶液体积，mL；

m——样品的质量，g。

本方法适用于质量浓度在 100～500μg/mL 范围内的 DEHP 测定。

实训项目九　紫外－可见分光光度法测定未知物

2018 年全国职业院校技能大赛工业分析与检验赛项（高职组）仪器分析试题

一、仪器

（1）紫外可见分光光度计（UV－1800PC－DS2）；1cm 石英比色皿 2 个；
（2）容量瓶：100 mL，15 个；
（3）吸量管：10 mL，5 支；
（4）烧杯：100 mL，5 个。

二、试剂

（1）标准溶液：1，10－菲啰啉，磺基水杨酸，苯甲酸，山梨酸；
（2）未知液：四种标准溶液中的任何一种。

三、实验操作

1. 吸收池配套性检查

石英吸收池在 220 nm 装蒸馏水，以一个吸收池为参比，调节 τ 为 100%，测定其余吸收池的透射比，其偏差应小于 0.5%，可配成一套使用，记录其余比色皿的吸光度值作为校正值。

2. 未知物的定性分析

将 4 种标准试剂溶液和未知液配制成一定浓度的溶液。以蒸馏水为参比，于波长 200～350 nm 范围内测定溶液吸光度，并作吸收曲线。根据吸收曲线的形状确定未知物，并从曲线上确定最大吸收波长作为定量测定时的测量波长。190～210 nm 处的波长不能选择为最大吸收波长。

3. 标准工作曲线绘制

分别准确移取一定体积的标准溶液于所选用的 100 mL 容量瓶中，以蒸馏水稀释至刻度，摇匀。（绘制标准曲线必须是 7 个点，7 个点分布要合理）。根据未知液吸收曲线上最大吸收波长，以蒸馏水为参比，测定吸光度。然后以浓度为横坐标，以相应的吸光度为纵坐标绘制标准工作曲线。

4. 未知物的定量分析

确定未知液的稀释倍数，并配制待测溶液于所选用的 100 mL 容量瓶中，以蒸馏水稀释至刻度，摇匀。根据未知液吸收曲线上最大吸收波长，以蒸馏水为参比，测定吸光度。根据待测溶液的吸光度，确定未知样品的浓度。未知样平行测定 3 次。

四、结果处理

根据未知样品溶液的稀释倍数，求出未知物的含量。

计算公式：

$$c_0 = c_x \times n$$

式中 c_0—— 原始未知溶液质量浓度，μg/mL；

c_x—— 查出的未知溶液质量浓度，μg/mL；

n—— 未知溶液的稀释倍数。

五、报告单

（一）比色皿配套性检验

A_1 =0.000，A_2 = ________________________

（二）定性结果

未知物为____

（三）未知试样的定量测量

1. 标准溶液的配制

标准贮备溶液浓度：____________________________标准使用液浓度：________

稀释次数	吸取体积（mL）	稀释后体积（mL）	稀释倍数
1			
2			
3			
4			
5			

2. 标准曲线的绘制

测量波长：________________

溶液代号	吸取标准溶液体积/mL	c（μg/mL）	A
0			
1			
2			
3			
4			
5			
6			

3. 未知液的配制

稀释次数	吸取体积（mL）	稀释后体积（mL）	稀释倍数
1			
2			
3			
4			
5			

4. 未知物含量的测定

平行测定次数	1	2	3
A			
查得的质量浓度 c_x（μg/mL）			
原始试液的质量浓度 c_0（μg/mL）			
原始试液的平均质量浓度 $\bar{c}_0$（μg/mL）			

计算公式：

计算过程：

定量分析结果：未知物的浓度为________________。

未知物为苯甲酸的定量测量（例题）

1. 标准溶液的配制

标准贮备溶液浓度：1.5000 mg/mL；标准使用液浓度：105.00 μg/mL

稀释次数	吸取体积（mL）	稀释后体积（mL）	稀释倍数
1	7.00	100.00	$\frac{7}{100}$
2	—	—	—
3	—	—	—
4	—	—	—
5	—	—	—

2. 标准曲线的绘制

测量波长：224.0 nm

溶液代号	吸取标准溶液体积（mL）	c（μg/mL）	A
0	0.00	0.0000	0.000
1	1.00	1.0500	0.078
2	2.00	2.1000	0.155
3	4.00	4.2000	0.311
4	6.00	6.3000	0.466
5	8.00	8.4000	0.622
6	10.00	10.5000	0.775
—	—	—	—
—	—	—	—

标准曲线（回归方程）：$c = 13.5346A - 0.0040$

相关系数：$r = 0.999996$

3. 未知液的配制

稀释次数	吸取体积（mL）	稀释后体积（mL）	稀释倍数
1	10.00	100.00	10
2	2.00	100.00	50
3	—	—	—
4	—	—	—
5	—	—	—

4. 未知物含量的测定

平行测定次数	1	2	3
A	0.488	0.489	0.487
查得的质量浓度 c_x（μg/mL）	6.6009	6.6144	6.5874
原始试液的质量浓度 c_0（μg/mL）	3300.45	3307.20	3293.70
原始试液的平均质量浓度 $\bar{c}_0$（μg/mL）	3300.4		

计算公式：

$$c_0 = c_x \times n$$

$$n = 10 \times 50 = 500$$

计算过程：

原始试液质量浓度 $c_{01} = 6.6009 \times 500 = 3300.45$（μg/mL）

原始试液质量浓度 $c_{02} = 6.6144 \times 500 = 3307.20$（μg/mL）

原始试液质量浓度 $c_{03} = 6.5874 \times 500 = 3293.70$（μg/mL）

原始试液的平均质量浓度：$\bar{c}_0 = \dfrac{3300.45 + 3307.20 + 3293.70}{3} = 3300.4$（μg/mL）

定量分析结果：未知物的质量浓度为 <u>3300.4 μg/mL</u>。

2018 年全国职业院校技能大赛高职组工业分析与检验赛项仪器分析考核评分细则表

<table>
<tr><th>序号</th><th>作业项目</th><th>考核内容</th><th>配分</th><th>考核记录</th><th>扣分说明</th></tr>
<tr><td rowspan="4">一</td><td rowspan="4">仪器的准备
（2 分）</td><td rowspan="2">玻璃仪器的洗涤</td><td rowspan="2">1</td><td>洗净</td><td rowspan="2">未洗净，扣 1 分，
最多扣 1 分</td></tr>
<tr><td>未洗净</td></tr>
<tr><td rowspan="2">仪器连接与检查</td><td rowspan="2">1</td><td>进行</td><td rowspan="2">未进行，扣 1 分，最多扣 1 分</td></tr>
<tr><td>未进行</td></tr>
<tr><td rowspan="6">二</td><td rowspan="6">溶液的制备
（5 分）</td><td rowspan="2">吸量管润洗</td><td rowspan="2">1</td><td>进行</td><td rowspan="2">吸量管未润洗或用量明显较多扣 1 分</td></tr>
<tr><td>未进行</td></tr>
<tr><td rowspan="2">容量瓶试漏</td><td rowspan="2">1</td><td>进行</td><td rowspan="2">未进行，扣 1 分，
最多扣 1 分</td></tr>
<tr><td>未进行</td></tr>
<tr><td rowspan="2">容量瓶稀释至刻度</td><td rowspan="2">3</td><td>准确</td><td rowspan="2">溶液稀释体积不准确，且未重新配制，扣 1 分/个，最多扣 3 分</td></tr>
<tr><td>不准确</td></tr>
<tr><td rowspan="6">三</td><td rowspan="6">比色皿的使用
（3 分）</td><td rowspan="2">比色皿操作</td><td rowspan="2">1</td><td>正确</td><td rowspan="2">手触及比色皿透光面扣 0.5 分，测定时，溶液过少或过多，扣 0.5 分（2/3 ～ 4/5）</td></tr>
<tr><td>不正确</td></tr>
<tr><td rowspan="2">比色皿配套性
检验</td><td rowspan="2">1</td><td>进行</td><td rowspan="2">未进行，扣 1 分；
检验但操作不准确，扣 1 分，
最多扣 1 分</td></tr>
<tr><td>未进行</td></tr>
<tr><td rowspan="2">测定后，比色皿洗净，控干保存</td><td rowspan="2">1</td><td>进行</td><td rowspan="2">比色皿未清洗或未倒空，扣 1 分，
最多扣 1 分</td></tr>
<tr><td>未进行</td></tr>
<tr><td rowspan="4">四</td><td rowspan="4">仪器的使用
（3 分）</td><td rowspan="2">参比溶液的正确使用</td><td rowspan="2">1</td><td>正确</td><td rowspan="2">参比溶液选择错误，扣 1 分，
最多扣 1 分</td></tr>
<tr><td>不正确</td></tr>
<tr><td rowspan="2">测量数据保存和打印</td><td rowspan="2">2</td><td>进行</td><td rowspan="2">不保存每次扣 1 分，
最多扣 2 分</td></tr>
<tr><td>未进行</td></tr>
<tr><td rowspan="5">五</td><td rowspan="5">原始数据记录
（5 分）</td><td rowspan="2">原始记录</td><td>2</td><td>完整
规范</td><td rowspan="2">原始数据不及时记录每次扣 0.5 分；项目不齐全、空项扣 0.5 分/项；最多扣 2 分，更改数值经裁判员认可，擅自转抄、誊写、涂改、拼凑数据取消比赛资格</td></tr>
<tr><td>1</td><td>欠完整
不规范</td></tr>
<tr><td rowspan="2">是否使用法定计量单位</td><td rowspan="3">2</td><td>是</td><td rowspan="2">没有使用法定计量单位，扣 1 分，
最多扣 1 分</td></tr>
<tr><td>否</td></tr>
<tr><td>报告单</td><td>完整、清晰</td><td>不完整、不清晰，扣 2 分，最多扣 2 分；无报告、虚假报告者取消比赛资格</td></tr>
<tr><td rowspan="4">六</td><td rowspan="4">文明操作
结束工作
（2 分）</td><td rowspan="2">关闭电源、填写仪器使用记录</td><td rowspan="2">1</td><td>进行</td><td rowspan="2">未进行，每一项扣 0.5 分，最多扣 1 分</td></tr>
<tr><td>未进行</td></tr>
<tr><td rowspan="2">台面整理、废物和废液处理</td><td rowspan="2">1</td><td>进行</td><td rowspan="2">未进行，每一项扣 0.5 分，
最多扣 1 分</td></tr>
<tr><td>未进行</td></tr>
</table>

续上表

序号	作业项目	考核内容	配分	考核记录	扣分说明
七	重大失误	玻璃仪器	0	损坏	每次倒扣2分
		UV1800光度计	0	损坏	每次倒扣20分并赔偿相关损失
		试液重配制	0		试液每重配制一次倒扣3分，开始吸光度测量后不允许重配制溶液
		重新测定	0		由于仪器本身的原因造成数据丢失，重新测定不扣分。其他情况每重新测定一次倒扣3分
八	总时间	210分钟完成	0		比赛不延时，到规定时间终止比赛
九	定性测定（9分）	扫描波长范围选择	1	正确	未在规定的范围内扣1分，最多扣1分
				不正确	
		光谱比对方法及结果	3	正确	结果不正确扣3分，最多扣3分
				不正确	
		光谱扫描、绘制吸收曲线	5	正确	吸收曲线一个不正确扣1分，最多扣5分
				不正确	
十	定量测定（37分）	测量波长的选择	1	正确	最大波长选择不正确扣1分，最多扣1分
				不正确	
		正确配制标准系列溶液（7个点）	3	正确	标准系列溶液个数不足7个，扣3分
				不正确	
		七个点分布要合理	3	均匀合理	不均匀或不合理，均扣3分
				不均匀或不合理	
		标准系列溶液的吸光度	3	正确	大部分的吸光度在0.2～0.8之间（≥4个点），否则扣3分
				不正确	
		未知溶液的稀释方法	4	正确	不正确，扣4分
				不正确	
		试液吸光度处于工作曲线范围内	3	正确	吸光度超出工作曲线范围，扣3分，不允许重做
				不正确	
		工作曲线线性	20	1档	相关系数≥0.999995
				2档	0.999995>相关系数≥0.99999
				3档	0.99999>相关系数≥0.99995
				4档	0.99995>相关系数≥0.9999
				5档	0.9999>相关系数≥0.9995
				6档	相关系数<0.9995

续上表

序号	作业项目	考核内容	配分	考核记录	扣分说明
十一	测定结果（34分）	图上标注项目齐全	1	全	齐全（包括图名，纵、横轴的名称、数值，制作日期）每缺1项，扣0.5分，最多扣1分；在图上标注选手相关信息的，取消比赛资格
				不全	
		计算公式正确	1	正确	公式不正确扣1分，最多扣1分
				不正确	
		计算正确	1	正确	计算不正确扣1分，最多扣1分
				不正确	
		有效数字	1	正确	有效数字保留不正确扣0.5分，没有单位扣0.5分，最多扣1分
				不正确	
		精度	10	1档	A值相差≤0.001
				2档	A值相差=0.002
				3档	A值相差=0.003
				4档	A值相差=0.004
				5档	A值相差=0.005
				6档	A值相差>0.005
		准确度	20	1档	$\|RE\|\leq0.5\%$
				2档	$0.5\%<\|RE\|\leq1\%$
				3档	$1\%<\|RE\|\leq1.5\%$
				4档	$1.5\%<\|RE\|\leq2\%$
				5档	$\|RE\|>2\%$

实训项目十　自来水中钙离子浓度的测定

一、原理

自来水经处理后的水溶液可用原子吸收光谱仪测定钙，溶液的吸光度与钙离子浓度成正比例关系，采用标准曲线法定量。

二、试剂和仪器

（1）1.0000 mg/mL钙离子储备液；1∶200硝酸溶液。

（2）火焰型原子吸收光谱仪；钙空心阴极灯。

（3）仪器的参考操作条件：波长422.7 nm；灯电流7.5 mA；光谱通带0.5 nm；火焰观察高度7.0 mm；乙炔流量1.1 L/min；火焰类型：乙炔－空气。

(4)100 mL 容量瓶；10 mL 吸量管。

(5)钙离子试样溶液：取 1.0 L 自来水加热蒸发至 100 mL，加入浓硝酸 2 mL 继续煮至 50 mL，然后用 1∶200 硝酸定容至 100 mL，即为自来水钙离子试样溶液。

三、实验步骤

1. 绘制标准曲线

①100.0 μg/mL 钙离子标准使用液的配制：吸取 1.000 0 mg/mL 钙离子储备液 10.00 mL于 100 mL 容量瓶，用 1∶200 硝酸稀释至刻度，摇匀。

②分别移取上述 100.0 μg/mL 钙离子标准使用液 0.00，2.00，4.00，6.00，8.00，10.00(mL)于六个 100 mL 容量瓶中，用 1∶200 硝酸稀释至刻度，摇匀。以空白溶液作参比，测定溶液的吸光度。

③ 以吸光度 A 为纵坐标、浓度 c 为横坐标绘制标准曲线。

2. 试样溶液的测定

取两份各 10.00 mL 试样溶液，置于两个 100 mL 容量瓶，用 1∶200 硝酸稀释至刻度，摇匀。以空白溶液作参比，测定吸光度。

四、数据记录与处理

项　目	钙离子标准使用液浓度 ________ μg/mL						试样溶液	
移取体积(mL)								
溶液质量浓度 c(μg/mL)								
测得吸光度								
校正吸光度 A								

五、数据处理

(1)以吸光度 A 为纵坐标、质量浓度 c 为横坐标，采用 Excel 绘制标准曲线，求回归方程及相关系数 r。

(2)根据公式计算试样溶液中钙的质量浓度：

$$c(\mathrm{Ca}) = \frac{m}{V}$$

式中：c(Ca)—— 测定试样溶液所得钙的质量浓度，mg/L；

m—— 由回归方程计算的含钙量(以 μg 表示)；

V—— 移取试样溶液的体积，mL。

内容 \ 测定次数	1	2
试样溶液中钙质量分数(mg/L)		
钙质量分数的平均值(mg/L)		
平行测定结果的吸光度极差 ΔA		

实训项目十一　洗发液 pH 值的测定(一元线性回归方程法)

一、原理

以甘汞电极作参比电极、pH 玻璃电极作指示电极，通过测量两电极之间的电动势来测定洗发液的 pH 值。

$$E = K + S \times \text{pH}$$

式中：E 为电动势；K 是与仪器、电极有关的常数；S 为电极响应斜率；pH 为溶液酸值。

通过酸性、中性和碱性三个 pH 标准缓冲溶液建立一元线性回归方程。三个 pH 标准缓冲溶液的回归值与标准值之差，若都不大于 0.04 pH 单位，可认为电极及仪器酸度计正常，可进行样品 pH 值的测定。

二、仪器和试剂

酸度计；pH 复合电极；小塑料杯。

pH 4 标准缓冲溶液(0.05 mol/L 邻苯二甲酸氢钾)；pH 7 标准缓冲溶液(0.025 mol/L 磷酸二氢钾 +0.025 mol/L 磷酸氢二钠)；pH 9 标准缓冲溶液(0.01 mol/L 硼砂)；洗发液样品。

三、实验步骤

(1)开机：预热酸度计，调至 pH 模式，并调节温度旋钮至所测溶液温度值。

(2)酸度计校正：用蒸馏水冲洗电极，用滤纸将电极轻轻地吸干、拭干。

洗净三个小塑料杯，分别倒入 pH 4、pH 7、pH 9 的标准缓冲溶液。

取 pH 7 的标准缓冲溶液来定位。浸入电极，稍摇动塑料杯数秒钟，查附录该温度下 pH 7 缓冲溶液的 pH 标准值，将仪器调定位至该 pH 值。

取 pH 4(或 pH 9)的标准缓冲溶液来调斜率。浸入电极，稍摇动塑料杯数秒钟，查附录该温度下缓冲溶液的 pH 标准值，将仪器调斜率至该 pH 值。

又再取 pH 7 的标准缓冲溶液进行第二次调定位，并读数记录，此为测量值。

测定 pH 4 标准缓冲溶液的 pH 值，并读数记录，此为测量值。

测定 pH 9 标准缓冲溶液的 pH 值，并读数记录，此为测量值。

把三个标准缓冲溶液标准值 X_i 与相应的 pH 测量值 Y_i 按公式(2)及公式(3)求出回归方程式(1)：

$$\hat{y} = a + b\hat{x} \tag{1}$$

$$b = \frac{\sum X_i Y_i - \frac{1}{n}(\sum X_i)(\sum Y_i)}{\sum X_i^2 - \frac{1}{n}(\sum X_i)^2} \tag{2}$$

$$a = \frac{\sum Y_i - b\sum X_i}{n} \tag{3}$$

式中 $i = 1, 2, 3$。

X_i——分别为标准缓冲溶液在测试温度下的 pH 标准值；

Y_i——分别为标准缓冲溶液在 pH 计上相应的 pH 读数值(测量值)；

n——测试次数；

$\hat{y}$——未知样在 pH 计的 pH 读数值(测量值)；

$\hat{x}$——未知样在经回归计算后相应的回归值。

若由三个测量值 $Y_i(i = 1, 2, 3)$ 按式(1)求出的回归值与标准值 X_i 之差，都不大于 0.04 pH 单位，可以认为电极及仪器正常，可进行样品的 pH 值测定。

(3)样品处理：用 50 mL 小塑料杯称取洗发液 2～3 g(称准至 0.01 g)，按 1∶10 加入蒸馏水，搅匀。平行制取 2 份。

(4)洗发液的测定：浸入洁净拭干的电极，稍摇动塑料杯数秒钟，读数记录 pH 值，此为测量值。

四、数据记录与处理

仪器型号：________________　　　　试液温度：____________℃

项目 \ 标准缓冲溶液	pH 4	pH 7	pH 9
pH 标准值(X_i)			
pH 测量值(Y_i)			
n			
回归方程			
回归值(代入 Y_i 计算)$\hat{X}_i$			
$\lvert \hat{X}_i - X_i \rvert$			
样品质量(g)			
样品 pH 测量值 Y			
样品 pH 回归值 X			
样品 pH 平均值			
样品 pH 的极差 ΔpH			

数据记录与处理(例题)

仪器型号：PHS－3C　　试液温度：18　℃

<table>
<tr><td>项目 ＼ 标准缓冲溶液</td><td colspan="2">pH 4</td><td colspan="2">pH 7</td><td colspan="2">pH 9</td></tr>
<tr><td>pH 标准值(X_i)</td><td colspan="2">4.00</td><td colspan="2">6.89</td><td colspan="2">9.24</td></tr>
<tr><td>pH 测量值(Y_i)</td><td colspan="2">3.98</td><td colspan="2">6.89</td><td colspan="2">9.18</td></tr>
<tr><td>n</td><td colspan="6">3</td></tr>
<tr><td>回归方程</td><td colspan="6">$Y = 0.0210 + 0.9929X$</td></tr>
<tr><td>回归值(代入 Y_i 计算)$\hat{X}_i$</td><td colspan="2">3.99</td><td colspan="2">6.92</td><td colspan="2">9.22</td></tr>
<tr><td>$\lvert \hat{X}_i - X_i \rvert$</td><td colspan="2">0.01</td><td colspan="2">0.03</td><td colspan="2">0.02</td></tr>
<tr><td>样品质量(g)</td><td colspan="3">2.25</td><td colspan="3">2.22</td></tr>
<tr><td>样品 pH 测量值 Y</td><td colspan="3">6.77</td><td colspan="3">6.79</td></tr>
<tr><td>样品 pH 回归值 X</td><td colspan="3">6.80</td><td colspan="3">6.82</td></tr>
<tr><td>样品 pH 平均值</td><td colspan="6">6.81</td></tr>
<tr><td>样品 pH 的极差 ΔpH</td><td colspan="6">0.02</td></tr>
</table>

$$\sum X_i = 4.00 + 6.89 + 9.24 = 20.13$$

$$\sum Y_i = 3.98 + 6.89 + 9.18 = 20.05$$

$$\sum (X_i Y_i) = \sum (X_i \times Y_i) = (4.00 \times 3.98) + (6.89 \times 6.89) + (9.24 \times 9.18) = 148.2153$$

$$\sum X_i^2 = 4.00^2 + 6.89^2 + 9.24^2 = 148.8497$$

$$b = \frac{\sum X_i Y_i - \frac{1}{n}(\sum X_i)(\sum Y_i)}{\sum X_i^2 - \frac{1}{n}(\sum X_i)^2}$$

$$b = \frac{148.2153 - \frac{1}{2} \times (20.13 \times 20.05)}{148.8497 - \frac{1}{2} \times 20.13^2} = 0.9929$$

$$a = \frac{\sum Y_i - b \sum X_i}{n}$$

$$a = \frac{20.05 - 0.9929 \times 20.13}{3} = 0.0210$$

回归方程 $\hat{y} = a + b\hat{x}$,即 $Y = 0.0210 + 0.9929X$

将 pH 4 标准缓冲溶液的测量值 $Y_i = 3.98$ 代入回归方程 $Y = 0.0210 + 0.9929X$,求得回归值 $\hat{X}_i = 3.99$。

将 pH 7 标准缓冲溶液的测量值 $Y_i = 6.89$ 代入回归方程 $Y = 0.0210 + 0.9929X$,求得回归值 $\hat{X}_i = 6.92$。

将 pH 9 标准缓冲溶液的测量值 $Y_i = 9.24$ 代入回归方程 $Y = 0.0210 + 0.9929X$，求

得回归值$\hat{X}_i = 9.22$。

pH 4 标准缓冲溶液，回归值与标准值之差 $|\hat{X}_i - X_i| = |3.99 - 4.00| = 0.01 \leqslant 0.04$

pH 7 标准缓冲溶液，回归值与标准值之差 $|\hat{X}_i - X_i| = |6.92 - 6.89| = 0.03 \leqslant 0.04$

pH 9 标准缓冲溶液，回归值与标准值之差 $|\hat{X}_i - X_i| = |9.22 - 9.24| = 0.02 \leqslant 0.04$

将样品测量值 $Y = 6.77$ 代入回归方程 $Y = 0.0210 + 0.9929X$,求得样品回归值 $X = 6.80$。

将样品测量值 $Y = 6.79$ 代入回归方程 $Y = 0.0210 + 0.9929X$,求得样品回归值 $X = 6.82$。

样品 pH 平均值 $= \dfrac{6.80 + 6.82}{2} = 6.81$

样品 pH 的极差 $\Delta\text{pH} = 6.82 - 6.80 = 0.02$

附录　标准缓冲溶液在不同温度时的 pH 标准值

温度(℃)	0.05 mol/L 邻苯二甲酸氢钾（pH 4 标准缓冲溶液）	0.025 mol/L 磷酸二氢钾 + 0.025 mol/L 磷酸氢二钠（pH 7 标准缓冲溶液）	0.01 mol/L 硼砂（pH 9 标准缓冲溶液）
5	4.00	6.95	9.39
10	4.00	6.92	9.33
11	4.00	6.92	9.32
12	4.00	6.91	9.31
13	4.00	6.91	9.30
14	4.00	6.90	9.29
15	4.00	6.90	9.28
16	4.00	6.90	9.27
17	4.00	6.89	9.26
18	4.00	6.89	9.25
19	4.00	6.88	9.24
20	4.00	6.88	9.23
21	4.00	6.88	9.22
22	4.00	6.87	9.21
23	4.00	6.87	9.20
24	4.00	6.86	9.19
25	4.00	6.86	9.18
26	4.00	6.86	9.17
27	4.00	6.86	9.16
28	4.00	6.86	9.15
29	4.00	6.85	9.14
30	4.01	6.85	9.14
31	4.01	6.85	9.13
32	4.01	6.84	9.12
33	4.01	6.84	9.11
34	4.02	6.84	9.10
35	4.02	6.84	9.10
40	4.03	6.84	9.07

实训项目十二　加标回收率的测定（原子吸收光谱法）

一、原理

加标回收率，是指在没有被测物质的空白样品基质中加入定量的标准物质，按样品的处理步骤分析，加标的所得的结果减去未加标的所得的结果，其差值同加入标准物质的理论值之比即为样品加标回收率，即得到的结果与理论值的比值。

$$加标回收率=\frac{加标试样测定值-试样测定值}{加标题}\times 100\%$$

加标回收率的测定，是实验室内经常用以自控的一种质量控制技术。

二、仪器和试剂

125. 00 μg/mL 铜离子标准溶液；50. 00 μg/mL 铜离子标准溶液；铜离子试样。

火焰型原子吸收光谱仪；铜空心阴极灯；铜分析线 324. 8 nm。

100 mL 容量瓶；5 mL 吸量管；1 mL 吸量管；25 mL 移液管。

三、实验步骤

1. 标准曲线（回归方程）的制作

分别移取 50. 00 μg/mL 铜离子标准溶液 1. 00，2. 00，3. 00，4. 00，5. 00（mL）于五个 100 mL容量瓶中，用去离子水稀释至刻度，摇匀。以去离子水作参比溶液，测定五份溶液的吸光度。

以标准溶液质量浓度 c 为横坐标，标准溶液吸光度 A 为纵坐标绘制标准曲线（回归方程）。

2. 试样溶液的测定

取三份各 25. 00 mL 试样溶液，置于三个 100 mL 容量瓶；分别移取 125. 00 μg/mL 铜标准溶液 1. 00 mL 于其中两个容量瓶中，分别用去离子水稀释至刻度，摇匀。以去离子水作参比溶液，测定此三份含试样的溶液吸光度。

四、数据记录与处理

1. 标准曲线（回归方程）的绘制

以标准溶液质量浓度 c 为横坐标，标准溶液吸光度 A 为纵坐标绘制标准曲线（回归方程）。

项　目	铜标准使用液浓度 ________ μg/mL					
移取体积（mL）						
溶液质量浓度 c（μg/mL）						
吸光度 A						

备注：因用 Excel 处理数据，溶液质量浓度 c 设置为小数点后 4 位，

为了评价操作技能水平，相关系数 r 设置为小数点后 6 位。

回归方程：

相关系数 r：

2. 试样溶液的计算

由回归方程，加标回收率公式等计算试样溶液中铜的含量和加标回收率。

项目	试样	试样加标	
		1	2
试样移取体积(mL)			
加入125.00μg/mL铜离子标准溶液的体积(mL)(加标体积)			
加入铜离子标准溶液的质量浓度(μg/mL)(加标浓度)	—		
铜离子总质量浓度(μg/mL)			
吸光度 A			
由回归方程求得质量浓度(μg/mL)			
扣除试样的铜离子质量浓度(μg/mL)			
加标回收率$\left(\frac{回收浓度}{加入浓度}\right)$	—		
平均加标回收率	—		
原始试样中铜含量(μg/mL)		—	
平行测定结果的吸光度极差 ΔA	—		

数据记录与处理(例题)

1. 标准曲线的绘制

以标准溶液浓度 c 为横坐标，标准溶液吸光度 A 为纵坐标绘制标准曲线(回归方程)。

项　目	铜标准使用液浓度 50.00 μg/mL					
移取体积(mL)	0.00	1.00	2.00	3.00	4.00	5.00
溶液质量浓度 c(μg/mL)	0.0000	0.5000	1.0000	1.5000	2.0000	2.5000
吸光度 A	0.000	0.040	0.079	0.118	0.161	0.200

备注：因用Excel处理数据，溶液质量浓度 c 设置为小数点后4位；

为了评价操作技能水平，相关系数 r 设置为小数点后6位。

求得　回归方程 $A = 0.0801c - 0.0005$

相关系数 $r = 0.999905$

2. 试样溶液的计算

由回归方程，加标回收率公式等计算试样溶液中铜的含量和加标回收率。

项目	试样	试样加标	
		1	2
试样移取体积(mL)	25.00	25.00	25.00
加入 125.00μg/mL 铜离子标准溶液的体积(mL) (加标体积)	—	1.00	1.00
加入铜离子标准溶液的质量浓度(μg/mL) (加标浓度)	—	$125.00\mu g/mL \times \frac{1.00mL}{100.00mL}$ $=1.250\mu g/mL$	1.250
铜离子总质量浓度(μg/mL)	c_x	$c_x+1.250$	$c_x+1.250$
吸光度 A	0.082	0.185	0.182
由回归方程求得质量浓度(μg/mL) $A=0.0801c-0.0005$	1.030	2.316	2.278
扣除试样的铜离子质量浓度(μg/mL)	0.000	2.316 − 1.030 = 1.286	1.248
加标回收率$\left(\frac{回收浓度}{加入浓度}\right)$	—	$\frac{1.286\mu g/mL}{1.250\mu g/mL}=102.9\%$	99.8%
平均加标回收率	—	101.4%	
原始试样中铜质量浓度(μg/mL)	$\frac{1.030\mu g/mL \times 100.00mL}{25.00mL}=$ 4.120μg/mL	—	
平行测定结果的吸光度极差 ΔA	—	0.003	

加标回收率测定的要求

(1) 加标物的浓度宜较高，例如加标铜离子标准溶液质量浓度 125 μg/mL。(例如未知样含铜 4 μg/mL)；

(2)加标物的体积应很小，例如加标体积 1 mL。(例如未知样体积 25 mL)；

(3)加标物的形态应和待测物的形态相同。(例如加标物是铜离子，待测物是铜离子)；

(4)被测组分的质量浓度≤1 mg/L (1 μg/mL)时，回收率的允许限为 80%～120% ；

(5)被测组分的质量浓度在 1～100 mg/L(1～100 μg/mL)时，回收率的允许限为 90%～110%；

(6) 被测组分的质量浓度 ≥ 100 mg/L (100 μg/mL) 时，回收率的允许限为 95%～105%。

参考文献

[1] 朱明华．仪器分析[M]．北京:高等教育出版社,1983.

[2] 谭湘成．仪器分析[M]．北京:化学工业出版社,1990.

[3] 皱汉法,张玉奎,卢佩章．高效液相色谱法[M]．北京:科学出版社,1998.

[4] 奚长生,余荣阵．仪器分析[M]．广州:广东高等教育出版社,1999.

[5] 薛华,李隆弟,郁鉴源,等．分析化学[M]．北京:清华大学出版社,1993.

[6] 李浩春,卢佩章．气相色谱法[M]．北京:科学出版社,1998.

[7] 张锦柱．工业分析[M]．重庆:重庆大学出版社,1997.

[8] 莫胜钧．仪器分析[M]．广州:广东高等教育出版社,1995.

[9] 朱振中．仪器分析[M]．上海:上海交通大学出版社,2000.

[10] 曾昭琼．有机分析[M]．上册．北京:高等教育出版社,1979.

[11] 于世林．分析化学[M]．北京:化学工业出版社,2001.

[12] 陈志超．仪器分析实验[M]．北京:化学工业出版社,1993.

[13] 黄伟坤．食品检验与分析[M]．北京:轻工业出版社,1989.

[14] 莫胜钧．仪器分析实验[M]．广州:广东高等教育出版社,1995.

[15] 苗凤琴,于世林．分析化学实验[M]．北京:化学工业出版社,2001.

[16] 魏复盛．水和废水监测分析方法[M]．北京:中国环境科学出版社,1989.

[17] 石相．仪器分析[M]．北京:海洋出版社,1993.

[18] 方韵和．分析化学[M]．上海:同济大学出版社,1993.

[19] 张锦柱．分析化学[M]．重庆:重庆大学出版社,1993.

[20] 陈耀祖．近代有机定量分析[M]．北京:科学出版社,1987.

[21] 黄量．紫外光谱[M]．北京:科学出版社,1988.

[22] Daniel C. Harris. Quantitative Chemical Analysis. New York:W. H. Freeman and Company,2003.

[23] 朱英,杨艳伟,王歆．化妆品中维生素 D_2、维生素 D_3 的高效液相色谱测定[J]．卫生研究,2005,34(5):624－625.

[24] 顾钧,余雯静．食品塑料内衬中邻苯二甲酸二辛酯的 HPLC 分析[J]．苏州大学学报(自然科学版),2004,20(2):84－87.

[25] 汪正范．色谱定性与定量[M]．北京:化学工业出版社,2000.

[26] 傅若农．色谱分析概论[M]．北京:化学工业出版社,2000.

[27] 陈伟光,刘亚苓,韩青．化妆品中 7 种防腐剂同时测定的气相色谱法[J]．环境与健康杂志,2006,23(2):171－173.

[28] http://www. chinaskills－jsw. org/2018 年全国职业院校技能大赛赛项赛卷(赛题库).